際國內之
時期

人生就要
不断精进

星云大师给职场人的善言指南

星云大师 著

湖南文艺出版社
HUNAN LITERATURE AND ART PUBLISHING HOUSE
博集天卷 CS-BOOKY

图书在版编目（CIP）数据

人生就要不断精进 / 星云大师著 . —长沙：湖南文艺出版社，2017.9
ISBN 978-7-5404-7769-1

Ⅰ . ①人… Ⅱ . ①星… Ⅲ . ①人生哲学—通俗读物
Ⅳ . ① B821-49

中国版本图书馆 CIP 数据核字（2017）第 158032 号

上架建议：心理励志

RENSHENG JIU YAO BUDUAN JINGJIN
人生就要不断精进

作　　者：星云大师
出 版 人：曾赛丰
责任编辑：薛　健　刘诗哲
监　　制：蔡明菲　邢越超
特约策划：张小雨　李　荡
特约编辑：尹　晶
封面设计：面　团
版式设计：李　洁
营销支持：李　群　张锦涵　姚长杰
出版发行：湖南文艺出版社
（长沙市雨花区东二环一段 508 号　邮编：410014）
网　　址：www.hnwy.net
印　　刷：北京嘉业印刷厂
经　　销：新华书店
开　　本：787mm × 1092mm　1/16
字　　数：300 千字
印　　张：19.5
版　　次：2017 年 9 月第 1 版
印　　次：2017 年 9 月第 1 次印刷
书　　号：ISBN 978-7-5404-7769-1
定　　价：50.00 元

质量监督电话：010-59096394
团购电话：010-59320018

目录／

卷一 放对地方就是天才

有前途的人

工作最需要的就是勤劳，勤劳的习惯、精神、态度，就是要自动自发。我们在工作的时候，不要只想敷衍了事，不要只想报酬多少，应该把工作当成一种使命，这才是首应建立的正确态度。

人生突围

一个想拥有事业的人，只要用心体会大众的需求，就有机会创业。尤其现代的人在科技的助力下，早已颠覆传统的创业模式，他们敢冲、肯拼、富创意、勇于创新，因此处处充满创业的机会。

领众之道

能把大众所希望的，看成是自己的希望；大众所要求的，看成自己的所需；照顾大众的福利，把大众的福利，看得比自己的利益更重要，才是领导的第一要。

卷二

做人的津梁

受欢迎的人

每个人不论职务高低或种族差异，都希望自己能受人重视，被人尊敬，做个受欢迎的人，然而受人欢迎容易，受人尊敬则难。有的人让人敬畏，有的人让人放心，有的人令人欢喜，有的人令人怀念。

君子之格

真正的聪明人，不苛求他人的品德，不严察他人的过失，即俗语所说“不痴不聋，不做家翁”。因此，大事不糊涂，小事不计较的聪明人，才是具备大人风范。

卷三 生命在于活出什么

如何自我成熟

成熟，是一种诚恳的谦卑，是一种不虚张声势的实在，是一种了然于心的自我认识，更是一种懂得付出的慈心有情。

生命的价值

人生的意义不在于寿命的久长，乃在于对人间能有所贡献、有所利益。太阳把光明普照人间，所以人人都欢喜太阳；流水滋润万物，所以万物也喜欢流水。一个人能够活出意义、活得有用，生命就有价值。

卷一 放对地方就是天才

万丈洪崖倚碧空，人间有路不能通；
奈何一点云无碍，舒卷纵横疾似风。

——宋·兜率从悦

有前途的人

工作最需要的就是勤劳，勤劳的习惯、精神、态度，就是要自动自发。我们在工作的时候，不要只想敷衍了事，不要只想报酬多少，应该把工作当成一种使命，这才是首应建立的正确态度。

社会新鲜人

有一个富翁，朋友新厦落成，他前往道贺，这一座大楼共有三层，每一层的建筑都很瑰玮，装潢更是美轮美奂，尤其第三层楼，更是精美，雕梁画栋，极尽华丽之能事。这位富人看了很欢喜，尤其喜爱第三层楼，于是就把设计这栋大楼的建筑家请回去，请他如法炮制，建筑一栋一模一样的高楼，由于他特别喜好第三层楼，因此就请建筑家只要建筑第三层楼。

每年七八月间，总有许多大专院校或职业学校的毕业生，投入社会的工作行列，号称“社会新鲜人”。

这一群社会新鲜人，当初在校的学费、生活费都由父母提供，学业方面都由师长给予教导，无忧无虑，天之骄子，享受国家和社会的资源。但一到毕业就要自食其力，在各种工作的门口徘徊，甚至于要面对职业的风云险恶，也就没有往日的惬意了。

当中，有的人有好因好缘来找他，有的人好因好缘从他身旁轻轻擦过，有的人到处找好因好缘，难得如愿。所以这一群社会新鲜人各凭本领，必然要使出浑身解数，找寻一个工作机会。既可以赚钱养家活口，孝养父母，又可以服务社会，积功培德，从服务中更能够创造出未来的机缘。

有的社会新鲜人希望飞黄腾达，一步登天，天何其高哉！有的人因为想得高，跌得重，地何其硬哉！社会形形色色，看得多，得不到，人情厚薄，此时社会新鲜人已略有体会了。无奈人情冷暖，厚薄难量，得失当前，想要称心如意，何其难哉！经过短暂的努力，往往像斗败的公鸡，徒呼奈何，这是一般新鲜人的实况。

·佛光菜根谭·

唯有难忍能忍，才能产生力量；
唯有难行能行，才能培养毅力。

《华严经》里的“十法界”，每界中又有十法界，所谓“百界千如”，就好比世间三百六十行，你在哪一个行业才能找到你的归属，登上状元的宝座。既要有能力，又要有时间，天下没有白吃的午餐，每个人都要有白手起家的本领，从无到有的奋斗；如果不能，也要借助社会众人的关系，先为别人奉献之、助长之，等到因缘成就，或许才能透出一点未来成就的气息。

有人问：社会新鲜人的前途在哪里？在勤劳奉献里！在忠诚工作里！在辛苦耐烦里！在广结善缘里！在乐观进取里！如果社会新鲜人有技能、有美德、有精勤、有因果观念，凡事则无有不成。

现在这一群社会新鲜人，有的人像龟兔赛跑，不在快慢，但重在耐力；也不在一时花叶婆娑的美丽，当风雨来时，要经得起考验！在人生的旅途上，社会新鲜人春风得意，如不把握，当春天过去了，面临秋霜冬雪的时候，又怎么办呢？当失意潦倒，工作无门，你没有闻鸡起舞的精神，又何能成就？黄金宝石久藏在山中，幽兰生长在悬崖峭壁，金光芬芳，自然会有人找到你。

各位社会新鲜人，你们能对社会贡献多少，社会自然给予你多少！至于前途在哪里？前途就在你的本身！你的世界、你的前途，就看社会新鲜人你们如何自己去创造了！

人生规划

运动员参加赛跑的时候需要有终点，参加射箭比赛的时候需要有鹄的。在人生的旅途上，也需要有目标，才能勇往直前。人生的路，要靠自己走出来，自己走不出自己的路，总是没有把人生活得淋漓尽致，因此每个人都要重视自己的生涯规划。

生命无常，稍纵即逝，因此人无论年岁多少都要把握有限的生命，适当地规划人生，才能提升生命的层次。有了生涯规划，纵使偶遇挫折也会因为有目标、有方向而不致气馁。

每个人的生涯规划都不同，例如孔子十五岁立志向学，三十而立，四十而不惑，五十而知天命，六十而耳顺，七十从心所欲而不逾矩。印度的修行人，第一个二十年是学习的人生，第二个二十年是服务的人生，第三个二十年是教学的人生，第四个二十年是云游的人生。而我的人生规划是以十年为一期，分别是成长的人生、学习的人生、参学的人生、文学的人生、历史的人生、哲学的人生、伦理的人生及佛学的人生。

所谓“因地不正，果招迂曲”，凡事有规划就不容易走岔了路。好比耕种，不要老是奢望神明、佛祖赐予我们丰收，俗话说“要怎么收获，就要怎么栽”，凡事要靠自己努力去争取，因果法则是必然、丝毫不爽的。

我个人喜欢增加别人的信心，而不喜欢听人家说泄气的话，因为我希望每个人都能朝着自己的目标发愤图强。但是规划自己的未来之前，要先认识自己，了解自己的智能、兴趣、志向和能力，才不会因为理想太高却达不到目的而忧悲苦恼。

有位徒众读书的条件并不是很具足，却执意要念书、求得学位。我问他：“为什么要这么坚持呢？”他说：“我要继续读书，我要学习做法师。”我一听就感叹：唉，阿弥陀佛，他怎么不自知呢！其实，他烧得一手好菜，只要愿意到厨房发心服务，典座个十年，自然能获得大家的肯定和尊敬，他却宁可舍去长处不给人用，以为只有读书才能做法师，实在是不了解自己。虽然“天生我材必有用”，

·佛光菜根谭·

秉持"一切为众"的理念,当能有伟大的生涯规划;
抱持"一切为我"的私心,只能做渺小的自我抱负。

但也要用得恰当。

说到生涯规划,头脑好、口才好的人可以规划自己从事教育工作,如化育英才、著书立说、从事学术研究等,过一个智慧教育的人生。智慧、口才没那么好,只要精神力佳,同样可以有所贡献,好比到养老院、育幼院、机关团体从事服务、关怀工作,哪怕是为人家看门、扫地都行,过一个社会服务的人生。如果慈悲心不够,从事慈善工作实在没办法,想要在工商界做事赚钱,那也不要紧,不过要做就要立志做得正正当当、童叟无欺。在中国古代,为什么要把农夫摆在"士农工商"里的第二位呢?因为农夫多半比较老实、正派,收成多少、能卖多少都有一定的标准,没有赚取暴利的非分之想,但是工商界人士往往会出现奸商、刁民、偷工减料的事情,这是不当的行为,所以要立志过正当的工商人生。

你说"我对这些都没有兴趣",那也没关系,可以选择过一个淡泊生活的人生,好比可以有个宗教信仰,在宗教力量的驱使之下,自己能安分守己、勤劳奋发、朴素淡泊、随遇而安,也是不错的选择。名闻利养、虚假浮华会毁灭我们的人生,老老实实、本本分分做人才是根本。

另外,生涯规划还可以从生命四期来做规划。少年时期,要有礼赞生命的感恩,感谢所有帮助自己成长的人;青年时期,要有自我肯定的信心,勇于表达理想和志愿;壮年时期,要有活水源头的精进,展现茁壮的生命力;老年时期,要有平静欢喜的生涯,凡事都能随遇而安。

青少年生涯规划的内容可以是为学业、为家庭、为社会、为国家,总之有了目标就不会彷徨。更重要的是,在有限的光阴里,能为人间留下贡献、留下功绩,也才能创造生命永恒的意义。

时间管理

有一位心理学家抽取3000人做实验，问他们一个简单的问题："你怎么样过日子？"统计结果发现，3000人之中有94%的人只是忍耐今天，等待未来，等待有什么事发生，等待还是幼年的孩子长大自立门户，等待下一年的来临……

一个人，要管理家，要管理人，要管理事，要管理钱；管理，才能上轨道，才能有条理，才能用而不乱。

时间也要管理，有人一生下来，老天给他的数十年时间，他不知道运用，一生就在时间里七颠八倒。例如：童年应该读书，他偏要游玩；中年了，应该要做事，他想到读书。如果学习，应该先要为人服务，他偏偏自私，什么都只想到自己；等到老年了，应该要为自己保留一些余力，他又去为儿孙效力，搞得自己精疲力竭、焦头烂额。人生可以用一些时间去做一点善事、结一些人缘，他偏要去打牌、喝酒、跳舞，浪费了时间，到最后自己生命中的花种不能结果，岂不可惜！

一个人在银行里的存款有多少，如何使用，要"量入为出"；每个人在生命里的时间，你拥有多少，要"量有而用"。当青春已经不再，他还要及时行乐，不知无常将至；当老年了，眼耳鼻舌身，甚至五脏六腑已经不太听话了，他还毫无警觉，还在继续滥用，致使一切东西不知它的时间寿命。由于你滥用无度，等到百病丛生的时候，即使再有时间，它也不属于你的了。

"是日已过，命亦随减"，时间就是生命，爱惜时间，才能懂得爱惜生命。如果时间是金钱的话，将每个月所得分作十分，其中用五分去顾念家庭、儿女、亲会善用时间，就是会处理生命；
能掌握时间，就是能拥有人生。

人的生活，另外要以二分去为社会公众服务，做社会的义工，再有一分留给自己，过着宗教发心、奉献的生活，剩下的二分，要做旅游、参学，以及正当娱乐、运动等。

综合起来，时间的管理，要让它有正当性，要让它有建设性，要让它有成就感；要让人生的岁月虽然是老去了，但时间却带来了你的成就、你的历史、你的功德。所谓“精神不死”，就是你能留下时间中的许多杰作，昭昭都能存在，例如佛陀的说法、孔子的传道、玄奘的西行、马祖的丛林，以及许许多多伟大的建寺、伟大的雕刻、伟大的艺术、伟大的文学作品之光辉，都能辉耀人间，这才是一流的时间管理。

学教成事

鼎州禅师与沙弥在庭院里经行，突然刮起一阵风，从树上落下了好多树叶，禅师就弯着腰，将树叶一片片地捡起来，放在口袋里，在旁的沙弥就说道：“禅师！不要捡了，反正明天一大早我们都会打扫。”鼎州禅师不以为然地道：“话不能这样讲，打扫难道就一定会干净吗？我多捡一片，就会使地上多一分干净啊！”沙弥又再说道：“禅师！落叶那么多，您前面捡，它后面又落下来，您怎么捡得完呢？”鼎州禅师边捡边说道：“落叶不光是在地面上，落叶在我们心地上，我捡我心地上的落叶，终有捡完的时候。”

每个人从小到大，从壮到老，大部分的时间都处在学习的状态。有的学习是好的方面，对于人品、智慧日有所长；有的学习是坏的方面，对于人品日有所只从柔处不从刚，只想好处不想坏；
服务勤劳不退缩，谦和恭敬不埋怨。

损。有的学习是自觉的，如读书、修行；有的学习是不自觉的，如生活习惯的养成。有成效的学习，不仅自己能增长智慧、完善品格，还能够帮助他人成长。吾人要具备什么样的态度，如何学习才能有效且能润泽他人，下列四点提供给大家参考：

第一，学所以治己。我们读书、学习，不是为了应付别人，而是为了修养自己，对治自己的毛病。比方，脾气不好、嗔恨心重的人，可以学习慈悲及宽恕，来对治自己的嗔心；常喜欢损恼他人者，就学习尊敬，体会他人的不足，来对治自己的害心；常常愁眉苦脸者，可以学习喜心，来对治自己的悲观消极；贪欲心强烈的人，学习布施喜舍，来对治自己的贪心。所以，学习是为了对治自己的毛病，读书识理，也是为了修养自己。

第二，教所以导人。古人说“学而优则仕”，意思是希望读书有成的人能为社会贡献一些力量。我们学习有了心得、成效，要不吝与人分享，佛教也有谓“诸供养中，法供养为最”。能引导别人向善、向好，也是贡献社会大众的一种方式。

第三，勤所以改惰。无论做任何事情，最重要的就是要勤劳。佛教讲发心，所谓发心，就是面对任何事，都发自内心勤恳以对。只要能够勤勉学习，而且确切实践所学，就可以改除自己的惰性。

第四，行所以成事。要完成一件事，除了规划蓝图、撰写企划，最重要的是身体力行。俗话说“说得一丈，不如行得一尺”，有再好的企划与目标，不靠力行都是无法成事的。

所谓“活到老，学到老”，不断地学习，让自己常保持前进的姿态，是人生最有意义的事。

进步的方法

成功大学的总务长阎路教授是一位研究自然科学的专家，寿山佛学院就邀请他来上课。他每堂课的教材都是一张表解，从上课铃一响，他就开始在黑板上画图表解，一直到下课铃响，刚好一面黑板写完一个讲题，功力之深，令人叹服。他26岁时就做了工矿公司的正工程师，正工程师与学校的正教授是同等资历。有一次，大学请他去讲课，他花了好几个小时准备教材，没想到，上台20分钟就讲完了，他急得满身大汗，不知如何是好，所以觉得应该苦练。于是他买了一面镜子，依着镜子观察自己的表情、姿态，计算每一分钟讲了多少字，50分钟的时间又能讲述多少道理，他就这样苦练了两年，终于练成。

《礼记》云："学然后知不足，教然后知困。"学习是一辈子的事，就像现代人提倡"终身学习"，面对现在这么一个多元发展的时代，每个人都必须求进步，不断地自我启发、突破，才能跟得上大众的脚步。如何能够有效地学习，有以下四点方法：

第一，温故知新。新知识固然要追求，旧经验也不可忽略，经过时间的历练，经验可以作为求新、求进步的凭借。因为在学习的过程中温故知新，会有重新的体会，反刍吸收，就会有所增益。

第二，思而成慧。思想是促进人类文明的动力，因为有思想，故能开发智慧。笛卡儿说"我思，故我在"，儒家讲"学而不思则罔"，佛教主张"以闻思修而入三摩地"。佛陀经过苦思冥想、体验实践，才悟出宇宙人生的真理。我们的思想要启发才能够思维会意，才能成为智慧。

冲得过逆境，才能学到本领；
经得起考验，才能担当大事。

第三，多提问题。“学问”“学问”，就是要在不断的学习中提出疑问。胡适先生说：“做学问，当在不疑处有疑。”提出疑问，努力寻求答案，当疑问获得解决，也就表示向前进步了。佛教有谓“小疑小悟，大疑大悟，不疑不悟”，在疑处求解，在不疑之处求实证，才是进步之方。

第四，正反对照。不论是治学、立身处世，都要以智慧来研究、辨别。佛法教我们透过“三法印”来印证、考查真理，乃至研究一段历史、阅读一个新闻事件等，各种错综复杂的因缘，都应该搜集各种不同的信息，探讨、对照、印证，才能厘清事实真相。

人生在世，能活到老学到老，固然可以多方地获取知识，但所谓“世学有漏，佛法无边；知识变易，真理常新”，能够探究真理，遨游法海，让心灵提升，享受真理的智慧与法乐，才能得到究竟的进步。

启发聪明智能

有一位信者在屋檐下躲雨，看见一位禅师正撑伞走过，于是就喊道：“禅师！普度一下众生吧！带我一程如何？”禅师：“我在雨里，你在檐下，而檐下无雨，你不需要我度。”信者立刻走出檐下，站在雨中，说道：“现在我也在雨中，该度我了吧！”禅师：“我也在雨中，你也在雨中，我不被雨淋，因为有伞；你被雨淋，因为无伞。所以不是我度你，而是伞度我，你要被度，不必找我，请自找伞！”说完便走了。

每个人都希望自己很聪明、有智能，但是聪明智能不是你想要就有，想要就聪明者不迷，正见者不邪；
有容者不妒，心静者不烦。

·佛光菜根谭·

能得到。怎么样才能聪明有智能，我有六点意见：

一、提疑情，探究竟。禅宗所谓的开悟，在开悟之前，要参话头，要提起疑情，要不断地思考，不断地问“为什么”。为什么念佛就成佛？为什么我要悟道？世界为什么存在？佛祖为什么降生人间？不断地探究“为什么”，能促使我们凡事多想。吃饭的时候想，自问为什么要吃饭；睡觉的时候，自问为什么要睡觉……每天多问自己几个为什么，就能触发自己的思想。能够多多提起疑情，多多思考，自然能变得聪明智能。

二、重估定，明事理。我们不要人云亦云，不要随波逐流，要重新估定人间的价值。人是怎么样的，事是怎么样的，理是怎么样的，一定要有自己的见解、自己的看法，能够重新估定价值，就不会重蹈前人的覆辙。

三、大胆想，小心做。胡适之先生曾说：“大胆地假设，小心地求证。”我们要大胆地思考，要广泛地收集资料，对事物的看法要扩大，但是做事要按部就班，要小心谨慎地做。

四、入法海，多思考。我们要把自己融入真理的法海里，进入到知识、常识的世界里，多多地思想、多多地考虑。从听闻、思想、修正中求智能，以闻思修而入三摩地。

五、去我执，求进步。我执太重的人不容易进步，因为不能接受、不能容纳别人的意见，就会自我设限，也就没有聪明智能。

六、有恒心，发愿力。聪明智能，不是一夕可得的。要有恒心，要有愿力，要能锲而不舍，肯下功夫，自然就能获得聪明智能了。

开发自我

孔子的“吾十有五而志于学，三十而立，四十而不惑，五十而知天命，六十而耳顺，七十而从心所欲，不逾矩”，意思是说他15岁立志向学，30岁自我健全，40岁已不受世间声色迷惑，50岁慢慢懂得自然人生的意义，60岁对世间各种言语听得顺畅习惯，70岁想要什么已随心所欲，不容易违犯规约。这就是他的人生规划。

盖一栋大楼，要开发土地才能兴建房子；设一家工厂，要开发新产品才有竞争力；农夫种田也要开发新品种，才能增加收益。现在世界上许多国家都在开发海浦新生地，用来建机场、设工厂；也有的国家开发山坡地，用以植果树、设农场。开发、开发，举世都在积极地开发，但是真正重要的是开发自己，因为自己的心田里有无限的宝藏，有待我们去开发。如何开发自我呢？有四点意见：

第一，要自我觉醒。一个人如果缺乏自觉性，就会糊里糊涂，不知道自己所拥有的能源与财富，所以一个人最要紧的是“自我觉醒”。如何自我觉醒呢？首先应该增广自己的见闻，充实各类的知识，增加自己的道德修养。更重要的是，要有正确的判断力，如此才能认真审视自我，深刻反省自我，在人生的道路上才能做出正确的选择。所以人要时时刻刻保持自我的觉醒。

第二，要自我肯定。众生累劫以来，一直在五趣六道里生死流转，慢慢地会将自己本具的佛性遗忘，而认为自己就是薄地凡夫。假如能开发自我的佛性，自我肯定“佛就是我，我就是佛”，我的心中有佛，就不会做坏事。所以人要自我肯定、自我期许，才能创造自己的价值，才能开拓自己的前程。

第三，要自我承担。一个人如果凡事都不敢承担，就会一事无成。反之，

·佛光菜根谭·

用信心开发自我潜能，用慈心与人和谐相处；
用悲心成就利生事业，用喜心涵容宇宙万有。

有承担力的人，才能接受磨炼与考验；有承担力的人，才有责任感，才能积极投入事业，才能勇于接受逆境的挑战；有承担力的人，才能不怨天尤人，才能和合人群；有承担力的人，是对自己有信心的人，只有能承担的人，才能领悟人生的意义。

第四，要自我发展。人要有自我发展的心，才会进步，才能开创自己的人生。如何才能自我发展呢？首先要认识自己的潜能，发现自己的不足，并且要与时俱进，不断地自我充实，加强新观念、新技术与新知识。除了经常针对自己的不足而努力加强以外，还要好好发挥自我的才能，积极投入社会、服务小区，如此自能发展出一个善美的人生。

学佛，就是要开发自己的真心，开发自己的佛性。懂得开发自我心里能源的人，才是一个智者，才是富有的人。

提升自己

俗语说："有话不开口，神仙难下手。"孔子也说自己像一口钟，小叩小响，大叩大响。其实每一个人都有钟的潜力，但是我们要做一口活力充沛的洪钟，千万不要做一口死气沉沉的哑钟。

"水往低处流，人往高处爬"，一个人出生以后，就要不断地提升自己。官场上有名位的提升，团体里有权力的提升。每一个人在年年提升当中，他的生命内涵都会随着年龄增长而提升。人生要怎样提升自己呢？

一、由弱小而成长。刚出生的婴儿是弱小的生命，在父母、亲人呵护下慢慢成长。成长就是提升，本来不会走路，经过学习，慢慢学会了走路；本来不会讲话，慢慢学会了讲话。甚至学会了礼貌，学会了家务，学会了读书，学会了讨人欢喜，学会了给人接受。父母看到儿女的提升、成长，真是喜在心头。世间“没有自然的释迦，没有天生的弥陀”，孔子出生的时候叫孔丘，孟子出生的时候叫孟轲，但他们成长后，成为“孔子”“孟子”。所以人非生而知之，乃学而知之者，在成长学习中，就看你能提升自己多少。

二、由无知而明理。人自出生之后，首先最需要学习的，就是“礼”。礼者，理也，学习明理，这是一生中最重要的阶段。世间，无论什么都有理，天有天理，地有地理，人有人理，事有事理，心有心理，物有物理，情有情理，法有法理，你说哪里会没有理呢？但世间人多数就是不明理，所以用“无明”形容之。世间许多无明人不能明理，但理是人生的交通，好像道路一样，你在世间生存，就要有通路。人要和天地人交通，天地人都有理；要和心物情交通，心物情也都有理。一个人的程度、人格有多高，用明理与否是可以衡量的。

三、由贪求而喜舍。穷苦的人难以大方，无知的人不懂得文明，当一个人缺乏生存的条件，你叫他舍弃自己的拥有，而来喜舍给你，这是不易做到的。人必须经过学习，了解这个世界是众有的，是公有的，是因缘和合的；人生要求共同存在，就不可以执着个人，要心怀大众，胸怀法界，才能成就大事。一个人全然接受别人的赏赐，必定是贫穷的人生；如能经常自我喜舍，这就是富贵的人生。完全接受就是向下沉沦，所以人要经常喜舍给人，才能向上提升。

四、由为己而为人。人的习性，在利益之前，大都只想到自己可以分得多少，很少想到别人。世间，凡事只为自己，都非常渺小；能够为公、为众，就能伟大。

五、由执我而执法。人是自私的，什么都以“我”为中心，我的身体、我的迎着风的风筝，才能升得最高；
逆境中的勇者，才能获得成功。

拥有、我的家人、我的财产。殊不知这一切的一切，都不是我们所能私有的。我的财产是“五家共有”，我的身体是“四大假合”，家庭、物质也都是众缘和合而有，你再多的执取也不能长久，所以有的人就从“我执”，慢慢提升为“法执”。一般说，凡夫“执我”，罗汉们“执法”，罗汉的我执虽除，但法执很深，他对戒律、信仰、真理的执着，不容易动摇分毫。一直要到大彻大悟，我法双亡，获得一个完全超越的人生，才算是最高的提升。

六、由人间而佛道。以人为本的佛教，人是万物的中心，但是所谓“天外有天，人上有人”，所以说到人生的提升，就是要渐往佛道。人有烦恼，佛有自在；人有愚痴，佛有智慧；人有分别，佛能平等。人生有残缺，只有提升以后成为佛陀，才能圆满。

放对地方就是天才

家师志开上人是佛教的实业家，他除了教书课徒之外，还兴办宗仰中学、栖霞律学院，同时也非常重视佛教的经济实业发展，并效法百丈禅师自食其力农工的修行生活，曾经整治山林、创办农场、烧窑生产、设置染织场。家师在成立这些事业的时候，为了要向政府办理登记，必须凑够人数，所以把当时十五六岁的我也登记了进去。他恐怕我不懂得此中的意义，而有所异议或感到疑惑，还特地叮咛我说：“你将来要想做佛门龙象，现在就得先做众生牛马。”这句话我一直奉行不渝。

青年是社会进步的动力，也是国家未来的希望。一个国家、一个团体有没有

花需要人工栽培，需要浇水灌溉，需要阳光照射，
并且还要有肥沃的土地，才能绽放出美丽的风采。
人也要有良好的环境来栽培、良师益友来指导，才能有所成就。

前途，就看他对年轻人是否重视。一个人要想有所作为，年轻的时候就要将基础打好。

一个青少年有没有前途，决定于对自己的信心。升学、考试只是人生的一小部分，课业好不一定代表未来就能成功，成绩差也不一定永远就会失败。课业比不上别人没关系，表示还有努力的空间，人家花一个小时用功，我花两个小时努力，有龟兔赛跑的精进不懈，何愁不能成功。

禅宗六祖慧能大师一开始被人讥为南方“獦獠”，却在 24 岁证悟了佛道。美国的莱特兄弟没有上过大学，却利用自学的航空知识发明了飞机。爱迪生小时候曾被老师视为低能儿，但在母亲的教导和自学之下，日后成为举世公认的“发明大王”。爱因斯坦在学校的数学成绩并不太好，但他提出“相对论”的发现后，全世界都推崇他在学术上的成就。2002 年诺贝尔物理学奖得主日本科学家小柴昌俊小时候的学习成绩惨不忍睹，得奖的时候他说：“成绩单不是人生的保证，我就是例子。”

网络上流传一篇文章，里面说：“何谓天才？放对地方的就是天才。反过来说，你眼中的蠢材很可能也只是放错地方的人才。有些科学家连音阶都抓不准，有些画家连一封信都写不好，可是他们把自己放对地方，所以成就非凡。”有首偈语叫：“你骑马来我骑驴，看看眼前我不如，回头一看推车汉，比上不足比下余。”一个人大可不必和别人比较、计较，人比人气死人，所谓“天生我材必有用”，人生不只是读书才能有成就，还有很多条路可以走。学问不比人，可以做好事；做事不比人，可以有道德。书读得不好无妨，会画画也能受赞赏；绘画不好，懂音乐也能受到肯定；音乐天分不够，会体育也能获得荣耀；体能不好，愿意服务大众，也会受到尊敬。只要埋头苦干，不懈怠、不自馁、不自暴、不自弃，经得起时间的磨炼，一定能成功。

有前途的人（一）

春风秋雨固然可以润泽群生，秋霜冬雪也可以成熟万物。青少年时，师长们无情的打骂、无理的要求，孕育我服从、坚忍的性格，使我安然闯过人生中的每一个惊涛骇浪，这种难遭难遇的教育方式，实在功不可没。

一个人有没有前途，就看他青少年时期。这个时候，如同在人生的十字路口的分岔道路上，你要走向善的路还是向恶的路，你未来有功于社会还是有害于社会，这是选择的关键阶段。因此期许所有青年珍惜自己、尊重自己、表现自己，未来必定有前途。什么是有前途的人？给青年四点意见：

第一，对人要感激。青年的吃穿用度都是父母供给，知识学问都是师长教授，做人处世都是长辈指导乃至社会大众成就，公共设施、各行各业，让我们在人世间，衣食住行方便快捷，享受许多社会资源，因此要懂得感恩，对人要感激。

第二，对己要克制。青年正值血气方刚，容易冲动、生气，甚至情绪化。因此要紧的是，对自己要有克制的能力，不是我应该要的东西我不贪，不应该发脾气的我不发脾气。能沉得住气，才是大器。

第三，对事要尽力。青年遇到事情，不怕失败，要有承担的勇气，尽心尽力去做。所谓“做时全力以赴，结果随缘无求”，世间种种都是因缘成就，与众人的奉献而成，只要对大众有利的事，就应尽力去做，用你的心血、你的贡献、你的勤劳、你的智慧去全力以赴，才能获得别人的肯定与信赖。

第四，对物要珍惜。青年对金钱要珍惜，对物用也要珍惜。就像脚上的球鞋，本来可以穿三年，你穿不到一年就坏了；身上的衬衫，可以穿三年五载，不有志者，自有千方百计；
无志者，只有千难万险。

流行了，你就丢弃了，这都是不爱惜物用。如果不珍惜福报，就好比银行的存款，你随意乱花，总有用完的一天。弘一法师惜用破毛巾，为人敬佩；雪峰禅师不弃一片菜叶，以爱物自我修炼，这些都是现代青年要学习的美德。

谚云："有志没志，就看烧火扫地。""从小一看，到老一半。"森田沙弥虽小，连司钟时都晓得敬钟如佛，难怪长大之后成为一位禅匠。玄奘大师自勉"言无名利，行绝虚浮"，果真绍隆佛种，光大佛教。青年的未来前途在哪里？都在自己的言行举止中。

有前途的人（二）

> 几十年来，我不曾散着裤管、身着短衫外出，我不曾穿着大袍跑步，不曾上咖啡厅与人聊天，不曾在倾盆大雨时手执雨伞，甚至地震摇撼时，落石崩于前，也都能镇静念佛，不惊不惧……这些举止均非矫饰，而是经年累月持续当年的一念初心——"做得像一个和尚的样子"所养成的习惯。如今有许多人夸赞我威仪俱足，无论何时何地都能行止如法，我听到这些话，除了感念当年佛门严峻的道风之外，更要谢谢老师赐给我的一句金玉良言——"做什么要像什么。"

前途在哪里？前途就在当下！有的人梦想发财，背井离乡到国外留学、创业，但不一定就有前途。有的人想在政坛上施展抱负，选官、争名夺利，到最后招来杀身之祸，失去生命。

人为财死，发财的前途在哪里？有的人想要创造自己的前途，但阻碍了别人种子，埋进土里，因缘成熟，自会开花结果；
工作，付出努力，实力累积，自能出人头地。

的通路。路是大家走的，前途是大家要的，发财是大家想的，不顾别人的前途，自己哪里有前途呢？

有的人为了创造事业，例如以航海为生的渔民、商船等，为了出外赚钱，一出海就是一年、两年，再回到家里，老婆已是别人的，儿子也不见了，这种例子也是不胜枚举。

前途在哪里？在牢狱里被囚禁的人，只有方寸之地可供活动；这些身陷囹圄的人，都是希望有前途，但最后他的前途就是枷锁系身。

放下才能提起，跨前一步才是前途；能够放下，才有未来的前途。韩愈写《贺进士王参元失火书》——家中失火了，为什么要贺喜他？意思是房子烧了，你就会出来为社会大众服务，所以恭贺你，否则你躲在房子里，没有前途。

老福特给小福特一块钱，他用一块钱买了一本书，因而创造了福特汽车的王国。所以，前途也要有实力，要向前走，你走不动，如同汽车没有油，如何向前？人没有力量，如何向前？所以，你要有前途，就要储备实力，就要准备因缘，就要做好各种关系。

有的人的前途总要靠人提拔，有些人的前途要靠自己创造。能够有人提拔，也是自己的福德因缘；没有人提拔，还是要靠自己努力，力争上游。

古人当中，常常都有推荐贤才、举荐能臣；顾念别人的前途，有时候自己也会水涨船高，跟着也会有前途。

前途，看起来是需要许多的好因好缘，但实际上还是要从自己做起。自己健全、正派、明理、智慧、忠诚、形象好、应用多，还怕没有前途吗？

“要什么有什么”会要不到未来

我幼年时在丛林生活很贫苦，常常是一封信写好了，却隔了好几年没有寄出去，为什么呢？买不起邮票。风雪交加的冬天，也没有棉袄取暖；鞋底破了，用厚纸板垫起来；袜子破了，用纸糊一下。这种生活养成我现在“有也好，无也好”的随缘性格，也养成了我“不买”的习惯。其实，不买就是富有，为什么要买？因为不足、缺少才要买，可是即使拥有万贯家财，心要是不能满足，还是穷人一个。

我们可以看到，自古以来成功立业的人，在创业之初日子都过得非常艰苦。陶渊明穷得如诗中所说：“三旬遇九食，十年著一冠。”造夕思鸡啼，清晨愿鸟迁。12岁就在鞋油工厂当童工的狄更斯，在学习的热诚推动下成为享誉世界的大作家。早年家贫如洗的李嘉诚，经过不懈的努力，成为香港首富。

孟子说：“天将降大任于斯人也，必先苦其心志，劳其筋骨，饿其体肤，空乏其身，行拂乱其所为，所以动心忍性，曾益其所不能。”佛教的修行虽然不以苦行为重，但就以释迦牟尼佛为例，如果没有经过六年雪山苦行，没有经过多年的瞑目苦思，又怎能证悟成佛呢？佛教历代的祖师大德，哪一个不是历经千辛万苦、千锤百炼而成就道业的？又好比世界著名人物，如失明、瘫痪的奥斯特洛夫斯基完成了不朽名著《钢铁是怎样炼成的》，天生失去双腿的约翰·库提斯现今为国际知名的激励大师。所以，青少年应该勇于接受严格的教育，在苦行里才能促进成长；反之，一个人若沉浸在金钱堆里，好比纨绔子弟，整日游手好闲，怎么会成功？

现在许多有为的富家子弟，虽然家庭生活富裕，但是他放弃了优裕的、被保

·佛光菜根谭·

成就不是靠金钱堆砌，而是以智慧来庄严；
权势不是靠武力获取，而是以仁德做号召。

护的生活，选择走入基层、走入民间，甚至从苦工、学徒做起。

金钱不代表一切。有钱买得到物质，买不到智慧；有钱买得到医药，买不到健康；有钱买得到华美的衣服，买不到气质；有钱买得到书籍，却买不到品德。所以，青少年的时候要能广结善缘、勤劳发心、奋斗苦干、读书求智慧、养成良好的人格道德，这都比金钱来得更重要。

解决世上的问题不一定要靠金钱，人生的成功来自于众多的因缘，现在的年轻人如果天天看到的、想到的都是钱，那么内心的世界就太渺小了，不仅没有远大的眼光，精神力气也会因为金钱的诱惑而衰弱。要什么有什么，却没想到“要什么有什么”的结果就是要不到未来了。

所以，青少年除了对金钱要有正确的认识以外，心中要有国家社会、团体大众，才是真正富有的人；年轻人应当志在十方，何必用金钱来框住自己。

希望是生命的动力

小时候因为家境贫寒，我无法和其他小孩一样上学读书，受完整教育，所以一直很自卑，总觉得自己好比路边的一块破铜烂铁，一无是处。11岁那年我无意间和外婆谈起心中的感受，外婆告诉我：“傻孩子！破铜烂铁有什么关系，只要肯在大冶洪炉中锻炼，破铜烂铁也能成钢。”这句话犹如黑暗里的一道光明，引领我走向多彩多姿的人生。

一个国家没有希望，就不能富强：一个族群没有希望，就不能延续；一个组织没有希望，就不能发展，所以人要活在希望里，才能有美丽的未来。有时候希望来自别人的鼓励，但更多时候要靠自己立定目标，以完成希望。

人生有希望就会活得精彩。希望明天天气晴朗，希望明天朋友来访，希望明天新书寄到，希望后院小花早日开放。甚至希望听一场好的讲演，希望读一本好的书籍，希望交一个善良的朋友，希望找一份好的职业，希望有一份固定的薪水，希望拥有一间小屋，希望有个知心的朋友，希望不如意的事情都能远离。人生因为有这许多希望，日子才会过得快乐，生活才会富有情调。

希望是生命的动力，有希望的人生才能活出意义。我们的希望到底在哪里呢？略述如下：

一、希望在明天。经过一夜的休息，精神、体力恢复，明天又可以精力充沛地在自己喜爱的工作上继续冲刺，怎么不令人欢喜，怎么不是充满希望的一天呢？

二、希望在前面。有一只小狗一直绕着自己的尾巴转，大狗问它："为什么你要这样转呢？"小狗说："听说狗的幸福、希望就在尾巴上，我要把它抓住。"大狗说："只要你往前走，幸福、希望不就跟着你走了吗？"所以，希望在哪里呢？希望就在你的前面。

三、希望在早起。所谓"早起的鸟儿有虫吃"，早起可以享受新鲜的空气，享受宁静的环境。早起可以读读书、看看报，计划一天的工作，如此从容不迫地过一天，怎么会不感到欢喜呢？

四、希望在勤劳。成功是每个人的希望，要让希望不落空，就必须勤劳付出。所以，勤劳就有希望。

五、希望在学习。学习一种语言，学习一项技能，学习慈悲，学习给人，学习快乐，学习热诚，学习是人生的原动力，是人生的希望所在。

六、希望在主动。希望不能等别人给我，希望要自己主动去创造。主动把家建立感恩的美德，可以培养人间的善缘；
拥有希望的未来，可以增强乐观的人生。

里打扫干净，主动拜访朋友，主动完成作业，主动计划未来。凡事主动，就有热诚，就有希望。

七、希望在发心。发心帮助他人完成一件好事，发心帮助他人阅读一本好书，发心到医院里做义工，发心到寺院里礼佛诵经。有了发心就有动力，有动力就有希望。

八、希望在结缘。每天要想：我今天如何与朋友结缘呢？我今天能为社会做些什么好事呢？我今天能帮助弱势者做些什么呢？就把今天当作“为人日”吧！为你、为他、为大众，心里所想都是助人，就不会为自己的一切患得患失，人生自然会充满希望。

希望是非常美好的，有希望就有乐趣，有希望就有成就，有希望就有未来。希望在哪里呢？希望原来就在我们的心里！

人生需要什么

出家，是我心甘情愿的；读书，是我心甘情愿的；苦行，是我心甘情愿的；各种打骂委屈，都是我心甘情愿的。因此我心平气和地度过了十年寒暑，其间所培养的忍辱负重的性格，成就了我日后修行办道的雄厚资粮。

人生需要什么？人生需要的东西太多了。人从一出生开始，就需要安全、需要饮食、需要温暖、需要母爱。长大以后，需要充实各种知识、需要各种物质、需要各种学习的环境，乃至需要朋友、需要爱情等。在诸多的需要当中，人生最需要的是什么呢？试举四点如下：

一、需要有工作。人们常说“人生要活得有意义”。人生的意义到底在哪里？就在工作里。人生如果没有工作，难以展现生存的价值。世间，有的人害怕工作太多、害怕辛苦、害怕麻烦。其实，一旦没有工作，闲得无聊，不能结缘，生活又不济，人生也就失去意义，所以人生需要工作。当然，工作有种种的类别，有的是对社会有益的工作，有的是对社会造成负面影响的工作，所以慎选工作很重要。我们要选择于人有益的工作，能为人服务、对人有贡献，继而能为社会增加光彩的工作，这才是对生命有意义的工作。

二、需要有目标。人有工作还不够，应该要有目标。目标有短程的目标，也有长程的目标。有的人设定的目标，只为一己之生存，有的人为了一家人的生活，也有的人为社会、国家之需要而立定目标，更有人为了世界大众之未来而努力。无论订定的目标是为自己、为他人、为社会或是为国家，有了目标，人生的意义就会从中产生。

三、需要有愿力。人不是为了三餐而生活，也不是为了五欲尘劳而来人间，更不是为了荣华富贵、享受人生而生存。人所以来到世间，是为了完成使命，为了实现愿望。什么是人生的愿望呢？例如，希望减少与社会上冤亲债主的纠缠，希望远离世间的忧悲苦恼。甚至有的人希望了生脱死，有的人发愿完成自己，成佛做祖。佛教有所谓“四弘誓愿”：众生无边誓愿度，烦恼无尽誓愿断，法门无量誓愿学，佛道无上誓愿成。“四弘誓愿”不是让我们念诵的，而是要去实践；能够付诸实践，才能“有愿必成”。

四、需要有善缘。人可以说：我不要钱、我不要名利，但不可以说我不要善缘。有善缘的人，走到哪里，做任何事，时常都会有“贵人相助”。例如，前往某个地方旅行，正当担心目的地没有一个认识的朋友，却在到达时就有不相识的人前来招呼；走路迷失了方向，忽然有人说可以和他同行；来到人生地不熟的地人生最高的美德是慈悲，慈悲欢喜可以美化生活；
人生最大的财富是智慧，智慧灵巧可以规划生涯。

方，一时找不到住宿的地方，马上有人好心提供寄住之处；面临失业的时候，刚好有一份工作等着有人去做。所以，平常要结善缘，才会有助缘。

人生需要的东西很多，但是如果没有经过努力、结缘，就没有办法得到。因此，人生除了工作、目标、愿力之外，能够广结善缘，成功的机会就会更大。

青年人要有正见（一）

我在撰写《释迦牟尼佛传》时，常常被佛陀大公无私的精神所深深感动而热泪盈眶。尤其了解佛陀一生的行谊之后，我知道佛陀不但是一个教育家、宗教家，还是一个革命家。不过佛陀的革命不同于世间一般的革命家。一般革命家的革命，我称之为向外革命，佛陀的革命是向内革命，也就是向自己革命——降伏自身生老病死的痛苦及心中贪嗔愚痴的烦恼。“向自己革命”这句话从此就成为我一生奉行的圭臬。

生活中，我们经常会要求这个、要求那个，满足心中所求；也会要求别人给我们尊重、给我们名声、给我们支持、给我们利益，甚至会要求别人符合我们的标准、目标。要求外在条件的满足、要求别人认同我们之外，对自己的人生、生活、做人、处事要求什么呢？有以下四点意见：

第一，规律行为。我们的语言、动作，做人处世，举手投足，都要有规律，要能合理，懂得别人的需要。规律是戒财，不依规律，就容易放纵，放纵自然就会堕落，自然会有不正的行为、做人没有原则、做事没有章法，如此，别人怎么会看得起我们？所以，规律是一切正当行为、生活必要的准则。

正见的希望，成就正见的人格；
广大的愿力，成就广大的事业。

第二，正见信仰。人活在世间，除了要求种种的生活以外，还需有一个信仰。这个信仰，并没有宗教上一定的限制，比方对国家的信仰、对宗教的信仰、对朋友的信仰，乃至对人生目标的追求，无论信仰什么，重要的是要有正见。正见是明理，不明理，别人不要跟我们相处。正见好比照相的光圈距离，调整稍有差错，照出来的相片就会模糊。一切人、事、物，没有正见，看错了，对这个世间就看不清；不明理，人生就会糊涂，不知何去何从，因此，信仰上要有正见。

第三，勤奋工作。人都要工作，没有工作，也就显现不出意义。工作时，你不能懒惰，懒惰没有人欢喜，只有让人失望。你也不能懈怠，所谓“今日事，今日毕”，一天的事情，你做了两天、三天，拖拉、推托，只有让人家感受到跟你合作很痛苦、很急迫、赶不上节拍。因此，工作上，你必然要勤奋、快速，别人才能对你产生信心，觉得你可以让他托付责任，交办事项。

第四，简便生活。生活中，衣着过于追求绫罗绸缎、华丽高尚，只有感到“衣橱里永远少一件衣服”；饮食一定讲究珍馐美味，我们的胃却像无底的黑洞，永远没有填满的一天；再大的房子，你也要整理打扫，再好的车子，你也要给它保养维护。每天为了追求物质的满足，只有疲惫不堪。假如生活上，凡事都能简便一点，会过得很自在、很逍遥。说话简便一点，做事简便一点，简便的人生，生命会长久；简便的生活，自己好，别人好，大家都好。

要求别人符合我们的想法很难，不如先要求自己比较容易。一个有智慧的人，会从以上四点自我要求做起。

青年人要有正见（二）

有一个人在路边种了一棵大树，大树绿荫宽广，时常有人经过这里，就在树下乘凉。但这是一棵有毒的树，乘过凉的人回家以后，不是头痛，就是眼睛模糊，要不就是耳鼻不清楚，或者皮肤发痒，各种毛病层出不穷。拥有这一棵树的人知道后，感到很抱歉，心想："我种了这棵树，对人不但没有利益，反而造成很多的伤害。"他就把树枝砍了，让它重新长出枝叶来。可是长的枝叶还是有毒素，照样让人头痛、耳痛、身上皮肤发痒。后来一个有智慧的人就对他说："你不要老是砍枝砍叶，这是没用的，你必须要把这棵树的根挖起来，重新再种才有效果，否则斩草不除根，春风吹又生，光是砍掉枝叶，毒根本不能去除。"我们光是做一点好事，改一点过失，只在枝枝叶叶上着力是没有用的。如果不从心里把贪嗔、愚痴、邪见、嫉妒根除的话，发展出来的仍都是一些愚痴无明的言行。

家庭里，最怕子孙挥霍祖产；正派的人士，最怕挥霍感情；政治人物，最怕挥霍权力；有为的青年，最怕挥霍生命。世间，每个人都不能任意挥霍，本来是你所拥有的东西，但是你不珍惜，随便糟蹋，一旦挥霍殆尽，到最后一无所有，懊悔嫌迟。以下数事，提醒大家不能任意挥霍：

一、金钱不能挥霍。金钱来之不易，必须量入为出。有些年轻的公子哥儿，怀着万贯家财外出创业，可是他挥金如土，"有时不知无时苦"，到了床头金尽，呼天不应，唤地不灵，真是悔不当初。

二、时间不能挥霍。时间就是生命，生命是非常宝贵的。现代医学发达，可是当一个人病倒在床，通过各种仪器急救，想要多挽回几天的生命，都非常困难。因此，在健康的时候，一天要当几天用，起早带晚，或利用零碎时间，把时间拉长到三百岁，那才活得够本。所谓“一寸光阴一寸金，寸金难买寸光阴”，人要懂得惜时如金，千万不要把时间虚耗在打牌、跳舞、游乐上面，这不但是浪费时间，也是谋杀生命。

三、友谊不能挥霍。友谊是难得而可贵的，人家给我们一分的友谊，我们要一分珍惜，十分的友谊，要十分珍惜，不可以把别人的友谊当成廉价商品，随时可以弃之不要。所谓“在家靠父母，出外靠朋友”，在外面扬名立万，也要靠朋友的资助；就如红花虽好，也要绿叶衬托。因此，自己纵然才华盖世，也需要朋友的助缘，才能有所成就。

四、信誉不能挥霍。一个人点点滴滴，为自己树立了信誉，这是非常宝贵的，千万不可以儿戏，把信誉拿来挥霍。今天在这里少了一些信誉，明天到那里又少了一些信誉，等于买卖做生意，到处蚀本，等到挥霍尽的时候，想要再树立信誉，就非常困难了。所以纵有一些信誉，自己更要兢兢业业，让自己的信誉增加，让自己的信誉发光，让自己的信誉赢得别人的信赖。做人宁可吃亏，宁可自我在其他方面有所损失，但不能在自己的信誉上有些许亏损。

五、福报不能挥霍。一个人的福报有多少，就好像银行里的存款，再多，如果挥霍无度，也有用尽的时候，所以佛教叫人要惜福。福报是我们的资本，要慢慢用，要用得适当，用得有价值、有意义，不可以随便挥霍、糟蹋、浪费福报，等到没有福报的时候，再想拥有福报，那就困难了。

六、生命不能挥霍。每个人都有一个生命，有的人生命能活五十年、六十年，有的人七十年、八十年；不管生命长短，都不可以挥霍。一天有一天的事，一周有一周的事，一年一月都有一年一月的事，我们要用人生数十年短暂的岁月，创造无限事业的生命与价值。

·佛光菜根谭·

忙，能发挥生命的力量；忙，能灵活身心的机能。因为滚石不生苔，流水不生腐。

世界上很多东西都可以用金钱购买，但生命是金钱买不到的，生命是有定期的，怎么可以把定期的生命任意挥霍呢？我们可以把生命奉献给佛教信仰、奉献给大众福利、奉献给弱势团体、奉献给人间的公益、真理，但是不能随便挥霍。

总之，世间的物质，多余的东西都可以与人共享，唯独金钱、时间、友谊、信誉、福报、生命，不能挥霍。

工作的态度

永平寺里有一位80多岁驼背的老禅师在大太阳下晒香菇。住持和尚道元禅师看到后心有不忍，就说："长老！您年纪这么老了，为什么还要吃力做这种事呢？请老人家不必这么辛苦！我可以找个人为您代劳呀！"老禅师毫不犹豫地说："老了不做，什么时候再做？何况别人并不是我啊！"道元说："话是不错！可是要工作也不必挑这种大太阳的时候呀！"老禅师说："大太阳不晒香菇，难道要等阴天或雨天再来晒吗？"

世间万物当中，人类所以能够杰出，就是因为人有工作。即使动物之中的蜜蜂、蚂蚁，也都勤于工作，也是为人所称道。工作是神圣的，勤劳是伟大的，服务是可贵的，我们对于工作，应该有什么样的认知，应该抱持什么样的心态呢？略述如下：

一、勤劳为工作的态度。说到工作，首先我们应该建立对工作的正确看法与态度。工作最需要的就是勤劳，勤劳的习惯、精神、态度，就是要自动自发。我们在工作的时候，不要只想敷衍了事，不要只想报酬多少，应该把工作当成一种使命，这才是首应建立的正确态度。

二、节俭为工作的方法。有的人刚接到一项工作，马上就大张旗鼓地添置设备，不知节俭；有的人一要他工作，立刻想到自己的待遇多少，甚至要办公室、要汽车等。工作还没有看到成果，就已浪费无度，实在不符工作的原则与方法。

三、融合为工作的根本。工作不能单打独斗，必须集多人的力量共同成就，此即所谓“集体创作”，所以要能上下和谐，要有团队精神，要能与人合作。所谓“家和万事兴”，一个团队没有一致的共识，难以望其有成，如果整个团队上下能融洽和谐，就能众志成城，所以融合是工作的根本。

四、谨慎为工作的原则。在团体中与大众共事，每个个人都应该放弃自我的执着，应以团体的需要为主，时时戒惧谨慎，不可任意决策、任意用人。如果犯了工作的忌讳，就很难获得团体大众的接受，自然难以有发挥的空间，所以要谨慎从事。

五、诚信为工作的宗旨。个人或团体，无信都难以立足社会，诚信是创业的基础，也是与人合作的根基，所以在工作中要真诚守信，才能获得别人的信赖，才能在工作中发挥生命的价值。

六、负责为工作的要领。负责就是担当的表示，一个肯负责、有承担力的人，即使工作难度再高，都能想办法克服，都能实际负起责任，所以走到哪里都能受人重用，因此负责才能担当工作。

七、发展为工作的中心。工作当然是为了事业，既是为了事业而工作，当然要能看得到未来的发展，所以现在世界上一些大企业家，公司里最重要的部门就是“发展计划部”。有了发展的计划，大家目标一致、精神一致，并且按部就班地照着发展计划前进，自然对未来充满希望，这就是工作的中心重点。

·佛光菜根谭·

工作，让人开发生命的潜力，展现生命的价值；
服务，让人发挥生命的光热，照亮生命的内涵。

八、成就为工作的目标。工作要有目标，工作的目标就是“发展”。工作不是要你每天施舍做功德，工作的目标是要你能日日进步，时时进步，一周、一月、一年的工作成果，数字都有明显的成长，如此自能鼓舞士气，自然更能发挥工作的效率，自能增进信心与力量。

以上，关于工作的种种，说明人不能没有工作，人的成就要靠工作而成就，人的拥有也是靠工作而拥有，所以个人的未来就看自己工作上的成或败。工作对吾辈的重要，不言而喻。

上班以前

我经常在客人要来的前一刻，站在门口迎接，让对方惊喜不已，有人问我是不是有神通。其实这是因为我从小就训练自己要有时间观念，例如什么是五分钟，什么是十分钟，甲地到乙地需要多少时辰，做一件事情要花费多少时间，我的心中都了了分明，所以一切事物当然也就能够管理得恰到好处了。

社会上，一般人为了家计，不惜一切地工作赚钱，往往忽略了自己的身体健康及心灵提升。所谓“忙！盲！茫！”，忙到最后，身心疲倦、内心空虚。因此，适当地规划上班以前的时间就更显得重要了。对“上班以前”有四点建议：

第一，十分钟盥洗。一大早起床，除刷牙、洗脸外，洗个热水澡能使人精神焕发，有助于工作效率的提升。除此，盥洗能促进血液循环，放松身心，将使思考更为活络。每个人的生活习惯不一样，大部分的人选择在一天忙碌的生活之后盥洗，以消除身心的疲劳。其实，早上盥洗也是个不错的选择，能提神醒脑。在

· 佛光菜根谭 ·

人生最大的悲哀，是自己对前途没有希望；
人生最坏的习惯，是自己对工作没有计划。

佛教里，盥洗不只是一种形式，还可以作为一种修行，如《毗尼日用》所说“洗涤形秽，当愿众生，清净调柔，毕竟无垢”。

第二，二十分钟晨修。早晨的空气清新、环境宁静安详，是晨修最好的时间，无论是念佛、拜佛或是静坐、诵经都可以，为的是提振精神，让一天的生活都能过得心安理得，有所寄托；佛存在我的心中，自然会有力量，有力量则不会为琐事所困扰。一个人只要感觉内心拥有财富、拥有力量，对社会的服务也就永无尽期。

第三，二十分钟运动。运动可以舒活筋骨，让身心活动起来。早上一起床，心中无忧无虑，可以到公园里运动、散步，享受新鲜空气所带来的清爽，这不也就像是人间的天堂吗？又如佛教的礼拜，不仅是修行，也是运动；可以拜出健康、拜出智慧、拜出清净、拜出光明，是很好的选择。

第四，二十分钟读报。科技发达，读报是获得信息的重要来源，它能促使我们与世界的脉搏共跳动，跟上时代的脚步。如果思想、意境不能与时代同步，不就会被淘汰了吗？所以，工作再忙，也要给自己一点时间读报，用功吸收新知，督促自己与时俱进。

对于每天忙碌不堪的上班族来说，想要挪出一点时间充实自己，实在是一件难事。但是，如果你有心，愿意善用早晨的时光，那么一切也就不成问题了。

工作之要（一）

行堂、典座在佛门里都被列为“苦行”的行单，但我并不以为苦，反而觉得“服务为快乐之本”。在这一段“苦行”的岁月里，我从行堂工作中练就了“神乎其技”的身手，可以把碗筷玩弄于手掌之中，收放自如，得心应手；挑水打饭，更是如同腾云驾雾，毫不费力。从作务里我感到无比快乐，从来没有生起厌倦之心。

父母教育子女长大成人，无非冀望子女找份正当的职业，能学习独立自主；青年出了校门，也以在社会上谋取一份好工作，为自我成就。工作最神圣，服务最伟大；世间的人，假如不工作，就难以活出生命的价值与意义来。所以，如何工作才能赚到人生真正的财富，有四点看法：

第一，勤劳为工作的态度。所谓“勤有功，嬉无益”。你要尽力工作，先要具备勤劳的态度。勤劳，必定是事业成就的关键，也是一个人获得成功的桥梁。像“焚膏继晷，兀兀以穷年”的韩愈，由于“业精于勤”，才能成为唐宋八大家之首的大文豪；而二十载恒“昼课赋，夜课书，间又课诗，不遑寝息”的白居易，也因为“早作夜息”而登上古代诗歌创作艺术的巅峰。历览古今中外，勤劳者留下了硕果累累，懒散者得到的却是两手空空。所以，勤劳才能成功，勤劳的人才能为人所欢喜、接受。

第二，节俭为工作的方法。工作的质量，并不是用财富、金钱堆积得来，而是要用智慧才能做出工作的意义、工作的价值。过去桀用天下而不足，汤却用七十里而有余，证明金钱、时间、人力、物资都可以为我所善用。所谓“聚沙成塔，集腋成裘”。为了节俭，你的智慧会从工作中生出，所以节俭是穷人的财富，是富人的智慧。只有“啬于己，不啬于人”“当用则用，当省则省”，效法君子以俭来立德，而不学小人以俭来图利，发挥适当的用度以创造，才是真节俭。

第三，融合为工作的根本。工作中，如果自己刚愎自用、独断独行，一定不能得到别人的助缘。如同天地间四时的节气，和煦就繁殖万物，寒冷就销蚀万物要有道德地生活，才算有修行；
要有价值地工作，才算有成就。

的生机。融合在工作上是很重要的润滑剂，廉颇因为向蔺相如负荆请罪而有了令后世称道的“将相和”。以现实层面来说，有了融合的心意，处在任何时刻都是和谐无碍的。所以佛教讲“横遍十方，竖穷三际”，古谚所说“泰山不辞土壤，大海不捐细流”，都是很好的说明。因此，做人要有容纳异己的气量，才能有远大的未来。

第四，谨慎为工作的原则。雨果说：“谨慎比大胆有力量得多，看起来什么都不怕的人，其实是多么害怕对什么都小心的人。”孔子也说：“敏于事，慎于言。”其实就是一种谨慎的态度。做任何事应该要瞻前顾后，谨慎地考虑好各种关系。所谓“祸不入慎家之门”，有的人必须吃了亏，才知道事前要谨慎，以避免一失足成千古恨，一步差致千里远。所以古人“御狂马不释策”，纵马奔驰的人不贪求最前，也不怕独自落后，只求谨慎，不敢大意。

勤耕自有丰收日，时光自是不负苦心人。如果我们能够掌握工作的要点，就接近事半功倍的理想之道了。

工作之要（二）

我一生没有学过建筑，但会建房子；我没有学过书法，但会写毛笔字；我没有学过文学，但会写文章；我没有受过骈文、韵文的写作训练，但会作词写歌；我不懂外文，但时常与国际人士接触往来。因此，承蒙有些人夸赞我很聪明。所谓聪明，是从何而来的呢？如果我真的有一点聪明的话，我想都是从“为人服务”的苦行中修来的。

工作是获得经济来源的主要管道。如何工作顺利，迈向理想抱负得以实现的人生，更是工作的主要意义。有的人工作不够认真，遭主管反感；有的人工作没有信用，人家不愿意跟他合作；有的人工作没有理想，只能画地自限。怎么样工作才是迈向成功的快捷方式，有四点意见：

第一，诚信为工作的宗旨。一国之君如果说话没有诚信，就会失去百姓的拥戴；一个主管如果经常三心二意、朝夕令改，就没有属下愿意配合政策。历史上商鞅变法之所以能推行新政，就是因为他重视对百姓的诚信。过去孔子提倡“与朋友交，言而有信”，一个人若是轻诺寡信，必然自食其言，破坏与人美好的关系，也会降低自己的价值。所以，无论做什么事，最要紧的是要让人感觉你很真实、很有信用；有了诚信，会树立良好的形象，会给人带来安全感，工作就不难开展了。

第二，负责为工作的要领。工作的伙伴，有的人居功诿过，功劳我自己承担，过失则推卸给别人，这是没有担当的勇气。我们要学习负责任，好与不好，我都要能担当，我都要能恪尽职守，如此就不怕没有学习与升迁的机会。在荣耀满身的肯定中，可以获得光芒的加冕；从承担失败里，也能记取经验的智慧。勇于负责者能忠于事，必能值得托付。一个人只要肯负责，世间没有什么解决不了的事。所以，勇于担当的人，未来必定充满希望。

第三，研究为工作的中心。现在无论做什么事，都需要有周密的计划，心中要备留几个方案，多加研究，工作才能做得更好、更进步。研究，是一种琢磨，棱角可以磨平，好的意见可以提炼出来，瑕疵毛病能够化解掉；经过研究所得的方案，更能接近、符合大众所需求的目标。所以，研究为工作的中心。

第四，发展为工作的目标。工作要永续经营，就不能墨守成规，不能太过保守，一定要开拓新的领域、探索新的知识。一粒种子，向下发展能扎根稳当，向从工作中学习做人的道理，工作就是学校；
从职业中揣摩生命的意义，职业就是道场。

上发展能长成参天大树。所以“发展”会走出道路来，只有像种子一样伸展开来，才能得到阳光、空气、水分，才能看到开拓以后的美好天地。像王安石、龚自珍的“更法改制”，王夫之、谭嗣同的“革故鼎新”，无非都是为了“发展”的目标。只有不断地发展，才能进步，保守就是落伍，所以发展是工作的目标，一种有未来性看法的远见。

“海阔凭鱼跃，天高任鸟飞。”工作的大舞台，可以提供我们竞技才华，让我们有充分的用武之地。但是如何在工作中施展抱负，开创人生的意义与价值，有其必要的条件。

最好的职业

1938年，年仅12岁的我陪着母亲沿着江浙一带寻找在战火中失去联络的父亲。经过栖霞山时，一位知客师问我是否想出家，我随便答了一句：“好啊！”志开上人那时担任栖霞山寺监院，听闻此事，便立刻嘱人找我前去，说道：“小朋友，听说你想出家，就拜我做师父吧！”母亲起初不肯，但是为了信守承诺不可退票，我告诉母亲：“我已经答应他们了。”经不起我再三的请求，母亲只好噙泪默许，独自离去。从此出家近60年来，心中只有一个念头，就是忠于自己的诺言，做好和尚的本分。

人生在世，每个人都需要找一份职业。职业不分高低贵贱，重要的是要正派，所以“正业”是佛教“八正道”之一。

过去一般人认为当医生是最好的职业，但看今日医疗纠纷之多，所谓医师难为，可见医师也不见得就是最好的职业。过去有人以为驾驶飞机，待遇最高，是最好的职业，但飞机安全事故频仍，也让一些驾驶人员每日胆战心惊。

过去也有人觉得执法人员最为清高，但最近一些弊案的发生，从“最高法院”到检察官、检警人员的表现，一再让社会大众诟病，认为有所不公，看起来也有损清誉了。

过去负责为人辩护的律师，也被认为是一份高尚的职业，因为他们维护社会公义，为人打抱不平。但现在有些律师唯利是图，有钱则有理，无钱就无理，因此现在的律师在一般人的眼里，也已大大降低了他们的地位与分量。

银行界过去也是最令人羡慕的职业，但现在金融界受到一些黑手的操纵，以大吃小，以多吃少，甚至使出“五鬼搬厂”的伎俩，已不再像过去那么正直清廉，所以也不是最好的职业了。那么，什么才是最好的职业呢？

一、厨师是最好的职业。一个厨艺精湛的厨师，在高级饭店里掌厨，提供美味餐饮，让食客吃得欢喜，自己本身也有很高的待遇，可以说是一份比较安全无过，而又受人尊重的职业。

二、教师是最好的职业。现在的学校教育虽然有很多令人诟病的地方，但基本上教师甘于淡泊，为国培育英才，还是守住了中国道德的一环，所以“孔家店”这块招牌还是为人所尊敬。

三、邮差是最好的职业。过去的“绿衣天使”，沟通了两地的人心，现在虽然有电话、电报，甚至使用电子邮件，但是邮政人员帮忙寄发情义、物品的服务，还是受人尊敬。

四、护理人员是最好的职业。护理人员一直被尊为“白衣天使”，虽然他对病人所负的责任不及医师大，待遇也没有医师高，但受病患尊敬与依赖的程度一样。尤其白衣天使一个亲切的笑容、安慰，都可以鼓舞病患迎向阳光。

·佛光菜根谭·

工作无分贵贱，只要做者有心，一样欢喜自在；
事务无分难易，只要做者有意，自然群策群力。

五、气象人员是最好的职业。气象人员过去一向少为人所重视，实际上现在的气象，像台湾经常有台风、地震，乃至晴雨不定，都需要靠气象人员不眠不休地观测服务，把气象播报给社会大众知道，以便及时防范、因应，让灾害减到最低，所以气象人员应该受到大众的尊敬。

六、服务人员是最好的职业。现在社会的服务业非常兴盛，衣食住行各行各业都有服务人员为大众服务。例如，旅行社、导游、交警、收费站、餐饮业等，都值得让人感谢。尤其现在社会上有很多社工、义工，他们无怨无悔地付出时间、力量，为社会大众服务，更值得为他们喝彩。

职业无高低，工作都是神圣的。除了以上所举的工作人员以外，社会上当然还有很多值得吾辈尊敬的职业，我们都应该向他们致敬。

位置

大殿里，大磬对佛祖抗议："佛祖！我们同样都是铜铸的，可是信徒一进佛殿，就供果给你，献花给你，上香给你，礼拜也是对着你！我不仅享受不到同样待遇，信徒还要敲打我，口中念着'拜佛不敲磬，佛祖不相信'，为什么这样不公平呢？"佛祖说："大磬！你不要怨恨，也不要生气，你要知道，当初人们铸造我成佛像时，我忍了多少苦吗？耳朵多了一点就挖削刻凿，面部高了一点就敲打捶整！你要知道，我是经过敲敲打打、削削挖挖的种种辛苦，才千锤百炼成为佛像的，当然大家就对我礼拜了！"

小时候，在许多游戏当中有一种"抢位置"的游戏，叫作"大风吹"。影响所及，世人都是为了位置而时起争执、计较，甚至不管前程狂风暴雨，总想为自己抢一个好位置。

行政主管部门每次改组，多少人为了抢位置，就像在玩大风吹的游戏一样；一个公司里的主管一换，“一朝天子一朝臣”，大家也都各自忙着自己的位置。办公室里、教室内，大家都想找一个好位置，甚至当人逝世的时候，也要看风水，找一个好位置。

虎皮交椅的位置，好舒服，人人抢着坐。位置舒服，相对地，所负担的责任也大，应该付出的力气、思想、智慧，如果缺少一点，也不能安坐于位。就算是天人，享受天福，等到福报享尽的时候，“五衰相现”，除了头上花萎、腋下出汗之外，他就不安于位了。

你看，现在的人求职，在这一个公司工作不久，就想离职跳槽到另一个公司去。也有的人在这个团体里不安心，一心想要加入到另一个团体去。

军队里有逃兵，因为不安于位；僧团里有溜单者，也是不安于位。有的人这个位置没有了，他随遇而安，到处都有位置；有的人这个位置失去了，他就好像从此一无所有，好像没有这个位置，就没有了人生一样！

有一则启示小品，叠罗汉时你喜欢在哪一个位置？最上面的？会摔得很惨。最下面的？会被压得很痛。中间的？似乎又不够刺激。叠罗汉时，所有的人都慨叹自己所选的位置不对。其实，对旁观者来说，他们的掌声，是为所有人而鼓掌，是为所有的人而欢呼，没有高低上下之分。

位置，也是要有因缘才能坐得住，所谓“福地福人居”，人找位置比较困难，位置找人非常容易。好像现在的人求职、职求人，只要你具备了坐上那个位置的条件，别人哪里会不喜欢你，甚至阻碍你坐上那个位置呢？

天上的星星，各有一个位置；山林里的树木，也都各有其生长的位置。世间的人，在政、商、农、工职业中，只要你喜欢，都能拥有一个位置，问题是你能安于位吗？

门槛

我 15 岁受戒时备受诸苦。一到了戒场，戒师先找戒子问话审核。第一个戒师问我："是谁要你来受戒的？""是老师要我来的。""难道老师不叫你来受戒，你就不来了吗？"说罢，一连串的杨柳枝如雨点般落在头上。到了第二个戒师那里，他又问同样的问题。因为有了第一次的经验，于是答道："是我自己要来的。"没想到"啪！啪！啪！"脑门上又是一阵痛楚。"可恶啊！老师没叫你来，你竟然胆敢自己跑来！"第三个戒师还是问先前的问题。这回经验丰富，所以毕恭毕敬地答道："是我自己发心来，师父也叫我来的。"自以为这个答案应该很圆满，结果——"你这么滑头！"当然接着少不了一顿狠打。顶着一脑子乱冒的金星，来到最后一位戒师的位子前面，我没等他问话，直接就将头伸了过去，说道："老师慈悲，您要打就打吧！"

古老的建筑，门框下方贴近地面的部位都会设一条横木，称为"门槛"，高约五寸，但也有的高达一尺以上，我们就说这一户人家门槛很高。

门槛高的宅第代表富贵，代表家世显赫。只是现代化的建筑都讲究"无障碍"空间，所以门槛已经不适用于今日。不过，现代社会、人间诸事，也有很多的门槛，于此一谈。

一、留学的门槛是才智。莘莘学子想要跨出留学的门槛，到世界各大名校留学读书，首先要有学业的基础，甚至要能通晓外文，经过国家考试认可，取得留学资格，同时获得报考学校的录取，如此即可出国留学，展开专业学术的研究。留学生涯，有的一待就是十年八年，好不容易才能取得一个学位。通过留学的门槛就是才智出众，因此青年学生莫不竞相留学，以便能跃登龙门，成为国家的学人。

二、就业的门槛是能力。完成学业的青年，接着就是忙着就业，就业又是人生的另一个门槛。跨过就业的门槛，找到工作，这不但要学业好，还要能力强。一般留学生在国外的名校毕业，学有专精，回到祖国后，就此展现能力。有的服务于工商企业，有的投身于教育学术，有的从事政经文化，乃至在外交、内政上各凭所学，各领风骚。就算跨过了就业的门槛，能力重要，人缘更重要。这个时候就要广结善缘，要学习与人相处，要讲究服务品质，要能获得长官的信赖，以及同事的推崇，工作成绩有表现，如此能力才算是真正派上了用场。

三、爱情的门槛是财富。青年创业有成，这时到了适婚年龄，就想到婚姻；结婚之后，才算是真正的成家立业。婚姻的前奏曲，必须要有情人，情人在哪里？在金钱财富的后面。有人说，没有面包，哪有爱情？现代社会，不管男婚女嫁，彼此都要有经济的条件。要成家，能没有房子吗？一栋房子需要多少钱？要结婚，就必须养家活口。尤其结婚的门槛，不但金钱富有，还要父母同意，甚至家族亲人都要掺一脚，表示意见，他们也因此成为门槛的附件。

四、升官的门槛是关系。学业、工作、婚姻的门槛都跨过以后，再来就想到要升官。服务于社会的各级官员，当然想要升官，即使是私人的团体企业，也希望升级，这时就要讲究社会的关系了。有语云："朝中无人莫做官！"你想要谋个一官半职，不管是仗着父母的关系、裙带的关系、朋友的关系、同乡同学等关系，都需要有关系。有关系，你就能跨过这一道道的门槛，如此前途才能顺利。

其实，以上所提，只是青年阶段想要登堂入室，必须跨越的门槛，事实上，人跨进门槛的人，并不意味一生的成功；
被摒在外的人，也不注定永世的失败。

生还有更多社会的门槛，等着你跨越。有人迫害你，你如何跨过迫害的门槛？有人嫉妒你，你如何跨过嫉妒的门槛？功名有功名的门槛，人缘有人缘的门槛，感情有感情的门槛，一切人事财物，都有门槛，你都能一一通过，才能奔向前程。

落差

李志奇、李志希双胞兄弟曾通过周志敏女士，向我索取毛笔字，我信手拈来，在宣纸上写下“不比较，不计较”。后来他们在影艺界相互合作，彼此提携，传为佳话。一名弟子曾问我：“您当初怎么想到这样的句子呢？”我反问他：“人生种种烦恼的主要来源是什么呢？”只见他沉思片刻说道：“比较和计较。”

一、智慧的落差。人的五个手指头，伸出来有长短；人的智愚也有不同，不同就会有落差。但是人与人之间的落差，可谓错综复杂，你的身体比我健康，我的手脚比你利落；你的嗅觉比我灵敏，我的听觉比你高明。尤其在学问上，你的化学智商比我高，我对理化简直一窍不通，但我对哲学思维的悟性很高，对宇宙人生的问题都能了然于心。你擅于书法写字，我长于绘画美术。就算你才高八斗，每次考试都是有考必中，我虽愚不可及，每试必然名落孙山，从未上榜。一路走来，我们都有落差，你虽然聪慧，却是做人刻薄寡恩；我三五朋友成群，作文论道，所以智愚的落差，可以用兴趣来补拙，可以用道德来加强，可以让人缘来弥平智愚的落差。

二、思想的落差。思想家一直都是为人所尊重敬佩，在我们的同辈、朋友之中，哪个人比较有思想，就能获得众人的拥戴。在课堂上，老师都希望用思想来传授知识，而不是只做解释、说明，没有自己的看法、意见，让人听起来觉得平淡无味。有思想的人比较精明，思想迟缓的人大都比较老成木讷。思想也分有多种，有人长于政治，有人长于经济，有人长于宗教，有人长于文学。思想应该要融会贯通，不要执着、计较自我的思想，排斥、贬抑别人的思想。一般而言，笃实老成的人，虽然一时比不上思维敏捷的人，但能用龟兔赛跑的精神，能用厚实做基础，所谓勤能补拙，也能拉近思想的落差。甚至科学家重视实验、哲学家重视思考、文学家重视世间的描写、宗教家则重视修炼自心。这就如同男主外、女主内，只要大家分工合作，也可以弥平思想上的落差。

三、因缘的落差。在人生过程中，每个人的因缘往往有很大的落差。你一生都遇到好人好事，一路顺利，我则艰难辛苦，所做的难以完成。此中应该知道，必然是因缘落差的关系。做事时，因缘找你非常顺利，你找因缘非常困难，所以《阿弥陀经》说："往生西方极乐世界，不可以少善根福德因缘，得生彼国。"所谓因缘，就是条件，你今天请客，所订的时间、地点、菜肴，朋友都会闻风而至，这是请客的因缘具足。在厨房里，即使再高明的厨师，也要具备油盐酱醋等各种材料，否则巧妇也难为无米之炊。因缘不是临时张罗的，而是平时就要早做准备。开办工厂、政治竞选都要看各自的因缘，因缘好的得心应手，被人称赞为时来运到；因缘不具者，只有赶快补救。因缘是本来的，但也是人创造的，所以播种、施肥、各种耕耘也会把人间的因缘落差抚平。因缘主宰了我们的一生，我们也可以创造另外一生的因缘，因此要想自己的因缘不与别人有落差，就要培养自己的因缘。

四、心地的落差。人和人的福德因缘，由于勤快与懒惰的落差、出生背景的落差、地域文化的落差、时代因缘的落差，让人受到许多限制，难以抚平。

· 佛光菜根谭 ·

人生的旅途，不怕跑得慢，就怕原地站；
人生的事业，不怕不如人，就怕志不立。

人与人之间的落差，心地落差是容易改进的，你的心地强硬而不柔软、性格傲慢而不随和、知见执着而不虚心、言语毒辣而不仁慈，这就和别人在心地上有了落差。心地的落差不必要求别人帮忙，只要自知自觉、自我改善、自我反省、自我弥补，能将心比心，还有什么落差不能平衡的呢？

大自然的落差，所谓天地无私，天地去摆平；人我的落差，也不必自怨自艾，自我努力就可以改善落差。

善为属下

在《长阿含·善生经》里记载，为人属下应以五件事对待主管：一、勤奋早起，二、计划详细周密，三、不私取主管之物，四、处事条理分明，五、经常称赞主管的善德美名。

大地能生长五谷、喷甘泉，默默承载万物的繁衍；为人属下者，与主管相处，也莫过于“居下犹土”，具有成就主管的心胸，凡事多承担、多受委屈，必能为主管倾心相授，获得青睐和肯定。如何成为一等的属下，共归纳出四点意见：

第一，性格坦率，堪受重任。性格不隐藏、不造作，处事直率、坦诚，方为主管所任用，也是工作应有的态度；反之，对事物轻忽懈怠，隐瞒疏远，抑或是行为扭曲，又担心批评，做事必然畏首畏尾，想要事业有成，实在难矣。一个为人部属者若能不分工作大小，均能全力以赴，抱持责无旁贷的精神，让主管有“你做事，我放心”的态度，便是堪受重任之才。

第二，简明扼要，热心服务。安排工作有条不紊，说话报告简洁扼要，直截一等员工：敬业乐群，忠勤作务；
二等员工：认真负责，无愧操守；
三等员工：偷懒怠惰，胡混时光；
劣等员工：制造事端，损人利己。

·佛光菜根谭·

了当，避免啰唆，条理分明，热心服务，都是主管心目中的好部属。另外，凡事不推托，对主管交代的事情尽心完成，同侪需要帮忙，就热心协助，必能赢得主管的欣赏，也能获得同侪的认同。

第三，积极坚定，固守原则。一个人的态度积极坚定不移，便会有一股进取的力量。刘备三顾茅庐，因为积极坚定，赢得诸葛亮“鞠躬尽瘁，死而后已”的全心付出。此外，处事公私分明，力守原则，不为利益动摇，于“富贵不能淫，威武不能屈”之下定能成就一番事业。

第四，自信自强，通情达理。一切事业的成功皆因自信孕育而出。自信是敢于挑战，自强是永不服输。自信是源泉，自强有如波涛，奔腾不息，做人处世唯有自信自强的奋斗精神，才有成功的希望。自信自强，通情达理，才能圆满人生。

敬业是一种对自我负责的态度，部属能尽职尽责，就是分担主管的压力，为主管做了最好的事情。

贵人在哪里

有一位老太太爬山，遇到下雨，从山上走下来经过路旁一家小店，里面有一位年轻人招呼她说：“老太太，请你坐下来，在这里躲雨吧！”并且端了一张凳子给老太太坐。这位老太太也没有要买东西，不过年轻人还是殷勤接待。等到雨停了，还告知老太太从哪里走路，到哪里坐车。过了几个月，这位年轻人收到一封信，说这位老太太要赠送他一家公司。原来这位老太太也是一位富婆，她认为年轻人的主动热忱服务，值得把公司托付给他。所以，推诿不能致富，服务会有意想不到的效果。

·佛光菜根谭·

如果想要将人际关系做得好，首先必须先喜欢对方；
如果想要将学问事业做得好，首先必须先全心投入。

在人生的事业中，有人特别会提到“贵人”提携，认为“贵人”会在时间上、空间上提供机遇和捷径，那么，是不是只有遇到“贵人”我们才能成功呢？并不尽然。回顾我的一生，贵人在哪里？“我”就是自己的贵人！有些年轻人常说，越成长，幼时的梦想越走越远。其实，你需要的只是努力努力再努力，你自己也可以做自己的贵人。

我们对着佛像称念“阿弥陀佛”，那么菩萨对着佛像又是念什么？他也是念“阿弥陀佛”。因为求人不如求己。这个世界应该提倡自我的发展，不能老是依赖别人。人要有尊严，要图利天下，不能要求天下来图利我个人。所谓自救才能救人，才能救天下。每个人都是自己的贵人，天下人也都是自己的贵人。

贵人仅仅是缘分。你与我有缘分，对我有助力，帮助我成功，这就是贵人。你为我说了一句好话，给我指点了迷津，或者在其他地方为我结了一个善缘，助了我一臂之力，给我做了一个榜样，都是我的贵人。

人间充满许许多多的因缘，每一个因缘都可能将自己推向另一个高峰，不要轻忽任何一个人，不要疏忽任何一个可以助人的机会，学习对每一个人热情相待，学习把每一件事做到完善，学习对每一个机会充满感激，相信，我们就是自己最重要的贵人。

人生自己要争气，自己不争气，光靠别人帮忙是没有用的。其实，对我一生有影响的人很多，不只是某一个人。可以说，全世界的人都对我有帮助，尤其那些与我有缘分的人、发心的人，对我的影响特别大，因此不能说影响我的是某一个人。好比一颗种子，要有缘，才能成长，土地、水分、阳光、空气、肥料就是它的缘，或叫作因缘。同样地，我们的成长也要靠因缘。

我是主人

我有一次在讲演的时候谈到，我们不要只是让上帝“万能”，我们自己也应该“无所不能”。所谓“能大能小、能前能后、能进能退、能有能无、能苦能乐、能早能晚、能冷能热、能富能贫、能上能下、能饱能饿、能高能低……”我无所不能、无所不可，自己做个“万能的上帝”。

社会上，有很多人都愿意信赖一个领导人，作为自己的主人。其实，主人不是别人，就是自己。话说有一个地痞流氓，在乡里无恶不作，最不喜欢善人君子。有一天，他想来个恶作剧，就抓了一只小鸟到某寺，问一位禅师：“禅师，你是一个通达佛法的高人，现在我手中握了一只小鸟，如果你能猜得到它是活的还是死的，猜对了，我们就一切善罢甘休，否则我不容许你居住在本地。”禅师听完后，语气平静和缓地说道：“壮士，不要玩弄老僧了，既是你手中的小鸟，如果我说它是活的，你就会把它捏死，如果我说它是死的，你就会把它放走。生死不都是由你自己做主吗？问我何干！”恶霸虽然心狠，也不得不佩服禅师的智慧，只得打躬作揖而退。

其实，世间任何事情，都由不得别人，一切都是自己做自己的主人。我要富贵，我可以勤劳工作；我要知识，我可以发愤读书；我要行事顺利，我就要广结善缘；我要健康，我就要重视保健。因为我是自己的主人，我想要的，有什么不能成功的呢？

世间的人，不都是“我爱他来他爱我，我恨他来他恨我”吗？就如你对着山谷讲话，山谷的回音就是你的原音呈现。你对着山谷说“我爱你”，山谷就回给你“我爱你”；你对着山谷大喊“我恨你”，山谷也会回给你“我恨你”。

·佛光菜根谭·

安排自己能获得快乐，充实自己能获得知识；
掌握自己能获得平安，创造自己能获得成功。

做自己人生的主人，不要处处想依赖别人。佛法说："自依止，法依止，莫异依止。"就拿生死来说吧！也是在自己的一念之间，一些害了重病的人，由于自己的心理健康，心胸豁达，他可能就会转危为安；一些凶残的受刑人，绑赴法场，不也是他自己身口意所造的业，自作自受吗？

所以，世间的善恶、贫富、贵贱、有无，不是在外境上的分别，都是由我们自己身心行为所造；自己的行为，就是自己的因果，由不得他人。

幸福在哪里？不是在哪一位神明的赐予，不是在哪一位长官的提拔，幸福操之在我们自己的手中。同样地，不幸的遭遇，看起来都是外来的因素，实际上，祸福无门，唯人自招。是福是祸，主人不能赖账的哦！

自力才能自助，自力才有他助；自力才能人助，自力才有天助。外力的帮助，是一个缘分，我自己的因地不正，何能有好的结果呢？所以，我是自己的主人，只要懂得此中之要，必然成为我们人生处世的一句箴言。

人生突围

一个想拥有事业的人，只要用心体会大众的需求，就有机会创业。尤其现代的人在科技的助力下，早已颠覆传统的创业模式，他们敢冲、肯拼、富创意、勇于创新，因此处处充满创业的机会。

决心关系成就

道谦禅师与好友宗圆结伴参访行脚，途中宗圆因不堪跋山涉水的疲困，三番几次闹着要回去。道谦就安慰他说："我们已发心出来参学，而且也走了这么远的路，现在半途放弃回去，实在可惜。这样吧，从现在起，一路上如果可以替你做的事，我一定为你代劳，但只有五件事我帮不上忙。"宗圆问："哪五件事呢？"道谦说："穿衣、吃饭、屙屎、撒尿、走路。"宗圆终于言下大悟，从此再也不敢说辛苦了。

一个人不管读书、做事，有没有"决心"，关系着未来的"成就"。凡事犹豫，不能立志向前的人，一生难有大作为、大成就，因为决心是一个人向前、向上、向远处发展的动力。古人十载寒窗，像匡衡的"凿壁偷光"，像苏秦的"悬梁刺股"，像祖逖的"闻鸡起舞"，像王羲之的"缸水作墨"，他们下定决心，立志发奋，成就当然不一样。兹将"决心"的重要略述如下：

一、有决心就有目标。世间的事业，都要定下目标，才能一步一步向前迈进。你要学文，不能写坏几百支笔墨，无法通达为文写作的妙处；你要学武，没有每天花上数小时挥拳弄棒，怎么会有武功呢？登高山，必定要一步一步地往上爬，才能到达目标，就是做裁缝，也要一针一线地缝制，才能完成目标。目标是我们前进的标杆，你要带着勤奋的精神、不灰心的毅力，所谓"世间无难事，只怕有心人"，目标再远、再难，抵不过立志的人，只要你是有心人，终能达到目标。

二、有决心就有力量。立定目标以后，不是空口说白话就能到达，必须付出相当的辛劳、相当的代价，尤其要有相当的决心，才有力量到达目标。力量来自决心，例如一百里的路程才走三十里就没有力量了，这时如果有决心，鼓起勇气，发挥力忙，才能促进心灵的健康；
忙，才能培养自己的因缘；
忙，才能发挥生命的力量；
忙，才能提升人生的价值。

量，也许就可以再走三十里。因此，一个人在力量不济的时候，应该鼓起更大的决心，立下“若不成功誓不回，不达目的誓不休”的誓愿，只要你继续勇往向前，可能“柳暗花明又一村”，光明的前景就在前面等待着你。你有行走一百里的决心，后面就会有再走百里的力量；能有再走百里的力量，只要继续努力，必然百里、千里都在脚下。

三、有决心就能勇敢。决心是一个人成功、失败的关键所在，没有决心，事刚开始，就已泄气，有决心的人，才会勇敢。哥伦布如果没有勇气，怎么能发现新大陆？花木兰一介女流，女扮男装，代父从军，十二年军旅，屡建战功，最后光荣返乡，可见其勇敢的力量。罹患小儿麻痹症的罗斯福、出生穷苦之家的林肯，凭着他们的勇敢，就能当上美国总统。有决心、勇敢的人，不管什么艰难困苦，只要有意义、有理想，虽千万人，吾往矣！

四、有决心就能成功。有决心的人，不会朝秦暮楚，不会朝三暮四；有决心的人，总是锲而不舍，进而不馁。试问天下的英雄好汉、各种专家，哪一个不是下定决心，经过数十年的努力奋斗才能成就所愿的呢？

总之，世上没有唾手可得的成功，也没有从天而降的功成名就，都要靠决心。所谓“决心”，要靠“发心”。只要发大心、立大愿，有了决心，成就不为难也。

机会在哪里

一个富翁害怕家道中落，就在儿子的衣服里缝了一颗明珠，估量着就算将来家产没有了，也可以变卖这颗明珠维持生活。万万想不到儿子后来沦为乞丐，他不知道衣服里藏有价值连城的明珠，把衣服贱卖典当了，依然流落街头。

机会就是机缘、机遇，人生总希望能遇到好的机会。机会好，能考上好的学校；机会好，能进入好的机关服务；机会好，能够遇到贵人相助；机会好，很多的因缘际遇都会接踵而来。所以，人的一生当中，有好机会是非常重要的事情。

机会可能就在一瞬间，失去了就不会再来；机会，你要好好地把握它，不然擦身而过，就是有机会，对你也没有帮助。所以有一句谚语说："黄金随潮水而来，也要你自己早起去捞起它。"

人，要懂得把握机会，也要会制造机会。但是有的人制造机会，有的人把握机会，有的人只会等待机会，有的人甚至糟蹋了机会，让机会白白流失。

历史上，诺曼底登陆，就是盟军算准涨潮的时间，所以把握机会登陆成功；孔明借东风、草船借箭，也是在等待扬风起雾的机会。

经商要有商机，为政也要有做官的人脉，如果没有人脉关系，俗语说"朝中无人莫做官"，没有奥援，即使做官也会遭遇许多的困难。

企业团体给人就业的机会，慈善团体给人做义工的机会，有的人给残障人士工作的机会，有的人给贫穷农村子弟升学的机会。

社会上有的人建立图书馆，就是给读书的人增加求知识的机会；有的人办美术馆，让你有审美观念而能升华性灵的机会；有的人办学校，也是给莘莘学子求学的机会；有的人办赡养中心，让老人有颐养天年的机会；有的人成立生命线，让苦闷彷徨的人心灵得到救济的机会。甚至佛教的佛殿、菩萨圣像，给你礼拜，让你有一个自我观照和忏悔业障的机会。

"人身难得今已得，佛法难闻今已闻，中国难生今已生，善缘难遇今已遇。"世间的人给我们很多的机会，我们也能带给别人好机会吗？

机会在哪里？机会在每个人自己的手中、在自己的眼前、在自己的脚下。机会并不是找来的，多培养福德因缘，种子播下去了，还怕不会开花结果吗？只要信心、诚实、耐力、勇敢，都是创业的资本；
等待、拖延、迁怒、怨怼，则是失败的根本。
·佛光菜根谭·

你培养因缘，总会遇到不可思议的机会。

眼光

数十年来，我看尽人间悲欢离合，目睹世事沧桑盛衰，一件事情到我手上，我能够看出它大概的前因后果；一个人来了，我能够看出他心里的喜怒哀乐；一篇文章，我能够很快地读出它的内容重点；到任何地方去，我能够一眼判断我站立的地理位置。徒众常问我："您怎么能看出这么多巧妙来？"我告诉他："因为我的眼睛是活的。"

人，同样都有一双眼睛，但是看世间、看人生，所看的见解、感受不同。有的会看人，好人坏人，有能无能，一看就知道；有的人会赚钱，什么事业前景看好，什么行业不容易赚钱，他所看都很精准。

眼睛是灵魂之窗，各行各业，不管驾驶飞机、当医生，都要靠眼睛才能发挥职业上的能力。有的人看稿子、看公文，甚至看主管的脸色，都要靠眼力。当然，一些看风水、看时辰、看地理的人，就是由于一般人眼力之不足，他们才能以此糊口为生，可见看人看事的眼光是何等重要。

如何才是有眼光呢？

一、看得高。做人要谦虚，要低调，但是人的眼睛要往高处看。虽然在小学教书，眼光要看到大学教授的智慧、雄辩；还在初中就读，就要看到圣贤的道德、人格；如果读大学了，就要看到天文地理，看到世界人类。所谓"天外有天，人外有人"，待人处事，态度要愈卑下愈好；看未来，眼光则要愈高愈好，看得高，才能飞得远。

二、看得远。眼光不但要看得高，还要看得远。立足今天，放眼明天、明年，甚至五十年、一百年后；立足当地，放眼此处、那边，甚至跨洲、跨国的事业，都是人为的。你的眼光能看得那么远吗？看人不要斤斤计较于一时，未来他对你有帮助吗？“人无远虑，必有近忧”，不管世间的变化，你能看得到远程，就有未来。

三、看得开。人生，往往对金钱看不开，对亲情看不开，对人情看不开，甚至听了一句话看不开，别人的一件小事也看不开。看不开，世界就会很狭小。韩愈说：“坐井而观天，曰天小者，非天小也，乃所见者小也！”你对名利看得开，对事业看得开，对人情看得开，并非人情、事业、名利都不好，而是能有能无、能多能少，能用金钱、名利，而不为金钱、名利所奴隶。名利、金钱来了，有其因缘、时运，名利、金钱去了，也有因缘、时运，看得开的人生，没有什么不能过的。有的人能拥有，不能失落，一失落就看不开，如同世界末日来临。事实上，世间固然有冬天，但是冬天也会过去，春天还会再来。

四、看得透。看人、看事、看理，都要看得透。你看一件东西包装得非常美丽，但是“金玉其外，败絮其中”，这就是因为看不透；伪装善良，包藏祸心，交了这种朋友，因为没有看透，就会暗藏危机。人情薄如纸，你要看得透；金钱能成事，也能坏事，你要看得透；青春、美貌、健康，都是无常的过程，你要看得透。如果对人间事事物物，你看不透，吃亏的不是别人，还是自己。

五、看得淡。北宋理学家程颢的诗说：“云淡风轻近午天，傍花随柳过前川；时人不识余心乐，将谓偷闲学少年。”可见淡淡的青天、淡淡的时光、淡淡的人间，都是快乐的来源。能把人我看淡一点，人我的纠纷必然减少；能把爱情看淡一点，爱情的束缚必定会松懈；能把名利看淡一点，名利必定不能左右你。一幅精湛的艺术名画，如中国的山水画，也都宜淡不宜浓。所以我们对世间一切，要

·佛光菜根谭·

为增广见闻，故要“事事好奇，处处学习”；
为自我提升，故要“眼光要远，脚步要近”。

能看得淡，才能活得安然。

六、看得真。以上所说以外，我们的眼光最重要的，要能看得真。天有多高、地有多宽、人有多少、情有多重、名有何价，你要看得真，不要被假象所迷；只要你看得真，能不被世间所迷惑，还有什么事不能解决的呢！

所以，我们要做一个真正有眼光的人，要能看得高、看得远、看得开、看得透、看得淡，尤其要看得真！

犹豫不决

记得过去我在建佛光山的时候，信徒说：“你没有钱，怎么建得起来？”我先搭个小草棚，慢慢计划，佛光山不就这样建起来了吗？我最初办佛学院的时候，教界有人说：“你没有人，怎么办得起来？”我先求其有，以一当十，当年一个个毕业出来的学生，不都成为今日佛教界的精英吗？

世间，有一些人有犹豫不决的个性，遇事畏首畏尾，踌躇不前，贻误了许多好事。《金刚经》把“犹豫”比喻为“狐疑”，因为狐狸的性格，经常犹豫也。做大事的人，必须有果断的勇气。两军对阵，一场你死我活的战争，如果主将对于战术犹豫不决，何能克敌制胜？

过去帝王之家，预立储君太子，立长立幼，犹豫不决，造成帝位之争，甚至动摇国本。西楚霸王项羽，因为韩信曾受胯下之辱，怀疑这种人是否能够重用，犹豫之下，韩信改投刘邦，最后项羽终被韩信打败，刎颈于乌江。光绪皇帝在位三十多年，性格软弱，犹豫不决，在慈禧的控制之下，变法维新不成，反而成了瀛台的囚徒。

人生的成败，性格影响大矣！凡事吾人应该当机立断，否则，你看！古今历史，士农工商，各种事业，因为犹豫不决而失败者，比比皆是。犹豫不好，但固执成见也不好；吾人应该要自我反省惕厉，千万不要犯了犹豫与固执的毛病而不自知。

现代的民主政治，人人都可参选民意代表；但一些有为的贤能之人，因为举棋不定，错失良机，良可叹也！

有些人买卖股票，面对股市风云，投资与否，犹豫不决，失去赚钱商机，亦属可惜也！

有的青年，为了报考哪所学校，左思右想，犹豫不决；有的人有心创业，但不知投资哪个行业，无法选择，犹豫不定；有的男女相爱，本来天生佳偶，也由于犹豫不决，致使情场生变，错失有情人不能成为眷属，实为遗憾！有的人对于朋友给自己的支持，本来是好事一桩，但也由于疑心，犹豫不决，故而错失良机。

当然，凡一切事情，谋而后定，应该要多做思考，思前顾后，所谓“谋定而后动”；但是，过多的犹豫，往往错失良机，亦是败事之有余也，实在应该引以为鉴。

琢磨琢磨

我从小就觉得自己很笨拙，所以从不敢投机取巧，每说一句话，总是发自肺腑之诚，唯恐因为自己的拙于言辞，而使别人难堪；每做一件事，也都考虑周全，生怕由于自己的一念愚昧，误了全盘计划。古德有云：“至诚无息，不息则久。”又说：“精诚所至，金石为开。”我兢兢业业于自己的一言一行，运用自己的恒心毅力去克服自己的缺点，久而久之，也看到了显著的成效。

凡事都应该思前想后，左右考虑，这就是要我们“琢磨琢磨”。一件事情，能不能做？可不可做？好不好做？要不要做？应该要“琢磨琢磨”。任何事情，要知道它正不正？善不善？也都应该要“琢磨琢磨”！

说话，“琢磨琢磨”后再说，才不会得罪人；做事情，要“琢磨琢磨”，会不会讨人便宜；利益当前，要“琢磨琢磨”，会不会侵犯人家；荣誉临身，也要“琢磨琢磨”，堪不堪接受；投资也要“琢磨琢磨”，是否稳当；朋友论交，也要“琢磨琢磨”，看彼此是否真心真意。甚至结婚也要“琢磨琢磨”，是不是真的情投意合，甘愿奉献。

在社会上、家庭里，做人处世都应该多一些“琢磨琢磨”，例如开会发言，你先要“琢磨琢磨”，才不会信口开河、胡乱说话；写信、写文章都应该要“琢磨琢磨”，推敲斟酌后，才能有自他的尊重。现在很多议案，都要经过多次讨论才会立案，所以一切事情都要“琢磨琢磨”，以免疏漏或有不到之处。

所谓“琢磨琢磨”，不是指站在自己的立场讲话，而要顾念到别人的立场；也不只是站在私利上发言，而要站在公益上立论。一件事情，虽然有益于我，但于公无益，应该“琢磨琢磨”再三，不可为也；虽然无益于我，但与众有益，“琢磨琢磨”再三，应该尽力而为可也。

“琢磨琢磨”的意思，叫我们要周全，要四面俱到，要八面玲珑；不要说后悔的话，不要做后悔的事。例如读书，就必须再三地“琢磨琢磨”，才能知道书中的含义；听别人讲话，也要用心去“琢磨琢磨”，才能体会别人的意思。在名闻利养的前面，我要“琢磨琢磨”；在是非得失的时候，更要“琢磨琢磨”。太过冲动，太过率直，没有经过“琢磨琢磨”，总会有一些缺陷。

现在凡是什么事业，都要订计划，甚至召开会议，主要的都是要“琢磨琢磨”；家庭的预算、事业上的发展，五年计划、十年计划，如果你不三番五次地

·佛光菜根谭·

幽兰藏于深谷，珍珠藏于海底；
宝玉藏于琢磨，钢铁藏于锤炼；
大器藏于晚成，显达藏于谦卑；
圣贤藏于陋巷，大智藏于大愚。

“琢磨琢磨”，很容易出现缺陷疏漏，不容易周全。

所谓琢磨者，就是思前顾后，因为这一个世界不是我个人的，话一出口就与人有关系，事一出手就与人有交道；我与无量相、无尽事物不能融合，再不“琢磨琢磨”，怎能相互融摄呢？个人等于大海一滴，你这一滴跟大海之水不能融合，怎么能在无边的大海里生存呢？

所以，人生的各种关系，举凡我与国家、我与社会、我与朋友、我与家族、我与爱情、我与事业、我与工作、我与思想等都应该有密切的关系。如果不“琢磨琢磨”，让各种关系融洽、合流，怎么能够生存呢？

挑战极限

韩国的镜虚禅师带着出家不久的弟子满空出外行脚布教，弟子满腹牢骚，嫌背的行李太重，不断地要求师父找个地方休息。镜虚禅师却说路途那么遥远，老是休息，什么时候才能到达目的地呢。有一日，经过一座村庄，迎面遇到一位姿态美丽的妇女，不晓得走在前面的师父跟那位妇女说了些什么，只见那女人突然大声尖叫。妇女的家人和邻居闻声出来一看，以为和尚轻薄妇女，齐声喊打。身材高大的镜虚禅师不顾一切地向前奔逃，背着行李的徒弟也快速跟随师父往前飞奔。跑过几条山路后，镜虚禅师在一条寂静的山路边停了下来，回头看见徒弟气喘吁吁跑过来，问徒弟：“刚才背了那么多行李，跑了这么远的路，还觉得重吗？”“师父！很奇怪，刚才奔跑的时候，一点都不觉得行李很重！”

世间一切人事物，都有极限。地球有南极、北极，人的体能也有高峰期，过了高峰期就会慢慢走下坡。飞机载重，有其极限；汽车速度，也有极限。树木高度，有其极限；花果生长，也有极限。

我们要认识这个世间，先要认识世间的极限。人的寿命有极限，大楼的使用年限也有极限，甚至感情、金钱，都有其极限。但是伟大的人类，乃至万物，都在不断地挑战极限，例如：

一、为了繁殖，鲑鱼挑战极限。世界上，人类认为无比尊贵的鲑鱼，每年到了产卵季节，就会逆水而上，回到原生地繁殖下一代。它们有的向岩石争路，有的逆水奋战，有的要跳越溪湖的障碍。一路下来，往往遍体鳞伤，但它们奋不顾命地挑战极限，为的是要产卵，繁殖下一代。

二、为了利润，商旅挑战极限。社会上，一般商旅只要哪里可以营利，就会冒险犯难地前往了解。《瑜伽焰口》说："江湖羁旅，南北经商，图财万里游行，积货千金贸易。风波不测，身膏鱼腹之中；途路难防，命丧羊肠之险。"商贾为了营利，为了流通货物，他们不畏道路崎岖，交通艰难，也在挑战极限。

三、为了运动，选手挑战极限。体坛上，一些运动员为了喜爱运动，也为了替国家争光，他们一再挑战体能的极限，希望能缔造更高、更快、更远的纪录。例如举重的选手、马拉松的健将，以及十项全能的英雄们，他们跳高要跳到高度的极限，他们举重要举出重量的极限，他们长跑要跑出最远的极限，就算短跑也要跑出最快的极限。

四、为了儿女，父母挑战极限。家庭里，父母对儿女的爱心，可以说爱到了极限。有的父母把儿女的生命看得比自己的生命更重要，嘘寒问暖，推燥居湿，甚至对残障儿女一照顾就是一生的岁月，从不后悔。武侠小说名作家金庸先生，因为爱子死亡，曾经萌念舍命相陪，后来佛法救了他，于是投入巴利文阿含藏经求新的第一步，不是排斥传统，而是了解传统；
求变的第一步，不是表面背叛，而是内在蜕化。

的研究，因此对生命真谛有了更深的了悟，其对儿子之爱可以说发挥到了极限。多伦多有一位企业家，因为爱女暴卒，散尽家财，我曾亲睹他痛苦欲绝的样子，所幸现在已经学了佛，希望他也能学到极限。

五、为了生存，万物挑战极限。大自然里，万物为了生存，都在向极限挑战。一些昆虫，每到冬天，总要冬眠地下数月，就是挑战生命的极限。一棵小草，从石缝里长出，展现它的生命力，那就是它的极限。春蚕作茧自缚，用生命换取它的极限；小蚂蚁也用生命的极限，争取生存的环境。挑战极限，多么伟大！

六、为了生死，行者挑战极限。佛教里，一些修道的行者，为了断除烦恼、了生脱死，都在挑战极限。就拿佛陀来说，在雪山六年苦行中，日食麻麦，雀巢冠顶，树藤绕身，这实在不是一般人所能忍受的极限。为了生死大事，久远以来，万千的菩萨、罗汉弟子们，也都是本此精神，挑战极限，何其伟哉！

面对压力

（早年）我一无所有，贫无立锥之地，但我知道自己必能在佛教里有所贡献。因为我不懒惰、不推诿、不敷衍，无论什么事情，只要与佛教、常住的利益有关，我都直下承担。也因为这样的性格，我后来为《人生》杂志义务编辑了六年；在《今日佛教》八个社委中，被推为首席。不但编辑、写稿、发行，都是我一个人，那时候，也不知哪里来的精神毅力，甚至还去帮忙其他的佛教杂志写稿。大概因为这样的关系，获得《觉世》旬刊创办人张少齐长者的欣赏，他邀请我担任《觉世》旬刊的总编辑。就这样，贫僧一路走上了写作的道路。

现代人普遍感到压力太大，由于从悠闲的农业社会，进入到要求快速、高量、竞争大的工业社会，每个人都很忙，忙得不自觉地武装起身心，像绷紧的弹簧，以应付来自事的压力、人的压力，因而形成心理巨大的压力。面对无所不至的压力，应如何面对、如何纾解，提供四点意见：

第一，勤奋，不故意拖延。工作上的压力，大部分出于任务无法如期完成。可能就要勤奋一点，今日事今日毕，不要把今天的事情留到明天。如果将今天的工作留待明天，如同前债不还，后债又来，累积多了，当然就有压力。因此，即使辛苦，当办的事把它办了，不逃避、不拖延，就能减少工作带来的压力。

第二，忍耐，不顾忌批评。有些压力是从他人的意见、闲话、批评、毁谤等等而来。若没有判断意见的智慧，没有不理闲话的从容，没有接受批评的勇气，没有忍受毁谤的能量，自己没力量来担当、处理、化解，就是没有忍耐力，这些负面的情绪，就会是很大的压力。因此，解除压力，必须有忍耐力，要能不顾忌他人的批评、毁谤。

第三，勇敢，不过度自责。有时处理事情，忙中有错，不免会自责懊恼。过度自责也会形成压力。《礼记》说："力行近乎仁，知耻近乎勇。"只要不是习惯性的粗心大意，或心不在焉，玩忽职守，而是不小心犯错，能够勇敢承担错误，尽力弥补，警惕自己知过悔改，也就不要太过自责。

第四，放下，不患得患失。有压力，就是放不下，什么东西都摆到心上。将名利地位放在心上，名利地位就是你的压力；将金钱爱情放在心上，金钱爱情就是你的压力；将人我得失放在心上，人我得失就是你的压力。能将这些身外之物看淡看轻，不患得患失，压力自然就会不见了。

有经验的人在栽培豆芽菜时，会在绿豆上放一块砧板，有了砧板的重量，豆芽会长得又胖又壮；鲶鱼是四破鱼的天敌，在运送四破鱼时，如果在鱼箱中放进

今日的辛苦是未来的荣耀；
今日的忍耐是未来的成功。
今日，在时间中成为过去；
今日，在成就上成为未来。

一条鲶鱼，可提高四破鱼的生存率。可见压力也是成长的要件，因此要乐观面对，适度纾解，无须太过担心害怕。

勇者的气度

我曾将一整年撰文出书的稿费、版税、单银，以及红包供养等共计 300 万元，赠给六个弱势团体。有人问我："佛光山的建设所费不赀，大学的工程需款更巨，既然自顾不暇，为什么还要捐给别人呢？"我何尝不知常住的困难，但是弱势团体的存在，对于整个社会也有其重要性，更何况如果我们能够借此抛砖引玉，启发大众关怀互助的良知良能，对于人心的潜移默化，更富含重要的意义！

《论语》说："暴虎冯河，死而无悔者，吾不与也。"一个人即使有胆量空手与虎搏斗，胆敢不靠舟船就渡河，呈现的也只是匹夫之勇、血气之勇。有勇无谋非真勇敢，真正的勇敢，不仅要具备勇气，还要有谋略、有智慧。我们可以从四方面来看勇者的气度：

第一，大事难事看担当。面临大事或难事，有人选择逃避或退缩，有勇气的人则选择面对。《三国演义》中曾描述鲁肃向孙权献计，设宴向关羽索回荆州。关云长在众人劝阻下还是单刀赴会，却于宴后佯装醉酒，拉着鲁肃说："您今天请客，莫提起荆州之事。我醉了，怕伤故旧之情。改天请您到荆州做客，再作商议。"单刀赴会是勇，借酒脱身是谋，关云长有勇有谋的担当正是勇者的气度。

第二，逆境顺境看襟度。人生在世，不可能一辈子处于顺境，也不会一辈子

·佛光菜根谭·

处世要有大无畏的勇敢，行事要有大格局的前瞻；
做人要有大气度的担当，修行要有不退转的精神。

遭遇逆境。有些人在生活顺遂时，不知养深积厚、未雨绸缪；等到逆境来时，又只会怨天尤人。其实，所谓“逆境来时顺境因”，处于逆境，正好韬光养晦，充实自己。处于顺境时，则应谦冲为怀，时存感恩，积福保福。看一个人对顺境逆境的反应，就可以看出他的胸襟和气度。

第三，临喜临怒看涵养。唐朝时有位漕运使，遇风沉船，损失大批食粮，尚书卢承庆将他的考绩评为“中下”，漕运使看了，不愠不火。后来，尚书考虑到风灾非人祸，就将他的考绩改成“中中”，漕运使看了，也没露出喜色。尚书赞叹他的“宠辱不惊”，就将他的考绩改为“中上”。一个人临喜临怒，能够宠辱不惊，自有过人的涵养。

第四，群行群止看识见。处在人群中，有时不免要随顺他人的行动，尤其在讲求流行的现今社会，衣食住行育乐，哪一样跟不上别人的脚步，就会被讥为落伍。但是，一个有识见的人，有当行则行、当止则止的智慧，有分辨真相的能力，不会被视听混淆，不会盲动、蠢动。对有意义的事，有“虽千万人吾往矣”的勇气；对无意义的事，虽是众人趋之若鹜，他也会坚决拒绝。

有宽大的胸襟、深厚的涵养，见长识广，勇于担当，都是勇者的气度。希望大家都有勇者的气度。

创业条件（一）

佛光山之所以能由荒山辟为圣地，诚如我在开山伊始时所提出来的理念：“以无为有，以退为进，以空为乐，以众为我。”亦如我在大佛城开光时所说的法语：“取西来之泉水，采高屏之沙石，集全球之人力，建最高之大佛。”

·佛光菜根谭·

虽是天才，若常说“等明日再说吧”，则与庸人无异；
虽是干才，若常说“让别人来做吧”，则与无能无异。

正因为是众缘合和，所以是空义所成；正因为我空无贫乏，所以众擎易举，集腋成裘。

一个想拥有事业的人，只要用心体会大众的需求，就有机会创业。尤其现代的人在科技的助力下，早已颠覆传统的创业模式，他们敢冲、肯拼、富创意、勇于创新，因此处处充满创业的机会。虽然如此，创业还是有基本条件，以下四点提供：

第一，运用资本。创业需要资金，当然不在话下，但如果懂得运用不同资源，即使手头上没有足够的创业资金，还是有机会的。比方可以采取合伙投资，一方面投石问路，一方面储备财源，寻求让双方获利的机会。接着善用资金、开源节流，创业发展就不是问题了。有多少钱，就做多少事，不但借贷容易，也降低了创业的门槛。

第二，人脉缘分。人脉是创业的重要助缘，尤其白手起家者，更需要广结善缘，才能在事业上增添助缘。有了活络丰沛的人际网络，不但可避免孤军奋战的窘境，还能增加源源不绝的机会与交流管道。除了亲朋好友，同学、同事乃至同行或非同行的人，都是建立人脉的对象。

第三，创造时机。现今环境迅速变动，要从诡谲多变的时局中，有效掌握时机，就要时时觉察、分析时势。平时努力学习，让自己具备专业知识与技能，一俟市场需要，就积极投入，抢先创造时机，也是事业成功的条件。

第四，条件具足。创业没有大师，即使现今杰出的大企业家王永庆、比尔·盖茨等，他们成功的途径也不见得适用每一个人。重要的是，要了解自己的优势、劣势，找出适合的方案，并投注时间、心力，自身条件具备了，自然无事不成。

除了赚钱谋利的目的，创业更可以打造一个发挥能力、才华的舞台。社会上事业有成者，无不是从创业中获得自我的成就。即使大器晚成，只要因缘成熟，懂得把握机会，善用人力，结集资源，则创业有成就是早晚的事了。

创业条件（二）

《远见》杂志曾说我是“佛教的创意大师”，名记者卜大中则以“佛教的马丁·路德”形容我。我不知道自己是否真是如此，但我的确认为，在人生的道路上，自满是阻碍进步的最大因素，傲慢是破坏道业的最大敌人，根本解决之道，在于培养“惭愧与苦恼”的性格。

一个人想要创业成功，除了拥有足够的资金、专业的技术等外在条件，内在的健全、管理的能力、事业的远景也很重要。以下再谈四点“创业条件”：

第一，经验务实是事业之本。经验来自实践，成功由于力行；一个人想要有所成就，最重要的是勇于从实践中汲取经验，再从经验中累积实力。所谓“千里之行，始于足下”，事业的扩展是一步一步进行的，根基愈稳固，发展的空间就会愈大。因此，创业者除了要有远大的志向，也要克服好大喜功的心态，抱持脚踏实地的创业精神。

第二，诚信和谐是事业之本。诚信为立业之本，不论是主管或员工都必须讲究诚信，才能提升组织的声望。诚信是无价之宝，能够得到客户的信任，事业才能蒸蒸日上，否则很快就会被市场淘汰。另外，人与人之间，即使是夫妻，也要相敬如宾，才能和谐到老；即使是父母子女，也要以礼相待，才能上下和谐。而团体的和谐，更是内部安定的力量；人事和谐能有助于事业的发展。

第三，时节因缘是事业之本。事业的创立不是一夕可成的，需要资金、人力、市场等等条件，这种种时节因缘，都是创业不可或缺的条件。以美国阿姆斯特朗登陆月球为例，不仅仅是个人的成就，更是美国整个科学界的努力方可完成。世界上的各种成就，都是因缘和合而成，事业的创立和成就当然也不例外。

·佛光菜根谭· 天下没有一劳永逸的事，努力不懈，才能拥有；
天下没有一成不变的事，权巧变通，才能进步。

第四，时空通达是事业之本。人的世界，有前面的半个世界，也有后面的半个世界；有心外的物质生活，也有心内的精神生活。甚至有了前后内外，还要通达古今上下，才能有全部的人生。创业亦是如此，心中要有人、有事、有物、有是、有非、有古、有今，如此时空通达，方得任运自如。

创业不只是以金钱来换取结果，也不只是一间办公室就能成立，需要集合众多的因缘条件才能成就。

最好的投资

为了讲说与大众能相契的佛法，我经常挖空心思，费心思索。多年来我讲演的对象与内容，包括对青年谈“读书做人”，对妇女谈“佛化家庭”，对老人谈“安度晚年之道”，对儿童谈“四小不可轻”，对建筑业谈“命运的建筑师”，对企业人士谈“现代管理学”，对美容师谈“美容与美心”，对文艺作家谈“文学之美”，对科学家谈“佛观一钵水，八万四千虫”，对宗教界谈“宗教之间”，对政治界谈“佛教的政治观”等。

现代的社会，开一家工厂需要集合朋友投资，甚至办一所学校，也要集众投资。现代的财团法人、股份有限公司，都是投资的团体。因为个人的力量有限，不得不集众力而能有所为。正如独木难撑大厦，集众人之力，人多好成事！

投资就是将本求利，投资是希望由小而大、由大而多，所以关系企业，总是给人许多的羡慕。但是，真正的投资，眼光要远，例如今年播种，明年才有收成；做了一件好事，要等多年以后才有回报。

·佛光菜根谭·

德行善举，是永不失败的投资；
布施结缘，是永无匮乏的资产。

吾人不但在金钱上投资、事业上投资；在人情、信仰上，更要投资。有时投资一句好话、一脸笑容、一个点头、一声问好，将来可能会有不可思议的结果。

国际佛光会推动的“三好运动”，就是一种投资。例如，关于身业的，做好事，当然会有做好事的因果；关于口业的，说好话，当然会有说好话的因果；关于意业的，存好心，自然会有存好心的因果。所以，吾人不但是在金钱物质上投资，身口意也可以用来投资。

佛教所谓的“广结善缘”，就是最好的投资。世间的事业，有的人合伙投资不数月，便拆伙倒闭了；因为他才播了种，即刻就想要有收成，这是缺乏投资的条件。也有的人一心想要赚取投资所得，因为过分贪求近利，结果往往反而亏损。有时候你不执着，无心无相地助人，却能有大收获，此即所谓“有心栽花花不开，无心插柳柳成荫”。

所以，急功近利不能投资，贪图自私不能投资，失去众意不能投资，不耐因缘不能投资。投资者，要护其因，护其缘，才能成其果也！投资如播种，投资如结缘；不播种、不结缘，哪里能有收获呢？

所谓投资，投者，要投其所好，要投时、投地、投缘；资者，是给予人的帮助。投资者，所投的一切如果都是对人有所帮助的事，则必然会有很好的结果，所以吾人不妨自问：我所投资的，都是对人有所帮助的吗？如果你能用慈悲去投资，用结缘、用奉献、用智慧、用劳力，用助人的因缘去投资，这就是最好的投资。

所谓“种如是因，感如是果”，你投资最好的，自然也会获得最好的结果，这是必然如是的因果道理。

风水的好坏

记得佛光山开山之初，有一些出家同道之人到山上来参观，看到前面高屏溪的水一直向外流，就警告我说，这个佛光山地理不好，水都流出去了，保不住钱财。但我听了非常欢喜，因为水就是法财，佛法要长流，这是我们的目的，所谓“法水长流五大洲”，不就是我们的愿望吗？因此，我不需要储财，佛法在五大洲流传，佛教还会没有财富吗？人间还会没有幸福安乐吗？

中国人自古相信“地理风水可以影响一个人一生的祸福”，这种说法一直牢不可破地深植在多数人的心中，直到今天，不只买房子、搬新家要看地理风水，就连新官上任，也要改变一下大门方向，换个办公桌角度，以图个好风水，甚至家里有人往生，筑新坟更要请来地理师选个好地点，以致台湾到处都可以见到乱葬岗似的墓园景观。

地理风水真能左右人的祸福吗？地理风水有其原理可循吗？佛教对地理风水的看法是，所谓天有天理，地有地理，人有人理，物有物理，情有情理，心有心理，世间任何一件事都有它的理，当然地理风水也有它的道理存在。地理是依据地的形状和天体的方位而决定它对于人的影响力，这是一种自然的常识。因此，顺乎自然，可得天时之正，获山川之利；若违背自然，则会产生相反的效果。

但是，地理风水虽然有它的原理，却不是真理，所以佛教不但反对时辰地理的执着，而且主张不要迷信，要从神权控制中跳脱出来。因为从佛教的业力、因果等真理来说，人的吉凶祸福，都是由于过去世的善恶业因而感得今生的果报，并不是受到风水地理所左右的结果。如果它真有这般神奇的力量，每个人只要照着风水地理安置方位，每个人都应该有飞黄腾达的事业、幸福快乐的生活，为何世界上还有那么多受苦受难的人？难道他们不希望过好日子吗？

从佛教的时空观来讲，虚空并没有方位，譬如两个人对坐，你的右边是我的左边，我的前方是你的后方，到底哪边才是左，哪边才是右？哪边才是前，哪边才是后呢？因此，虚空没有一成不变的方位，在无边的时空中，我们真实的生命是无所不在的，你能够觉悟体证到自己本来面目的时候，你的本心就遍满虚空，充塞法界，横遍十方，竖穷三际，与无限的时空是一体的，因此，方位不在虚空中，而是在我们心中。

依此，对于民间一些堪舆师所谓最佳的地理"前朱雀、后玄武，左龙蟠、右虎踞"，说穿了，其实就是"前有景观，后有高山，左有河流，右有大道"。也就是：

第一，要有通风，前后左右，顺畅不阻碍；

第二，要有阳光，采光自然，通风而卫生；

第三，要有视野，广阔不滞，有靠并能固；

第四，要有道路，出入方便，自与他两利。

只要能方便生活作息，心中愉悦舒服，那就是最好的地理。故知所谓"地理风水"，是在我们的感受里。这个地方风光明媚，光线充足，空气流通，我感受到很舒服，我心里觉得这是一个好位置，这就是我的地理。我的居家环境，视野辽阔、景色宜人、通风设备良好，这就是好风水。地理风水在我们的生活里，在我们的感受里，而不在于那块地对谁好、对谁不好，也不是什么样的风水对谁有利、对谁不利。一切都是"业力"唯人招感，由于各人业力不同，际遇自然有别，所谓"福地福人居"，即使是龙穴，如果没有福德因缘，也不见得能待得住。

地理风水不是相信、不相信的问题，它的有无好坏是在因缘。例如，同一条街的商店，都是同样的方向，有的店家赚钱，有的商家赔钱，地理风水在哪里？同样一家人，兄弟姊妹接受同样的教育，生自同样的父母、同样的家庭、同样的成长环境，长大后成就却不一样。所以，不能一味盲目地相信风水。

但是，一般社会人士对佛法、对自己没有信心，自己不能做自己的主人，一有了不幸的遭遇，就怀疑是祖坟或阳宅的地理风水不好，于是到处看相算命，把一切付之于神明，让自己的人生受神明、风水、命运所控制，岂不悲哀。

有一次，台风吹倒了一道墙，把地理师压在墙的下面，地理师惊慌地大叫儿子赶快来救命，儿子不慌不忙地说："爸爸！你不要着急，让我去找皇历来看看今天能不能动土。"虽然这是一则笑话，却说明迷信的愚痴可笑。

佛陀在《遗教经》里告诉弟子："占相吉凶、仰观星宿、推步盈虚、历数算计，皆所不应。"《大智度论》卷三也提到："有出家人观视星宿、日月、风雨、雷电、霹雳，不净活命者，是名仰口食。"可见佛教不但不主张看风水地理、天象时辰，如果佛弟子以此为生，更为佛陀所禁止，因为这是不正业，也就是非正命的生活。

佛教不相信地理风水，因为地理风水不究竟。佛教主张"人人有佛性"，我们每一个人都有权可以主宰自己的一切，黑暗的可以改变为光明，悲惶的可以化为幸福，崎岖不平的可以成为坦荡荡的人生大道。所谓信佛，就是相信自己，凡事要靠自己的双手去创造，这比依赖风水地理的支配更具有意义。

失败的研究

世间有多少人事业成功、做人失败，也有很多人做人成功、事业失败。人的一生就在成败之中翻滚，许多人看起来是成功，但内里多少的辛苦；有的人看起来是失败，但失之东隅，收之桑榆，又岂是逆料所及。

失败是很难堪的事，个人失败就已经很令人懊恼了，有时候让团体失败，更是情何以堪！一场体育竞赛，胜败乃兵家常事，何妨学习“志在参加，不计胜负”的奥林匹克运动精神。一场赌博，所谓“十赌九输”，输钱是必然的结果，事先就应该有心理准备。但是，如果是战场上的失败，关系人命存亡，商场上的失败，关系大众钱财得失，问题就比较复杂了。失败，人所不欲也，面对失败，不是沮丧、懊悔，而是要探讨原因。失败的原因不外乎：

一、没有全盘计划。现在有人热心教育，着手兴办学校，就算有了土地、校舍，还要懂得你的资金从哪里来？你的学生如何招收？你的课程有些什么内容可以作为号召？甚至你在《教育部》有登记、备案吗？所以，办教育要有办教育的全盘计划，正如开工厂要有开工厂的全盘计划。甚至你热心兴办孤儿院、养老院，也都要有全盘计划。做事没有全盘计划，就如同桌子少了一只脚，桌子就没有用，你计划里少了一个骨架，就不能成功。

二、没有缜密思考。无论是做人做事，都要有缜密的思考。佛经形容，人的本性、能量，奇大无比，这个能量“横遍十方，竖穷三际”，但是你的行事，有“横遍十方、竖穷三际”吗？平时你的朋友、关系人，甚至你的长辈、下属，他们对你的所做，都能了解、支持吗？有时候你正在创业，你的长辈随口一句“我不知道”“他没有跟我说过”，别人一听，你的长辈都不支持，他即刻就会袖手旁观。或者你最大的关系人，他也说不知道；你没有想到他，他就会扯你的后腿。这都是做事没有缜密思考，致使事业功败垂成！

三、没有丰富经验。初创业的人，经常都会遭到失败。例如，有些民意代表初次参选，因为没有经验，难免失败。初次开办工厂、经营饭店，甚至从事公益事业，也不免会有失败的时候。因此，年轻人创业，不妨跟随前辈多方学习，体会其经验，看别人遇事时如何分析、如何应对？当自己经验丰富了，就不至于上人生中，每一次的经验都是前进的基石；
生命里，每一次的成败都是未来的借镜。

当吃亏，就不会招致失败。

四、没有众议基础。商业上的失败，不是投资的资金不足，就是产品不受人欢迎。选举的失败，都因没有获得大众的支持，选票不够。你要推行一个计划，必须要有众议支持，所谓“三个臭皮匠，胜过一个诸葛亮”，无论什么事，经过了会议的程序，经过多人的参与筹备，所有相关内容，都能充分获得众人一致赞同，大家分工合作，然后再有能干的人出面主其事，就能顺利发展，否则失败不免随之而来。

五、没有领导中心。有的企业团体，之所以失败的原因，是因为合伙人相互不服，没有众望所归的领导，彼此容易产生不同的意见，加之没有人从中仲裁，就会不欢而散。一个人民团体、一项宗教事业、一个公司行号，都要有领导中心，在人事安排上都能协调得宜，前方战场又有大将指挥，军心巩固，万众一心，当然不至于失败。所以，创业的青年朋友们，在年轻时就要建立起领导中心，至为重要！

重新洗牌

一般人对自己的思想都很坚持、执着。但是思想有时候也会走入死胡同，或是走入茫然没有方向的沙漠，这时就必须要急转弯，要重新思考自己未来的方向。就如军事家在前方作战，战术、战略不能一成不变，随时都要衡量军情、现势，在思想上要有许多急转弯的应变，才能克敌制胜。经济学者制定经贸方案，明明社会的大环境已经发生变迁，人口、资源、生产方式、市场供需等客观环境都已发生变化，你还是死守往昔的经济理论，如此不合时势潮流，如何能发展？

打麻将，一局结束了，要重新洗牌，才能继续下一局。人生，很多时候也要重新来过，才能走出人生的新局面。

前途遇到障碍了，要重新找一条路来走；工作做不下去了，要重新找一件事来做。田里的五谷长不好，要重新下种；屋子漏了，要重新装修。

一个人懂得“重新”做起，是很了不起的事。重新改过，重新做人，“重新”很好，怕的是执着，顽固不化，不肯改往修来。

朋友绝交，不肯重新和好；事业失败，不肯重新振作。其实，破产了，都可以东山再起，即使重病的人，也可以起死回生。夫妻感情破裂，只要肯重修旧好，破镜也能重圆；两国邦交破裂，还可以重新订盟，何必执着一点，让人生走入绝境呢？

有变异，就有转机。能够认清“危机就是转机”，人生即使千般辛苦，万般艰难，只要勇往向前，都能到达目标。被誉为“经营之神”的松下幸之助，成功之前曾经遭受重重的挫折、打击，但是他想起了乡下人洗甘薯时，一大桶待洗的甘薯，在乡下人手持木棍不断搅拌下，大小不一的甘薯，上上下下，浮浮沉沉，互有轮替。此情此景给了松下幸之助极大的启发：他发现，这些甘薯的浮沉轮替，不正是人生的写照吗？人生不会永远得意，也不会永远潦倒，因此给了他极大的鼓舞力量，最后终于成就了非凡的事业。

重新洗牌，说明人生没有定局，一切都在变异当中。例如政权的更迭、人事的改组、工商的兴衰等，社会时时都在重新洗牌，因为有不断的重新洗牌，才会有不断的进步。

重新洗牌，一切都可以改变，一切都可以重新再来。自杀的人，就是不懂得人生可以重新来过，所以对人生绝望；走投无路的人，一筹莫展，因为不知道人生可以重新洗牌，因此走进死胡同里。

·佛光菜根谭·

失败者，往往是热度只有五分钟的人；
成功者，往往是坚持最后五分钟的人。

其实，“两岸猿声啼不住，轻舟已过万重山”，人生很多时候看似“山重水复疑无路”，但是很快又会“柳暗花明又一村”。所谓“行到水穷处，坐看云起时”，人生不要因一时的失败就灰心丧气，凡事只要能重新来过，就有机会再创生机。

开源节流

在我们的人生里，奉献、服务，从公益中能收入多少，才能平衡自己的支出？有的人先讲究收入而酌量支出；有的人先尽量播种，希望他日收成会好！先收？先支？后支？后收？这就要看你的策划、预算本领的高低了！

经济学上有一个千古不易的致富秘诀，那就是“开源节流”。开源节流，到底要开什么源、节什么流呢？

首先我们要开佛法之源，佛法就是我们的源头，有佛法就有慈悲，就有智慧。一个人即使物质生活欠缺，只要他有慈悲、有智慧，生命就会变得充实、富有。我们要有佛法，点亮一盏欢喜的灯、信仰的灯，内心有了欢喜、信仰，比世界上有形的财富更为重要。

节流，就是要节省我们的用钱，节制我们的贪心。我一生自觉自己不要钱，也不好买东西；因为我不要钱，不好买东西，所以我有钱建设佛光山。我“以无为有”，淡泊就是我的节流，爱惜时间就是我的节流，每一个信徒的发心，我珍惜它宝贵它，就是我的节流。

开源节流其实不一定只是金钱，每一个人的生涯规划也少不了开源节流。例如创新一种事业，先要评估，我在这项事业上要投入多少。政府一年高达千万亿元的预算，也要有人统筹分配，政府的各个部门才能顺利运作。

开源节流的方法很多，有的人在家中庭院里种上几棵菜蔬，吃时不必花钱购买，也是一种开源节流；有的人从山边引水到厨下，无须动用自来水，一年也能节省不少开支；营造家庭和谐、幽默、赞美的氛围，使全家每一分子都能其乐融融，乃至人人奉公守法，不浪费社会资源，平时养成随手关灯的习惯，节约用水，这都是开源节流；现在家家几乎都有冷气机，懂得把冷气设在一定室温下，不要经常动用开关，这也是一种节约能源的方法；把每日产生的垃圾资源回收，除了节约能源，还能增加一笔额外收入呢。

平时多结交一些朋友，多发心担任义工，多培养与别人互动的因缘，这是社会人际关系的开源节流。不用的物品，能省则省，少了堆置的拥挤，多了空旷的简朴，这也是开源节流。对自己不当看的东西不看，免得视力疲倦；不当听的语言不听，免得听出是非烦恼；不当做的不做，免得造业；不当想的不想，免得心烦意乱。节制我们的贪欲、嗔恨心，节制我们的口德，不要乱说话，这都是身体的开源节流。

此外，当看的人，不但要看，还要行注目礼，而且要看出个中的所以然来；当听的，不但要听懂，而且要听出别人话中的弦外之音；当想的，不但要思维前后、左右的因果关系，还要竖穷三际、横遍十方，把宇宙万有、世界人生都想在自己的心里。每天所思所想都是道、都是德、都是学、都是扩大、都是普遍，这是开拓自己能量的源流。

开源节流是管理财富的原则。佛光山从开山以来，经济方面每天都在“日日难过日日过”的情况下度过，常常是明年的预算今年就把它用了。常有人说佛光山很有钱，其实不是有钱，只是很会用钱，懂得把钱花在弘法事业上。我说过，“有钱是福报，会用钱才是智慧”“钱用了才是自己的”“用智慧庄严，不要用金钱堆砌”。

开源节流与资本、能量等外在因缘条件有关，例如没有高山，又何能开采出动，是发挥自己天赋的佛性，是开源；
静，是珍爱自己内在的含蕴，是节流。
能动能静，才能拥有中道的生活。

金银宝藏；没有沙漠、海洋，又怎能开采出原油？有许多修道者，他们不看外界，专看内心；不想他方，只是思维本性。卧榻之上，一书在手，可以周游天下；蒲团之间，未尝不能开辟心中的天地。所以外在的天地、内心的世界都可以开源节流，只是“工欲善其事，必先利其器”，拥有智慧、信仰、毅力、能量，乃至通达因缘所成，明白共有关系，这些都是开源节流的条件。

佛教讲“发心”，开发我们的“心田”，心田广大，心里的能量就会无穷。只要我们开发心里的惭愧，惭愧就是我们的财富；开发心中的感恩，感恩就是我们的财富；开发心底的勤劳，勤劳就是我们的财富；乃至开发自己的真如佛性，开发我们的佛法大海，开发我们的信仰的宝藏，最重要的要开发“无”的世界，不要只从有形有相上去开发。“有”是有限有量的，“无”才无穷无尽。

克难精神（一）

自从加入弘法利生的行列之后，近50年来，到处行脚，不曾停止，尤以近几年来，周游五大洲，更是席不暇暖，有人关心，问我：“你为什么不休息呢？”我都如是回答：“将来有永远休息的时候。”唯有将自己“动”起来，才能创造无限的活力；唯有精进不懈，才是顺应天心，安身立命之道。因此，我对那些劝我不要忙碌，好好保重身体的人说：“忙，才是保重。”

“克难”真好，有的人克服物质条件不够，有的人克服精神能力不足，有的人克服经济实力、外在环境因缘的不具备；克难精神就是在不足、不够之中，大家仍能发挥精神力，克服困难，达成目标。

在推行克难运动的时代里，军人用克难的方法作战，工人用克难的方法管理工厂，家庭用克难的方法节约能源，一时“克难”蔚为风气，那真是民族复兴的契机。现在我们也要提倡克难的精神，例如：

一、如果物质条件不够，用心力思维去补足。现在的社会虽然经济发达，文明发展，物质条件相当具备，但是物质的条件再怎么丰富，总是有限。如果物质条件不够，我们只要有心力思维，就可以补足。例如，床铺不够，大地可以为毡；饭面不够，杂粮也可以维生；桌椅板凳不足，枯了的树干，折断的竹子，都可以当作家具；家中的电力不够，电灯不亮，油灯、蜡烛一样可以照明。只要我们有心、有力，没有事情不能成功。

二、如果工作实力不够，用饱满精神去增强。务农耕重的人，觉得自己的工作能力不够，可以用饱满的精神去弥补；工厂里生产线上的员工，如果实力不足，也可以用饱满的精神去加班。别人一个小时能完成的事，我用两个小时、三个小时，也要完成它。只要我的精神饱满，心甘情愿，哪里困难，就在哪里加强，哪里不足，就在哪里补足。

三、如果知识学问不够，用真心诚意去提升。有时候想做一件事，碍于知识学问不够，确实会有使不上力的困难，但只要我用真心诚意去提升，总能克服。例如，要做一个计划，要写一篇报告，没有办法时，我可以多想一些问题，多拟一些方法。甚至写文章、订办法，自己不善于文笔，也可以请主管让我用口头报告。只要自己真心想要提升工作效率，没有什么事不能完成。

四、如果人力财力不够，用发心愿力去辅助。有的人想要创业，但是本钱不足，能力也不够，即使如此，一样可以用发心、努力去辅助。例如，要开饭店，自己可以做厨师，还可以兼跑堂；开小杂货店，自己可以当店员，甚至还可以出门批发。别人 8 小时能完成的事，我可以做 12 小时；人家花费万元以上才能做事，无法要求“完美”，但至少要能“完成”，才算尽到己责；人，无法要求“万能”，但至少做到“可能”，就能堪受担当。

成的事，我可以克服困难，只要三五千元也能完成。人只要有思想、心力、愿力，就可以克服一切。

以上克难的精神，主要是说明我们可以用心力弥补物力的不足，可以用精神力完成困难的事。尽管我们没有很高的知识学问，但可以用克难精神去提升；我们没有很雄厚的资本或人员，但学习蚂蚁雄兵，用不贪不取的工作精神，也可以完成一切事。所谓“世上无难事，只怕有心人”，只要我们有心，大地到处都是黄金，何惧之有！

克难精神（二）

海伦·凯勒女士又盲又聋，从小生活在没有光明、没有声音的寂静世界里，但是为了感谢老师悉心调教、耐心指导她的一念，不断地努力向上，终于成为世界的伟人。她到处演讲，把生活于黑暗、绝望之中的残障者的心声传达给世人，引起国际对残障福祉事业的重视。由于海伦·凯勒的努力，将盲聋的残障者带入充满光明的世界，而她本人也成为人间不幸者的希望的象征。

每一个人在世间生活乃至创业，都会遇到一些大大小小的困难。经济有经济上的难关，情感有情感上的难关，事业有事业上的难关，甚至也有人事的难关、家庭的难关，等等。总之，人生难免都会遇到困难、瓶颈，我们该如何渡过呢？有四点意见：

第一，要有忍耐的功夫。难关来了，不必慌张、恐惧，要能耐得住、守得住。无论多大的难关，都是因缘生灭，总会随着时间过去。每一场坚持战，只要

·佛光菜根谭·

不顺利的逆境，要靠勇气克服；
不顺意的人事，要用雅量包容。

你能守得住、顶得住，就能过得去。密勒日巴尊者忍得下，所以成为一代宗师；法显大师耐得住，所以几经波折艰险，终于取得经典。所谓“山重水复疑无路，柳暗花明又一村”，忍耐就是力量。耐不住、坚持不下去，就很难成功了。

第二，要有承担的勇气。能够成功的，通常都是勇于承担的人，在承担的过程中，可以累积智慧经验与福德因缘。如果难关来了你畏惧，困难来了你推诿，就无法成事了。因此，愈是困难愈不要推诿，抱持“我要负责，我要担当”的勇气。如果肯担当、能负责，自然会产生力量，也能给别人信心，如此必定能渡过难关。

第三，要有吃苦的精神。不要时时只想到要别人来帮忙渡过难关，所谓“靠山山倒，靠人人跑”，人不一定都靠得住。要想渡过难关，最重要的是自己肯吃苦，能不怕苦、不怕难，有这样勇敢的精神，辛苦和困难，往往会慢慢消失退却而苦尽甘来、化险为夷了。

第四，要有不挫的毅力。一般人都不太能接受挫折，常常因为事情的一点挫折就泄气了，或者别人讲了一句不顺心、不中听的话，就整天为了那句或许只是无心之言的话，而耿耿于怀地和自己过不去。如果在挫折之下懈怠、灰心、沮丧，鼓不起精神，最后不但不能渡过难关，还会让自己从此一蹶不振。

禅门有句诗偈云“真金须是红炉炼，白玉还他妙手磨”，即告诉我们要想渡过难关，必须能忍耐、能承担、能吃苦、能不怕挫折。

挑战（一）

一位做模特儿的美国小姐，在车祸中双腿受伤了，当她离开医院时，必须整天依赖轮椅行动。后来感于轮椅使用不便，便请托两位工程技术师朋友改良轮椅，同时发心推广给残障者同享便利。在两三年中，她的轮椅开发公司成为加州创业成长最快的公司。美国小姐由人人羡慕的模特儿成了残障者，再改变自己的人生，成为企业家，这一连串生命遭遇需要无限的信心、耐心与定力。

人到世间来，注定了就是要面对各种挑战。从儿童时期开始，必须接受同伴的挑战、环境的挑战、生活的挑战，乃至自我身体、心理的挑战等。人的一生，要接受的挑战数不胜数。试举如下：

一、面对苦难的挑战。在佛经里有谓“三苦七难”，“三苦”是苦苦（苦受）、坏苦（乐受）、行苦（不苦不乐受）。“七难”依《法华经》说，就是火难、水难、罗刹难、刀杖难、鬼难、枷锁难、怨贼难。这些都是人生所不希望遇到的苦难，但是苦难之魔往往主动找上门来。当我们无法躲避时，要如何降伏这些磨难呢？虽然《观世音菩萨普门品》说，观世音菩萨能够救苦救难，但我们总不能把苦难都推给观世音菩萨，让菩萨做我们的保镖，我们一定要训练自己，成为能面对苦难的观世音。所谓“苦”，对有忍耐力的人而言，不算一回事；所谓“难”，在一个能勇敢奋斗的人面前，也是能够克服的。总之，苦难来了，不能坐以待毙，必须以忍的智慧来认识、化解，则苦难自能销声匿迹。

二、面对逆境的挑战。人生经常会遇到一些不顺心的逆境，必须以坚定的信心、毅力去迎战。就如读书“学如逆水行舟，不进则退”，必须以恒心来对治，如果“一日曝之，十日寒之”，当然一事无成。语云“逆境来时顺境因”，有逆境，必须经得起逆境的考验，必须勇敢向逆境挑战，前途才会顺利，事业才能成功。一般人创业，难免会遇到经济周转不灵，或是人情因缘不具，或是身体病痛等问题。有了逆境不是问题，问题在于自己有没有力量去克服，只要自己有勇气，能够克服逆境，那么逆境不也能成为顺境吗？

· 佛光菜根谭 ·

伟大艰巨的工作，皆由坚持忍耐而完成；
光明灿烂的前途，皆由精进不懈而圆满。

三、面对疾病的挑战。俗语说："人吃五谷，哪能不生灾？"其实，人自呱呱坠地，一声"苦啊"来到这个世间，从喝奶开始，就会有疾病。所以一般儿童医院、妇女医院、各个专科医院等，都是为病人而设，可见人生的疾病之多。有了疾病，如何从中超脱出来？根据一些病患的经验，大部分的疾病，不一定要靠医药治疗，有时候通过运动、生活正常、注意饮食、心情开朗等方式来治疗，功效不差于医院。所以如果身体有所不适时，自己要做自己的医生，要自我检查，是辛劳过度呢？是受了风寒呢？是暴饮暴食呢？是饮食不合呢？自己找出原因，只要把患病的因祛除，自然就不会有生病的结果。

四、面对贫穷的挑战。在很多逆境当中，贫穷是一个比较麻烦的逆境。因为有的人用力气解除贫穷，但是你没有力气；有的人用智慧改善生活，但是你没有智慧；有的人用能力改变困苦的日子，但是你没有能力。尽管如此，也不能坐以等待贫穷之神来把你打垮，因为贫穷并非不能改变。很多家财万贯的富翁，当初不也是经过贫穷的过程？假如把他们的经验拿来自我实践，必然有所改进。例如，有的人用劳力勤奋工作，有的人用智慧投资创业，有的人无贪，从小本生意做起。面对贫穷的逆境，有时候一个念头、一件小生意，或是家人的一句建议，都可能改善，甚至自己的一时心血来潮，可能就悟到改进贫穷的方法，可见贫穷不是定型，而是可以改变的。

挑战（二）

世界上许多伟人也都是由于"面对问题，从不退缩"，所以能建立永垂不朽的功勋伟业，其中艾森豪威尔总统就因为从小谨记母亲的一句话而立志向上，她说：“人生好像玩桥牌，无论你手上的牌多么不好，你都要好好地打完这场牌局。”

人要有接受挑战的精神与勇气。确实，人生在世，不如意事十之八九，我们总不能坐困愁城，必须鼓起勇气，带着挑战的精神，向前途奋斗，才能得以生存。现在再就“挑战”略述如下：

一、面对财色的挑战。人都喜欢财色，财色是人需要的朋友，但也可能是自己的敌人。钱财，人所欲也，情色，人所欲也。有人以为，有了钱“能使鬼推磨”，但是有了钱，也可能家破人亡；人生钱财不需要太多，钱财是为了维持生活，妻子儿女、一家老少能得过最为安全。另外，有的人认为有了情色，是人生的一大享受，但是“色”字头上一把刀，多少英雄好汉，丧生在情色之下。情色应该要适当满足，如果自己不能量力，除了正常的男婚女嫁之外，又再另找刺激，甚至侵犯别人，那么就会漫天风云，危险必然难以避免。

二、面对侮辱的挑战。人所求者，光荣也；人所不喜者，侮辱也。有的人不求光荣，光荣自然而来；有的人求取光荣，求荣反辱；有的人不求荣辱，世间社会也不放过你，荣辱都会来找你。赵匡胤在陈桥“黄袍加身”，是其光荣也；韩信在淮阴受“胯下之辱”，是其时运不济也。历史上多少英雄好汉，多少次的大起大落，也就是多少次的光荣与侮辱。人生对于荣辱，应该顺其自然，当来的让他来，当去的让他去。甚至建立一种修养，荣也好，辱也好，都是过眼云烟，何必太过计较。战争的失败、金融的崩溃、创业中途的受阻、自然灾害的发生，一下子从高山跌到谷底，不必认为是侮辱也！只要不丧其人格，倒下来的，可以再爬起来。可能一次失败，两次失败，累积多次的失败经验，侮辱也能成为肥料，也可以成为逆增上缘。最重要的是，人生不能因为一时的挫折就倒下来，那就不能得救了。

·佛光菜根谭·

不因赞誉而得意忘形，顺适往往是罪恶的温床；
不因毁谤而嗔心怒目，横逆往往是成功的契机。

三、面对冤屈的挑战。大社会的大环境，给予人的冤屈是很多的。佛说人生无常，世间事真是难以逆料，诚不虚也。

四、面对烦恼的挑战。人生在世，即使外境没有给我们迫害、委屈、痛苦，但是我们内心的烦恼，都是庸人自扰，还是需要接受挑战。明明获不到的地位，非要走门路竞选、贪图；明明做不起来的生意事业，就是不肯放弃，搞得身败名裂而烦恼痛苦。本来不必计较的仇恨，也是因为不愿共生共存，非要斗得你死我活。别人的成就，别人的福报，为什么我要看不下，非要嫉妒斗争？结果想要打倒别人，反被别人打倒。

世间事，有的是应该勇敢面对挑战的，有的则要谦让；逞匹夫之勇一直挑战也不对，太过退让变成懦弱也不好。当挑战要挑战，当退让则退让，才是中道的人生。

突围

在大自然中，岩壁里的小花因为能够突破困境，故能接受阳光的照耀，绽放出美丽的奇葩；湍流中的小鱼由于能够逆流而上，故能享受洁净的源流，展现出活泼的生机。它们都努力求上进，开拓出自己的一片天地，何况自称万物之灵的人类呢？因此，我们不必叹息自己的地位卑微。有用的人，即使接受一点小因缘，也能点石成金，做得轰轰烈烈；无用的人，就是付与一桩大事业，到最后也只是“无声息地歌唱”罢了。

人的一生，总会遇到一些顺境、逆境，当处逆境时，要懂得突围。就像蚕要靠自己突破坚硬的茧，才能蛹化成蝶；小鸡虽有母鸡助其啄壳，也要靠自己努力一啐，“啐啄同时”才能破壳而出。

人要如何突围呢，试举如下：

一、棋盘的困境，以思维突围。我们看到一些围棋高手，如吴清源、林海峰等，他们经常在比赛时陷入沉思。他们是在思维如何突破困境，不受围困；一旦被围困时，更要思前顾后，如此才有突围的希望。

二、战场的困境，以勇敢突围。所谓战场，两军交战，固然是战场，有时商场也如战场，情场也似战场，甚至生了病，躺在病床上与病魔战斗，也是一场殊死战。总之，战场上的胜利，要靠勇敢取得。所谓勇敢，不是匹夫之勇，真正的勇敢要有冷静的思考、精辟的计划、周全的布局，要肯负责，要能担当，甚至还要能够知己知彼，才有突围的希望。

三、人情的困境，以谦让突围。人在社会上立足，都有人际关系，不管同学、同乡、同事、同党、同派，各种交往，都有深厚的人情，有时候难免会被人情所围困。当一个人受到人情的包围，尤其于情、于理、于法，难以面面兼顾的时候，也会陷入天人交战之中。这时要以谦恭、礼让的态度，才有办法突围而出，免受围困。

四、国际的困境，以和平突围。国际，各个国家经常由于文化背景不同、语言不同、利益不同，就会产生冲突。有了冲突，不能只靠强势的军事力量为后盾，武力纵能解决一时，不能保障永久的胜利，所以诸葛亮“七擒孟获”，关云长在华容道故意放走曹操，无非都是想以和平来改善未来的关系。和平是普世人类的愿望，国际之间如果大家都能想到“和平第一”，则世界也就不至于时有纠纷与冲突的发生了。

五、修行的困境，以智慧突围。有的人即使不在战场上、商场上、情场上与人战争，但在个人的宗教修行上，也会遇到困境。所谓烦恼的纠缠，执着的束缚，甚至“道高一尺，魔高一丈”，内心都有各种亟待突破的困境。这时候必须没有勇气，克服不了困难；
没有毅力，成就不了事功。
·佛光菜根谭·

要用般若智慧，抱着无畏的勇气来降伏烦恼魔军，才有办法突围。

六、生死的困境，以放下突围。人生经过多少次的突围，最后还有一场生死的决斗有待面对。在生死关前，多数人都会感到畏惧，没有力量突围。其实，人生生了要死，死了要生，能把死看成是移民到另外一个世界，则死又有什么可怕的呢？所以真正了悟生命真谛的人，他对生死了无牵挂。因为能够放下生死，超脱生死的怖畏，自然就能突破人生最大的困境，而能获得解脱自在了。

经商之道

现代社会讲究企业经营、投资理财。过去释迦牟尼佛也重视经商之道，重视储蓄布施，例如《杂阿含经》说："种田行商贾，牧牛羊蕃息，邸舍以求利，造屋舍床卧，六种资生具。"有了金钱，如何理财投资？《阿含经》也有四句偈说："一施悲和敬，二储不时需，三分营生业，四分生活用。"

现在工商业发达，商业贸易活动频繁，很多人都以经商为业。经商有经商之道，兹述如下：

一、童叟无欺是经商之道。过去中国的商人习惯在店铺里张贴"童叟无欺"的标语，表示对于上门购物的顾客，不管老的少的，都不会有欺骗的行为。所谓经商要有商德，商人的道德，就是讲究"童叟无欺"的诚信。观诸旧中国的社会，很多商家虽然店面很小，但都确实认真履行"童叟无欺"的信条，在高度工业化的现代，应该将此优良的商业传统，一直传承、维护下去才好。

二、信用可靠是经商之道。商人要建立商誉，商誉就是"信用"。不论商店

商场的竞争要凭恢宏的气度，
事业的大小要有健康的赛跑，
财富的拥有要靠大地的普载，
群我的融合要靠人脉的缘分。

大小，一定要有信用，有了信用，各方顾客云集而来。尤其有信誉的商店，不用讨价还价，讨价还价是菜市场的行为；一个有招牌的商店，它的信用远近皆知，主顾之间，都能互相信任。因此，有时候顾客上门，手头不便时可以赊账，等到逢年过节才来结账，平时只要招呼一声，所需的物品包装完毕，就能方便带走。古老的中国社会，视“信用”为人的第二生命，哪像现在的退票、假货、仿冒等行为层出不穷，真是人心不古。

三、研发商机是经商之道。商品销售，也如战场一样，胜败都要看商机。高雄有一家运输木材的商团，运了一船木材要到日本出售。途中遇上台风警报，于是转往菲律宾。滞留数日后，再开往日本。在此期间，日本发生地震，木材陡涨数倍，让这一船滞留数日的木材，一夕赚了数倍之多，可见商机的变化莫测。现在的电脑、手机，一代代地开发，竞相寻找商机。商机要靠自己仔细地观察、研究，尤其商机也像一场情报战，不能不谨慎从事。

四、重视人才是经商之道。人才是事业的根本，各行各业都需要人才。有人才则成，无人才则败，所以佛教讲“人能弘道，非道弘人”，尤其商场更是需要精明干练的人才。过去世界各国都“重武轻文”，注重国防建设，但现在大部分民选政府，都以经济为先。所谓“财经内阁”，因为他们知道，唯有把经济搞好，社会安定，让选民就业赚钱，大家口袋满满，他们就会投你一票。现在举世既然如此重视财经问题，经商的商业人才怎么会不重要呢？

五、善财能舍是经商之道。经商为了赢利赚钱，本来无可厚非，但是赚了钱以后，要能懂得用钱。一个优秀的企业家，赚了钱财，都懂得将钱财分享给公司大众，所谓“红利分享”。甚至对于公司赢利所得，除了正常的缴税以外，还能提出多少百分比回馈给社会，例如捐给慈善机构，或是一些弱势团体。所谓“有钱是福报，用钱是智慧”，会赚钱，也要会用钱，这才是经商之道。

赚什么

我没有购买的习惯，但要买时，从未想买便宜货，总怕商人不赚钱。我以为，本着一种欢喜结缘的心去消费购买，将使商人因经济改善而从事产品质量的改良创新。钱，与其购买自己的方便，不如用来购买大家的共有、大家的富贵。如此一来，“钱，用了才是自己的，也是社会大家所共有的”。

做生意的人，你问他为什么辛苦营商，他说为了赚钱。从事教育工作的人，你问他为什么热心教育，他说为了替国家赚人才。在萧瑟寒风中，摆个小摊子卖烧饼油条，何必那么辛苦？无非是为了赚取一家温饱。有很多演艺人员，从事各种表演，也是为了让人感动、赚人热泪。很多的政治家，奔走在社会各阶层，他为什么要那么热心？为了赢得人心，赚取选票。

赚什么？人生有哪些是必须要赚的东西呢？略论如下：

一、赚人心。赚人的赞美、钱财，都还容易，赚人的心意，比较困难。自古以来，就是帝王也要得人心，才能长治久安；不能赚人心，朝代就会危险。儒家的孔老夫子，也要赚得人家称他一声“至圣先师”；佛教的佛陀即使成道了，也要赚取信者的一炉清香。

二、赚名誉。各行各业的领袖，他们赚取利益以外，就想赚取名誉。名声好，比财富还要宝贵，所以一般人孜孜不倦为社会服务，为大家做功德，总想赢得一点好的名声。所谓“三代以前，唯恐好名；三代以后，唯恐不好名”，现代人能注重自己的名誉，也算得上是上等人了。

三、赚缘分。有的人非常乐善好施，热心于社会公益，就是希望赚取一点人缘。像现在的寺院，每到四月初八都会开着流动浴佛车，巡回在各街头巷尾，供物品坏了可以修复，情义损坏难以弥补，所以我们要惜情；
钱财丢了可以赚回，时光一去无法倒流，所以我们要惜时。

信徒方便浴佛，为的是替佛祖赚取与信徒的缘分；每逢十二月初八，寺院也会煮腊八粥，送给信众，祈求消灾增福，目的也是替佛教与信者结个善缘。缘结得多，寺院的信徒就多，寺院的行事自然也会方便许多。

四、赚形象。有的人勤于服务，他想树立自己服务的形象；有的人乐于施舍，他想树立施舍的形象，有的人勤于讲说，他要树立讲说的形象。形象好，容易被人接受，自然成就大，进而也能光耀门楣，荣宗耀祖。

五、赚人才。有的父母含辛茹苦，即使变卖家产，也要让儿女受高等教育，目的是希望赚得儿女成才；社会人士成立奖学金，奖励贫寒优秀的学生就读，也是希望为国家社会增加人才。所以，商业的投资，教育的投资，都是为了人才和钱财。

六、赚肯定。人辛苦一生，到最后盖棺论定，家人为他回顾一生，究竟赚取了什么？有的为全家赚取了功德，有的为家人赚了好的名声，有的为家庭赚了缘分，总之一句，都使得家族受到社会的肯定。妇女守节，为了赚取一块贞节牌坊；学子十载寒窗，为了赚得金榜题名。人在世间，能赚多少，到最后有形的财富，留给社会；赞叹的善名，留给历史；自己的清净业报，会留给自己生世循环受用。

领众之道

能把大众所希望的，看成是自己的希望；大众所要求的，看成自己的所需；照顾大众的福利，把大众的福利，看得比自己的利益更重要，才是领导的第一要。

企业家的“四业”

高雄一位公司的董事长和我讲：“以我现有的财产，即使我一天用10万元，我活过100年也用不完。我有很多钱，可是我还在工作，我是贪得无厌吗？不是的，我是以做事业来打发时间的。”

一个企业团体要获得成功，关键不在人员的多少，而在管理者如何在自我发展与成就中找寻立足点，使企业组织里的每一成员都能同心同德、尽心尽力坚守自己的岗位。以下提出企业家的“四业”——专业、职业、事业、敬业，这些都是企业迈向成功的关键。

第一，要有专业的知识。专业知识，是衡量一个领导者是否有能力的重要依据之一。好比你开一家电子工厂，就要有电子专业知识；开一家木器工厂，则要对家具、木器有专业知识。掌握了相关的专业知识，才能对管理的项目、经营的方针，进行有效的评估与合理的选择，也才能对部属和员工做正确的指导。

第二，要有职业的道德。做一个企业家，眼中不能只看到一时的利益，所谓“职业道德”是很重要的。比如企业之间有竞争，但也要有适度的合作，过度的竞争只会使群体面对两败俱伤或全军覆没的危险。其他如生产过程中所产生的空气、水源、噪音等污染，或产品中不良成分对人体所造成的污染，都是要尽力避免。

第三，要有事业的理想。做一个企业家，必须有事业的理想。例如竞争力要如何提升、事业要如何造福国家社会、如何造福全人类、如何提高国家外销能力、如何带来国家外汇等，都是开创事业的理想蓝图。有了理想，就能订定明确可行的事业生涯规划，为将来立下美丽的愿景，立下可向往的圆满目标。

第四，要有敬业的精神。《周易》云“天行健，君子以自强不息”，作为一位

·佛光菜根谭·

有能力的时候，多完成一些事业；
有财力的时候，多种植一些福田。

成功的领导者，要有一种自强不息的事业心，要给自己一股内在的压力，兢兢业业，为国为己，把自己有限的生命投入到为社会、为人民创造福祉的事业中，才是一个标准的企业家风范。

现代的企业界，已经有自省的意识，无论是“执行力”或是“学习力”各方面，皆能不离“专业”与“敬业”的观念及态度，也大多明白唯有健全“职业”道德，才能完成“事业”理想。

领导人的条件（一）

常有人问我：“佛光山僧团人多，事业庞大，究竟是如何管理，竟能上下一心，和合无争？”我往往以一句佛门用语来答复，那就是“横遍十方，竖穷三际”。曾有记者问：“您总是广受欢迎，不知有什么个人的魅力？”我不知道自己有何魅力，我只是以“横遍十方，竖穷三际”的理念来待人接物，并且以此身教课徒而已。

家庭有家长领导子女，学校有校长领导师生，公司有主管领导部属，国家有元首领导百姓，任何一个团体都需要一位领导人。领导人很重要，他是整个团体的灵魂人物，主导这个团体的胜败兴衰。领导人要具备什么样的条件，才能让他所领导的团体有所进步、有所发展？归纳出以下四点意见：

第一，让人的思想能得到自由。“思”是心灵的活动，有思想，才能够明辨真理。思想自由，正是推动人类社会进步的动力。身为领导人，必须让下面的人拥有思想与言论的自由，让他敢想敢言。如果领导人抑制了大众思想的自由，等要做老大，先要懂得做老二；
要做主管，先要懂得做属下。

于抑制了进步的机会，这就不能成为优秀的领导者了。

第二，让人的生活能得到自在。身为领导人，让下位者常常感到生活不自在，如吃、住不自在，做任何事情都不得自在，领导人就必须自我检讨了。一个充塞动乱的国家，人民的身心灵长期处于恐慌、不安定的状态，生活如何得以自在？《心经》有云："心无罣碍，无罣碍故，无有恐怖，远离颠倒梦想，究竟涅槃。"身心无所罣碍，才会清安自在。因此，让下位者安心安住，生活自在，是领导人必然的责任。

第三，让人的教育能得到增长。教育是人类传递和开展文明的方法，具有培育人才、促进社会进步的功能。身为领导人，不能光是压制下面的人，必须让他不断地进修，多元化地学习，使其心智、技能不断地成长。许多成功的企业、团体，会给员工在职进修的机会，甚至安排他们到国外参访或深造，即希望借由教育进一步发挥他们的潜能与创意，使其有更卓越的表现。

第四，让人的安全能得到保障。领导人若让下位者每天处于恐怖、忧愁里，如担心家庭经济、担心居家、生命安全，等等，他就无法安心工作。唯有使属下的安全得到保障，才能使之欢喜而无后顾之忧地工作、生活。

想要成为领导人，除了本身须具备专业能力，更应让团队中的每一个人感觉自己受到重视，自己的前途有希望。如果家庭里、团体里，乃至社会、国家，所有的领导人都能做到这四点，必定可以成为卓越的领导人。

领导人的条件（二）

我不但做事谨慎，重视专才，即使平常待人，也都持认真的态度，凡此都是因为自觉身无长才，所以一点小因小缘，我都十分看重，总想令大家同沾喜悦，共享法益。因此即使是萍水相逢，我也挖心剖肺，竭诚以待；尽管是素不相识，我也耐心倾听，为解烦忧。鸡皮鹤发的老公公、老婆婆找我谈话，我从不拒绝；天真烂漫的小弟弟、小妹妹与我通信对谈，我也同时摄受。是以，爱护我的信徒中，不乏耄耋之士；过去的童男童女长大以后，也都成了我的子弟兵将。

做人有时候要被人领导，被人领导也要有被人领导的条件，比方说勤劳、对人和谐、尊重、服从。相对地，一位好的领导者也要有条件，若不具足领导者的条件，是无法领导别人的。领导者的条件是什么呢？有以下四点意见：

第一，要为大众谋求福利。要想做一位好的领导者，若只是为了自己的私利在计较、讲究、贪财，此等人是不够资格作为一个领导人。能把大众所希望的，看成是自己的希望；大众所要求的，看成自己的所需；照顾大众的福利，把大众的福利，看得比自己的利益更重要，才是领导的第一要。

第二，要为大众减轻负担。对待自己的部下，不能过于机械化，给予过分的负担。你分分秒秒地工作，做事做事，吃苦吃苦，久了，容易心生厌倦，就算再坚强的军队，久战之兵也会疲乏。因此领导人要尊重人性，顺乎人情，体谅大众也需要休息，休息之后才会有更大的力量去精进。

第三，要为大众计划未来。人是活在希望里，希望会给人无比的力量。带一个团体，要让团体里的人有希望、有前途。一位领导，其所跟随的部下，若常觉得前途茫茫，没有希望，他怎会在工作上积极努力？领导者若只计划自己的未来，没有替大众计划未来，没有奖励，没有安排大众进修，没有鼓励大众学习，没有给大众提升境界，这是很失败的领导。因此，能为大众的未来设想，多给人机会，必定是一位优秀的领导者。

第四，要为大众担当责任。领导者最大的问题就是不敢担当责任，全交给部下，他虽表面上承担，心里却充塞着不服气。三国时，魏国将军王旭、陈泰先后兵败，大将军司马懿却自己将责任承担下来，自认过错。习凿齿在《汉晋春秋》里评论：“司马大将军引二败以为己过，过销而业昌，可谓智矣。”大众忘了司马懿的失败，反而想到如何戮力报答。身为领导者，部下有所失误、缺陷，能替他担当，必定心怀感激，往后若领导他做任何事情，都会尽忠尽义。

老子说：“夫唯不私，故能成其私。”不想从别人身上取得东西，才是真正的大取。身为一位领导者，能够时时心系大众，要有“为大众”的性格，如此才会使大众心悦诚服、尽忠职守。

领导人的层次

日本企业家松下幸之助先生，就是主张人生要能活到“三百岁”的创始者。他不但身体力行，模范后学，而且积极为日本政经界培养具有奉献精神的接班人。松下先生的成功也是从小工、苦难里慢慢发展起来的。被誉为“经营之神”的他有一段经典的话：当员工有一百人时，我必须站在员工前面，带头做事，以身教来领导。当员工有一千人时，我必须站在员工中间，指挥协调，分层负责。当员工有一万人时，我只有站在楼顶上，在员工的后面向他们合掌，感谢他们的勤劳。

领导是一门学问、一项艺术，也是一种功德，领导者要能为大众谋求福利，勤奋不故意拖延，忍耐不顾忌怯弱；
勇敢不过度自责，放下不计较得失。

要为大众减轻负担，要为大众计划未来，要为大众担当责任。领导的哲学，有上等、中等，也有劣等，这就要看领导者的能力如何。领导得法的人，他的属下如沐春风，团结合作，不如法者则反之，有的离心离德，有的故意捣蛋，乃至求他而去。领导人的层次有哪些呢？

第一，下等领导，要尽己之能。下等的领导人，他只顾着表现自己的长处，发挥自己的能力，他一个人把所有的事情都做了。这样的领导者确实了不起，也很能干，但是他只是一直表现自己，忽略了团队合作的意义，不算高明，只能算是一个下等的领导人。

第二，中等领导，要尽人之力。有一句话说“人尽其才，物尽其用”，如果一个领导人，他的心量如海，不拣粗细，可以“尽人之力”，也就是说，部属有什么力量都让他发挥出来，这是中等的领导人。

第三，上等领导，要尽他之智。一位上等的领导人，他不但会让每个人的力量都用出来，还要把各人的智慧才智都发展出来。他让每一个人贡献他的智慧，所谓“百家争鸣”“百花齐放”，让这个团队发挥得多彩多姿，这就是一位上等的领导人。

第四，高等领导，要尽众之有。更高一层次的领导人，他能够“尽众之有”，让所有跟随他的大众，没有一个人不奉献他的能力，没有一个人不把他的智慧贡献出来，甚至没有一个人不把他的心统统都奉献出来，如佛门有谓“色身归于常住，性命赋予龙天”，大家“群策群力”“群心交心”，彼此都肯“交心”，做起事来就会着力。“尽众之有”，这就是最高的领导人了。

《荀子》云：“口能言之，身能行之，国宝也。口不能言，身能行之，国器也。口能言之，身不能行，国用也。口言善，身行恶，国妖也。治国者敬其宝，爱其器，任其用，除其妖。”我们自己要做哪一种层次的领导人呢？在这四等领导人中，可以做选择。

善为主管（一）

一些父母和儿女们说："你看！隔壁张家的某某多好，成绩这么好，哪像你？"结果，孩子被说得一无是处，只有自暴自弃。在社会上，一些主管总是责备属下不如别人，说者固然是恨铁不成钢，但没有想到听者的想法如何、根器如何，也就枉费心机了。每个人资质不一，各有妙用，只要你善于带领，败卒残兵也能成为骁将勇士，最重要的是，你是否能看出他们的优点长处，而给予适当的鼓励？你能否看出他们犯错的症结，而给予确切的辅导？尤其，你能否不伤害他的尊严而让他的人生得到成长？

中国人有一句老话："宁为鸡首，勿为牛后。"人性趋向于欢喜领导别人，却不愿被人领导，总想管人而不被人管。事实上，到了现代这个民主的社会，管人已是落伍的思想；一个好的主管，应讲求人性化的管理，而非气势凌人，高高在上。如何成为好的主管，给予四点意见：

第一，目标明确提示。船只在大海中，因为有明确的目标，所以不怕迷失方向；飞机在空中，因为有明确的航线，所以可以安心飞行。身为主管，必须给予部下明确的指示，目标是什么，才能有所依循准则。大众看清目标，就可以向前迈进。

第二，凡事以身作则。佛陀亲自为年老的弟子穿针引线，为生病的比丘端药倒茶，表示佛陀的平等慈悲、以身示教的精神。语云"身教重于言教"，一切的言教均未能比以身作则更具说服力。

第三，聆听属下意见。聆听，是做主管的美德，是对别人尊重的行为。身为主管，面对属下前来同你报告，认真倾听；属下前来建言，自己必定获益，也能得到支持。

第四，胸怀包容异己。展现包容异己的胸襟与气度，这是做主管必有的雅量。身为主管，胸中也要能把好坏、善恶、长短、得失，包容纳受，不因异己而有执着，因为有容德乃大。凡事锱铢必较，岂能成为主管？唯有心大才能领导人，成就大事业。

现今民主的时代，身为主管能亲众爱众，才能受人拥戴。有平等观、慈悲观的性格，时时心系着“我该如何为大众服务，帮助大众解决问题”，用心尽义，方才善为主管。想要领导他人，此四点意见不能不注意。

善为主管（二）

工作是人们生活的依靠之一，有人借此养家活口，有人从中实践自我，有人只是得过且过，敷衍了事，也有人尽心尽力，努力完成。若要事业有一番成就，除了广结善缘、节俭勤奋、乐于喜舍之外，工作伦理也是不可忽视的条件。身为上司者，在与员工相处时，应该做到：关怀员工工作，不使过分劳累；关怀员工饮食起居，了解待遇是否足够养家生活；培养员工正当的休闲活动；关心员工的健康；各种福利与员工分享。

在公司、机关、工厂里做部属很难，其实，当主管也不是容易的事。当主管的人应该具备哪些条件、能力呢？兹有“主管十事”，略述如下：

一、赏罚公平。对待员工，不能私心、偏袒，要一视同仁，待遇要平等，当赏则赏，当罚则罚；能够“赏罚公平”，大众无有不服，这就是好领导。

二、能负全责。做主管的人，不要把责任推卸给部属，自己要勇于担当；甚至能代部属受过，更能赢得众人的归心。

三、指导有方。既为主管，对工作的程序内容，应该了然于心，部属有所请示，要明确指导，一是一，二是二，不要反复不定，改来改去，否则属下难以信服。

四、量大能容。部属偶有错失，只要不是常态性的，能掩护他一时无心之错，他会感念你的包容，必然更加卖力工作。

五、学养丰富。做一个主管，要能众望所归，不但学问要在众人之上，尤其要有修养，礼貌要周到，让人心悦诚服，接受你的领导。

六、爱护属下。属下不是牛马，不是天天来接受喝骂的，部属也有尊严，要用鼓励代替责备，用指导代替命令，则属下无不感佩。

七、同甘共苦。做主管的最忌居功诿过，荣誉、成绩都是自己独享，困难、错误留给属下承当，这是最不得人心的主管。好的主管要与众同甘共苦、荣辱与共，甚至比部属更能接受委屈，更能吃苦耐劳。

八、以身作则。在公司里，主管要能以身作则，举凡爱护公物，勤劳奉献。能够以身作则的主管，凡事不言而教，更能让部属敬重。

九、观机授权。主管对部属的能力、性格要充分了解，有机会要给予授权，有因缘要加以提拔，让他觉得跟这个主管有希望，他就会安心奉献。

十、计划周详。明天的事，今天要做好计划，甚至半年、一年、三年后的事都已在计划之中；大众在了解计划后，各自分工合作，则能无事不成。

一般说“主管难为”，因为从管理学来讲，管理机器、钱财、物品、材料，他们都不会有意见，也不会反抗，自然比较容易管理；唯有领导一群人，彼此各有思想、各有做法、各有主张，所以主管一定要高过他们，要能摄受他们，才能让他们接受领导。

其实，一个好主管要不时为部属设想，让部属主动为主管分忧解劳，如此上

· 佛光菜根谭 ·

常以“尊敬”“信实”与上司沟通，下情自能上达；
能以“尊重”“信任”与部属往来，上令必能下行。

下交流，彼此互助，这才是最成功的领导人。

善为主管（三）

俗语说：“宁带一团兵，不带一团僧。”出家人的性格虽然比较超逸淡泊，无所勉求，但相对地，因为不求名、不求利，有时候也很难动之以情或晓之以理，所以教育僧团徒众不像带领世俗企业里的员工那么容易。而我，除了分布在全球各地百万名信徒之外，还收了一千多位出家弟子。我每天不但必须处理忙不完的法务，还得分神为他们处理情绪问题、读书问题、修持问题、弘法问题、养病问题、请假问题。每次主持教育座谈会时，总有人问我如何带领这么多弟子。其实这就像《维摩诘经》所说：“弟子众尘劳，随意之所转。”

身为主管，你的言行举动、处事态度，对于部属都有示范的作用，也都是部属依循的准则，直接影响整个团体的进步发展。有一句话说：“态度决定一切！”因此身为主管，切莫拘泥于自身的观念思想，应以大局为标准，才是该有的态度。以下四点，提供作为领导哲学的参考：

第一，事烦莫惧。身为主管，事情难免烦多忙碌，能干的主管，懂得在琐碎繁重的事情当中，将之单纯化。反之，做事没有条理，不懂得化繁就简，就像无头苍蝇，瞎忙一通，不但达不到功效，反而因事烦而生惧。事烦莫惧，惧不能宁，唯有懂得将烦琐的事物简单化，愈容易取得成功。

第二，因果莫负。既为主管，说话或行事理当明因识果。你若因果不明，做事则会毫无原则，因为一切都在因果循环中。你看，周幽王为得褒姒一笑，以烽一等主管：关怀员工，尊重专业；
二等主管：信任授权，人性管理；
三等主管：官僚作风，气势凌人；
劣等主管：疑心猜忌，不通人情。

火戏诸侯，招致西周王朝结束；你看，吴三桂因一怒为红颜而引清兵入关，致使江山易主而背上千古骂名。古训："平生莫做皱眉事，世上应无切齿人。"要令部属不切齿于你，你的所作所为都应莫负于因果。一切言行能够遵循因果原则，自可以事理一如。

第三，是非莫辩。人际相处，免不了是非争论，被人错怪、误解，一般人总惯于百般辩解，以求清白。其实，"好花不怕人谈讲，经风经雨分外香；大风吹倒梧桐树，自有旁人论短长"。是非自有公论，不必急于争一时的公道，清白自在人心。为人主管必须身先士卒，带头模范，要能"不诽谤他人，亦不观是非；但自观身行，谛观正不正"。如此自可改非为真，带动团体的和谐氛围。

第四，操守莫亏。不论古今中外、时空移转，为人主管者，最需要具备的就是清廉、端正的操守。《晋书》记："大丈夫行为，当磊磊落落，如日月皎然。"身为主管，能够扪心自问而无所愧怍，而不亏于操守，自然会产生无比的勇气，事情才能顺利成功。反之，自己行为不全，不知自爱，毫无诚信，决策常常左右摇摆，有私心、弊端，部属如何对你产生信心？因此，只要你心地坦荡、清廉自持，莫亏于操守，自能无所畏惧，且获得部属的信任，必定能上下一条心。

主管难为，非也！只要你的观念思想、处事态度莫惧、莫负、莫辩、莫亏，自有一股动力推你走向进步。

主管的形象

过去还没有高铁、手机的时候，经常来往于高雄、台北之间，从高雄出发了，就电话告知台北；如果路上车子抛锚，耽搁一点时间，到了台北，徒弟就质问：师父怎么慢了半个小时呢？因此，我经常自嘲是“限时专送”。法务日趋忙碌后，也会搭乘“自强号”火车或是飞机来来去去，就变成“快递”了。

在社会上，每一种职务角色，都有他的形象，像军人有勇敢的形象，警察有正义的形象，乃至模特儿有美丽的形象，清道夫也有辛勤的形象。无论在哪个单位、团体都会有主管，如果想要做一名主管，应该树立一个什么样的形象，以下有四点意见：

第一，不露喜怒之色。做主管的人，不能一下子欢喜，一下子生气，因为你高兴欢喜，部属都会跟着你欢喜，你生气烦恼，部属也会跟着你忧郁。因此，做主管的人喜怒哀乐不可形于色。欢喜的时候不必得意忘形，生气的时候也无须冲动鲁莽，这才是个沉稳的主管。

第二，不昧己身之过。做主管的人，不可隐藏自己的错误，甚至要不断地认错。西方社会国家，有一些官员常常自我解嘲，拿自己开玩笑来化解冲突、尴尬、误会的场面。因此主管有过失时，你跟部下道歉，自我责备，就像过去皇帝下罪己诏，不但无损于尊严，相反地，必定能获得部属的认同支持，部下也必定得到很好的身教影响。

第三，不拒困难之事。佛经说这是一个娑婆世界，总无法避免遇到困难、挫折、沮丧的事。身为主管，不要把困难的事情全交给部属去做，困难的事，要由自己担当，你能排除万难，你的经验就会增加了，你能解决困难，你的力量也增强了，这个主管的角色必定更上层楼。

第四，不信一面之词。人与人共事难免意见不同，有时这个部属跟你说是非，有时那个部属跟你道长短，做主管的人要谨慎小心的是，避免听信一面之词。假如你只相信一面之词，后果不堪设想。因此你要兼听，所谓“兼听则明，

·佛光菜根谭·

为人属下者要如土，谦卑低下；
为人主管者要如海，不拣粗细。

偏听则暗"，能两面皆听，才不会失去客观、公允。

宗教家慈悲的形象令人温暖，修道者精进的形象令人赞佩，要做好一名杰出的主管，获得部属的认同支持，这四点"主管的形象"值得我们参考学习。

举重若轻

唐一玄教授是知名的佛学家，我请他为学生教授《六祖坛经》和《法华经》。唐教授佛教著作甚多，但与我的观念风格不同，对我一向批判多于赞美。但有一次，他竟然很高兴地跟学生讲："你们院长他举重若轻。"我过去听过多少人说我勤劳、发心、负责、公平无私，我都不以为意，觉得那是人家的客套话，我不能不承当，但唐老的这一句"举重若轻"，不由得也让我暗暗感到欢喜，我真能举重若轻吗？这是给我最大的勉励。

一个人，如果他的力量只能挑60公斤，你给他挑80公斤，他就会感到很吃力；有的人雄心万丈、叱咤风云、呼风唤雨，你给他重任，他举重若轻，不觉负担。

有的人，做丈夫的养不起妻子，觉得家庭负担太重；但也有的人为国为民，举国上下，全民都受到他的庇荫，他却举重若轻。有的人有智慧可以解决问题，他就举重若轻；有的人以身示范，他也感到凡事举重若轻。

所谓举重若轻，就是有的人在社会上有了声望，声望帮他做事，当然举重若轻；有的人有了信誉，信誉帮他做事，当然举重若轻；有的人有了人缘，人缘帮他做事，当然举重若轻；有的人熟能生巧，他也能举重若轻；有的人根基厚实，所以做起事来举重若轻。

·佛光菜根谭·

“互相体谅”是消除纷争之道；
“互相成就”是集体创作之方。

有的人经过磨炼，所谓“天将降大任于斯人也，必先苦其心志，劳其筋骨，饿其体肤，空乏其身，行拂乱其所为，所以动心忍性，曾益其所不能”，当然能举重若轻。有的人怕人家沾光，怕人家分享，点滴不肯与人分享，没有外力、助缘，虽轻犹重。

唐尧虞舜，三皇五帝，他们公天下，为民无私，所以治国教民举重若轻；周公旦帮助武王富国强邦，他也是没有权利私欲，所以能举重若轻。历代的圣君能相，只要有“公天下”之心，所谓“民之所欲，常在我心”，自然能举重若轻。

“二战”时，盟军统帅艾森豪威尔统领数百万大军，关系到世界的安定，人问其忙得过来否，他说：“我不忙，我只是领导海陆空三个人而已。”能够分层负责，所以举重若轻。晋朝谢安，在与人弈棋时收到侄儿谢玄从阵前传来的捷报，他不露声色，继续下棋。他能安然处事，举重若轻，所以能指挥大军，赢得淝水之战的大胜利；如果他慌乱无章，就无法取得胜利。

举重若轻，在于平时的涵养实力，有能力，自然举重若轻。

管理的原则

对于弟子们已经做好的决定，我即使不觉满意，也不轻易说出一句否定的话。弟子有许多事情我根本不知道，偶尔在无意间知道了，我也不会怪他们不和我说，我以为自己能够担当最好。一旦他们出了纰漏，我不但不严词责备，反而体念他们心中的焦急，给予种种指导，并且集合相关单位，共商良策，一起解决问题。徒众和我应对，言语上偶有不当，我也不太计较他们的无心之过，顶多以幽默的口吻反嘲一记，在不伤感情之下，让他们自己省悟。如此一来，不知杜绝了多少意见纷争，泯除了多少代沟问题，无形中也带动了全山徒众以和为贵的风气。

“处人不可任己意，要洞悉人之常情；处事不可任己见，要明白事之常理。”管理，其实就是要“帮助你”。就像洗衣服一样，必须搓揉洗涤才会干净，自己无法改正的坏毛病就需要别人适时地帮助。如何做好管理，有三个原则：

一是用“情”管理。父母管儿女要有爱，老师管学生要能保护他，长官管部下也要给予关心。人心是肉做的，用爱、用情来管理，才能赢得人心；没有爱心，对方不服气，就难以管理了。

二是用“理”管理。有时太重情爱的管理，无法折服对方，这时就必须讲究“理”了。家庭有伦理，则长幼有序、尊卑有别、上慈下爱；职场有伦理，则上下和谐，做事有条理计划，被管理的人也会心甘情愿地服从。

三是用“法”管理。如果道理行不通，只得仰仗于“法”了。国家定有法律，军有军法，商有商法，教育有教育法，法能公平地把人和事都管理好。

人我之间也常有“见不得人好”的劣根性。看到别人比自己漂亮，比自己有学识、有能力，或看到别人升官发财，就嫉妒他、打击他、阻碍他，这般损人又不利己的行为，人际关系当然不会和谐。人，一旦有了计较、比较之心，有了人我的利害得失之心，即使亲密如家人，恩爱如夫妻，也不能避免互相斗争。人之所以会有纷争和不平，往往是因为你我的关系不协调。不懂得如何善待“你”，也不知如何修持“我”，甚至还强烈分别“你”和“我”，因此产生“爷爷打孙子，自己打自己”以表示“你打我儿子，我也要打你儿子”的愚痴行为。与人相处，要把你当作我，你我一体，你我不二，如果能常常将心比心，互换立场，互相尊重，互相帮助，自然能化戾气为祥和。

·佛光菜根谭·

身为领导者，决策时要能够从善如流，执行时要能够择善固执；身为属下者，献策时要能够知无不言，办事时要能够服从领导。

此外，和人相处共事，看到别人有一点长处，要生起恭敬心，当自己不如、自己不能、自己不知、自己做不到时，更要心存恭敬，欢喜赞叹。有些人因为卑慢而处处自我防卫，甚至摆起架子，凡事都拒绝，凡事说“NO”。拒绝人情，拒绝因缘，主要是由于能力、慈悲、道德不够，一个人如果经常拒绝一些因缘机会，久而久之就会失去一切。所以，一个有能力的人，一个会办事的人，凡事都说“OK”；即使拒绝，也会提供取代的方案。

孔子对于子路，先赞美他“好勇过我”，然后教训他“无所取材”；对于子贡，既表彰他具有“器”材，却又告诫他有如“瑚琏”。孔子能因材施教，所以人称至圣先师；子路、子贡因为肯虚心受教，所以成为孔门俊杰。

马尔巴以种种苦行折磨密勒日巴，使他由粗人魔外变成一代大师。最初马尔巴不因密勒日巴杀业深重而鄙视舍弃，后来密勒日巴也不以马尔巴棒打呵斥而背离师道；在密勒日巴开悟之时，两人相拥而泣，传为佳话。说起来，这也是马尔巴激发了弟子密勒日巴的潜能。可见对属下要能懂他，敢用、善用、会用，才能激发出他的潜能。

“给人信心、给人欢喜、给人希望、给人方便”，这十六个字，不光是佛光人的工作信条，也是领导者必须谨记在心的。能“给”，代表心中有无尽的能源宝藏；肯“给”，才是一种宏大无私的度量。

“管理学”是因应时代进步而产生的一门学问，顾名思义，指的就是有计划、有组织、有系统、有目标的运作方式。管理是一种艺术，有其灵活巧妙之处。每个人资质不一，各有妙用，只要善于带领，败卒残兵也能成为骁将勇士，最重要的是，要能看出他们的优点长处，给予适当的鼓励；看出他们犯错的症结，给予确切的辅导。尤其不能伤害他们的尊严，要让他们的人生得到正面的成长。

如何带动属下

游教授到西来寺参加佛教会议时，看到住众从早到晚忙得如此欢喜，不禁慨叹自己经常找不到一位乐意和他一起工作的人，而有那么多人不分晨昏跟我投入工作，于是问我其中有什么秘诀。我说：“这是因为我以‘弘法为家务，利生为事业’，所做的一切都是没有待遇、心甘情愿的工作。”回想多少年来，我经常想到自己只是大众中的一个，所以从来不以师长自居，命令别人做事，结果大家对于这种没有命令、没有待遇的工作反而更加热心。

一个人不但要学习领导别人，更要懂得自己如何被领导，最怕的是，不能领导别人，又不能被人领导，这就很麻烦了。要领导别人，虽然不容易，从中学到做人处世的道理，却是难能可贵的。如何当一名领导人带动属下呢？有四点意见提供：

第一，对己德不宣扬。竹高腰弯，水弯流长，对于自己的特长才情，要能谦冲自牧，不要一味地自我宣传，自我表扬，甚至宣夸种种好处，评判别人种种不是。讲时可能扬扬得意，属下听了却对你的道德大打折扣。因此，不扬人之短，不说己之长，这是身为领导人的重要法门。

第二，对误会不辩解。遇到别人误会，或属下误会的时候，一个有智慧的主管，对无来由的毁谤、闲言闲语，不必介意，也不必辩解。多解释，不但得不到服从，激辩之际，语言还会伤及无辜。只要多宽恕、多忍耐，一段时间之后，自然云淡风轻，得到化解。

第三，对错误不埋怨。有一句话说：“承认自己的错误，要立即而快速；但是批评他人，却应该慢一点。”属下经验不足，总难免有一些错误、过失，身为主管者不要老是埋怨其不是，或与部下斤斤计较。你适时扬善于公堂，归过于暗

· 佛光菜根谭 ·

“礼贤下士”是身为领导者成功的要素；
“妒贤害能”是身为主管者失败的原因。

室，掩护他一点，帮助他一点，为人属下者会铭感在内，更忠心于你。

第四，对工作不失职。印度甘地曾说：“领导，就是以身作则来影响他人。”主管本身要着重身教，守时守分、勤于办公，部下看到你，自然见贤思齐，向你学习。对工作不失职，以身作则，才能建立共识，带动属下，朝向目标共同努力。

父母有德，子女会好；主管有德，属下会好。身为主管者，应当检讨自己：我有以身作则吗？我有善待属下吗？我有时时赞美属下吗？要成为一个好的主管，唯有不断自我检视、改进，才能带人又带心。

严与宽

在一个家庭里，父亲教育子女大都采取严厉的手段，而母亲则是以慈爱为鼓励。光是严厉的责备，儿女不服；光是爱的鼓励，儿女不怕。所以，真正的教育，有时要有力的折服，有时也要有爱的抚慰。正如《禅林宝训》说：“煦之妪之，春夏之所以成长也；霜之雪之，秋冬之所以成熟也。”

有的人做人很严、做事很宽，有的人做事很严、做人很宽，究竟是严好呢，还是宽好？严有严的纪律，能够整肃精神，但过于严格，容易让人喘不过气；宽有宽的委婉，较有空间发挥，但过于宽松，就会变成懈怠。所以严与宽，要能够中道，有以下四点：

第一，定法要严、执法要宽。一个机关团体，人数多了，就需要订定适合人人遵守的规则，来维持团体的纪律，建立团体的形象。法是管理众人的纲本，因此在订定上必须周全严密。但是执法的人，在实行的时候，要审视情况因缘，有老板懂得包容员工，便能激发员工努力工作的意愿；
主管懂得包容部下，便有带动部下群策群力的禅机。

时也要兼顾“情理法”，让他感觉受到一点宽容、优待，他反而会感恩图报。否则，所谓“一朝权在手，就把令来行”，执法太过严苛、官僚，别人也会不服气。

第二，对己要严、待人要宽。一般人习惯原谅自己，却严厉要求他人，这样“宽以律己，严以待人”，其实是反其道而行，不但让人远离避之，而且容易遭到反弹，甚至惹来麻烦。这世间是众人成就而成的，有别人才有自己，没有别人，也就没有自己，因此对别人要宽厚一点，多包容一点，多留一点空间，多留一点路给别人走，这才是做人之道。

第三，居家要严、处众要宽。一般人居家时，大多觉得这是在家里，可以轻松一点、随意一些，比较不会顾及礼仪。这原本无可厚非，但如果家居生活过于放逸、不正派，对儿女的教育也会有不好的影响，因此居家也要严谨。反之，假如在处众时，流露耀武扬威、高倨严厉的样子，这样的形象让人不敢恭维。因此，处众要和颜悦色、宽大祥和，让人有如沐春风之感，做人和平、和谐，才会有好人缘。

第四，大事要严、小事要宽。有的人对大事马马虎虎，对小事却斤斤计较，这就叫“大事无能，小事执着”，轻重拿捏不当。大众的事，一定要依法、依大众、依会议行事，不能随便马虎，大众也要严格遵守奉行。至于小事，只要无碍于大众公约，有无不关紧要，无伤大雅，就可以宽大一点，不必事事锱铢必较，也就不用太过辛苦执着。

严与宽，要如何抉择呢？当严要严，当宽要宽，有时要严中有宽，有时要宽中有严，能够处理中道，那是最好的了。

人才难得

仪山禅师在洗澡的时候，因为水太热，就呼喊弟子提桶冷水来加。一位弟子提了桶冷水来，将热水加凉了，便顺手把剩下的水倒掉。禅师不悦地说："你怎么如此浪费？世间不管任何事物都有它的用处，只是大小价值不同而已，你却如此轻易地将剩下的水倒掉。你要知道即使是一滴水，如果把它浇到花草树木上，不仅花草树木喜欢，水本身也不失其价值，为什么要白白浪费呢？"弟子听了以后若有所悟，于是将自己的法名改为"滴水"，这就是后来非常受人尊重的"滴水和尚"。

很多人常说"人才难得"，从国家到社会的大小团体，都希望征求人才。人才并没有特别的标志，人才也不是长有一只角、三只眼睛、四个耳朵，才叫人才；人才更不一定讲话的声音比较大，或是走路能腾云驾雾。所以人才者，和我们一样，人才就在我们身边。只是"世有伯乐，而后有千里马"，你不是伯乐，如何能有千里马呢？

张良、韩信，算不算人才？诸葛孔明、魏徵，算不算人才？人才，先要看我们"识才"吗？"用才"吗？能识才、用才，才会有人才。

什么是人才？兹有"八义"提供参考：

一、有计划而又能执行的人。在佛教而言，人才就是要"行解并重"，所谓"知行合一"，才能成为"福慧双修"的人才。

二、有信用而又懂因缘的人。"信用"为本，"因缘"为助；有本有助，自然能相得益彰，就会发挥人才的力量了。

三、有身教而又有魅力的人。外在的身教俱全，内在的影响力自然发挥；能发掘人才是靠人，而非制度；
统领大众靠制度，而非个人。

内外一如，还怕不是人才吗？

四、有专业而又肯发心的人。“专业”使人具有了基本的能力，“发心”让人有了发展的动力；有能力又有动力，两相配合，自然就是一个人才。

五、有服务而又有热诚的人。“服务”是利人，“热诚”是自利；具有利他、利己的精神与力量，怎么不是人才？

六、有才华而又肯助人的人。有“才华”是他的本钱，肯“助人”是他肯结人缘；资本具足，人缘又丰富，怎么不成为人才呢？

七、有创意而又有恒心的人。“创意”是求新，不墨守成规，站在时代的前端，不断更新；“恒心”，就是有持久力。一个具备恒心、毅力，而又不断求新、求变、求进步的人，事业上能有这种人领导，何患无成？

八、有人望而又肯行善的人。有“人望”，这是道德行仪，为人所知；肯“行善”，这是普利社会大众的慈心悲愿。既已众望所归，又能再行善事，这种人还不算是人才吗？

以上所说的八种人才，其实“天生我材必有用”，任何人只要有好的机会、好的场所、好的因缘，给予信任、给予授权、给予鼓励、给予资本，再加上具备以上“人才”的条件，还怕不能有所发挥吗？

团队之要

僧团人多，难免龙蛇俱处，玉石混杂，一些弟子对于我普门大开、广纳徒众的作风有不同的意见，慈庄毕竟跟随我多年，最知其中三昧，他总是对大家说：“你们不要反对师父收徒弟，即使是破铜烂铁，师父也能用慈悲的唯有谦冲自抑，尊重他人；
才能团结合作，共成美事。
·佛光菜根谭·

热火、包容的巨炉，将他铸炼成钢。”

古人云：“人心齐，泰山移。”一个团队要发展，必须凝聚心念，建立共识。看法、想法、语言行为有了共识，就会有力量。“团队之要”有以下四点：

第一，你我要同舟共济。身体的各个器官，各有功能，又彼此关联。好比一根手指头没有力气，五根手指合作，就能发挥握、提、推、拿等种种作用。团队也像人的器官一样，彼此一体，不管是干部、主管，还是部下、会员，看起来各司其职，实际上互补互助，同舟共济、同体共生，这个团队才会有力量。

第二，彼此要荣辱与共。所谓“有福同享，有难同当”，团队中有一人获奖，大家都会感到与有荣焉，但只要有一人表现不佳，彼此也会受到牵连。团队就像大家庭，相依相伴，有荣耀，共同沾光；有问题，共同探讨；有困难，一起承担；休戚相关，荣辱与共，因此更要惺惺相惜。

第三，忧患要急流勇退。孟子说：“生于忧患，死于安乐。”团队在辉煌的时候，领导者不能贪享成功安乐，而要有忧患意识，防患未然。要能思及未来，为团队的长久之计策划打算，乃至急流勇退，退居幕后，将经验传承，培养接班人，让后面接棒的人有所发挥，继续往前迈进。

第四，团结要共同交心。《论语·季氏》说：“吾恐季孙之忧，不在颛臾，而在萧墙之内也。”团队中最大的问题，是内部不团结，尤其人多势众，最重要的是大家要一条心，相互信任，相互敬重。好比一支球队，大家共同携手，共谋交心，纵然面对强劲的对手，也会同心戮力，朝向目标前进，才有胜利的希望。

优秀的团队，会有良好的纪律，培养杰出的人才，集合众人之力，成为惊人的力量。

上台下台

佛光山开山后，我担任主管18年，当硬件建设和弘法事业稍具规模时，我宣布退位，经过“佛光山宗务委员会”共同推选，产生第二代第四任住持心平法师，接掌佛光山。我的退位，主要是希望对“世代交替”的传承问题做个示范。其实，我觉得各界的领导人，不一定要做到“至死方休”，生前就应该选定接班人，让事业有计划地发展，才能永续经营。

现在的社会，各行各业每天都有多少人上台，也有多少人下台。上台的时候，有的人带着欢欣荣耀的心情，也有人勉为其难上台，那是不得已的责任。一到了下台的时候，有的人如同失去一切，万分沮丧，但也有人觉得放下了重担，感觉无比轻松愉快。

古人在官场中，升迁贬谪，就是上台下台；现在自由民主时代，所有官职都要通过选举，当选落选，也是上台下台。古人告老还乡，悠游林泉之下；今人下台，多数都有失落之感，不知前途何去何从。上台下台，一上一下之间，往往形成“几家欢乐几家愁”的最佳写照。

其实人生如演戏，你看那许多演员，不断地上台下台；又如老师在教学的生涯中，也要不断地上台下台。就算是父母吧，当儿女长大成人，为了发展自己的前途，个个远走高飞，留下空巢的父母，也要从养儿育女的职务上退休下来。

一般上班人员，到了一定年龄都要退休下台；公司、企业的传承、交棒，也都是下台的意思。下台究竟是好事还是坏事？究竟是应该欢喜还是应该悲伤？难有定论。多少人政治上起起落落，都是上台下台；多少企业家在商场上浮浮沉沉，也是上台下台。有的人很容易上台，也很容易下台；容易上台的人，别人不被人冷落，正是韬光养晦的时节；
不受重用，亦是沉潜自修的时机。
身处顺境，须能惜福而感恩施舍；
遭逢逆境，须能忍耐而奋斗不馁。

·佛光菜根谭·

但歌颂他的好运气，也应该肯定他的好缘分。

上台的人，有人为他庆祝，也有人在暗地里诅咒；下台的人，有的人为他惋惜，也有人暗自欢喜。因此，一个人的上台下台，不但攸关自己的前途，也连带很多人跟着有悲欣交集的复杂心情。

有的人上台，“一人得道，鸡犬升天”；有的人下台，“树倒猢狲散”。有的人自己能力、人缘都具备，此处下台，彼处上台；有的人能力不足，人缘不好，下台以后，不知未来希望在哪里，当然不禁让人为他忧心挂怀。

基本上，容易上台的人，也要容易下台；容易下台的人，必定会有比较多的机会再上台。最怕的就是上台忸怩作态，下台也万般恋栈，这种人看在领导人的眼里，未来给予他再上台的机会，恐怕就要大打折扣了。

人生如舞台，在舞台上扮演着各种不同的角色，都要表演得恰如其分；假如下台的时候到了，也不要忧心，只要自己的基本能力、缘分、条件好，所谓“不患无位，患所以立”，还怕什么上台下台呢？

卷二 做人的津梁

心如大海无边际，广植净莲养身心；
自有一双无事手，为做世间慈悲人。

——唐·黄檗

受欢迎的人

每个人不论职务高低或种族差异，都希望自己能受人重视，被人尊敬，做个受欢迎的人，然而受人欢迎容易，受人尊敬则难。有的人让人敬畏，有的人让人放心，有的人令人欢喜，有的人令人怀念。

水的性格（一）

自从拥有电话以来，真可说是不堪其扰。我常常在深更半夜被西半球、南半球打来的电话吵醒，拿起话筒一听，往往都是一些不痛不痒的小事，尽管心中也在责怪他们不知体谅别人，预先算好时差，但是仍然出语和缓，不使对方难堪，而我自己却赔上一夜的失眠。事后被一些徒众知道，总是劝我："师父，您不要管他们，晚上睡觉前将电话线拔掉。"但是我从来未曾如此做过，天生不喜欢让人失望的性格，使我注定就这样忍了一生。

人生有三件宝：日光、空气、水。假如虚空中没有日光、空气、水，世间就没有生命的存在。讲到水的性格：

一、自己活动，推动别人。"水往低处流"，只要有渠道，或是高低落差之处，水就会自己顺势流动，同时还可以推动其他物品顺水而流。例如，船舫可以在河海中漂流，一根木材、一片菜叶，也可以在水上流动，乃至人可以在水中游泳。水可以把一切漂浮其上的东西，运载到目的地，所以水能自己活动，也可以推动别人。

二、婉转自如，委曲求全。水的性格柔软，遇到强硬的东西会"以柔克刚"，例如滴水可以穿石。尤其遇到阻力时，所谓"遇山，山不转，水转；遇石，石不转，水转"。水能委曲求全，自己转弯，要前要后，婉转自如，碰到阻碍，总是迂回曲折，另找出路。

三、寻找方向，不断延伸。长江、黄河的发源地，最初都只是一隅之地。但是因为水能不断延伸，流向各地，于是形成了汾河、渭河、无定河、嘉陵江、岷江、湘江等支流。

用感情换取他人的信仰，无法长久；
用道德建立他人的尊敬，历久弥深。

四、洗涤污垢，清净自在。水能洗涤污垢，再肮脏的衣服，用水清洗，就能恢复干净；再污秽的容器，经水一洗，就会洁净如前。尤其水洗污物，自己虽然变脏、变浊，但是不管净垢，水始终怡然自在。

五、容汇百川，宽宏广大。地球上，陆地与海洋的比例大约是 3∶7，也就是说，地球上有三分之二是被海洋所覆盖。海洋能容纳各地的江、河、溪、湖等百川之水，因为不拣细流，所以能成其宽宏广大。

六、滋润万物，生气蓬勃。水是维持生命不可缺乏的要素，只要有水的滋润，花草树木就能成长，甚至像马牛羊、狮子老虎，也是逐水草而齐聚，所以有水的地方，就有生机，有水的地方，就有生命。春夏秋冬，一年四季都与水的调节有关，因此乡村居民莫不希望风调雨顺，才能四季平安，一切万有，也都有待天降甘霖才能生存。但是有的时候天不从人愿，大旱之望云霓，也让多少生命望天兴叹；有时候降雨过多，到处泛滥成灾，也造成民不聊生。所以世间的东西，要能适量适分，太多太少，都是过犹不及。

总之，世界上每一种物品都有正负面的作用，所谓“水能载舟，亦能覆舟”。身为万物之灵的人类，应该要学习和大自然的万物友爱相处，希望在世人的“善知水性”下，让水只能载舟，而不要覆舟也。

水的性格（二）

弘一大师本来是个艺术家，后来出家修行，他所过的生活就是艺术的生活。一条毛巾用 10 年，有些破损，朋友要送他新的，他说还可用，鞋子也是如此。吃的东西有时太咸，就说咸自有咸的味道。住的地方又脏又臭，又有跳蚤，他却说没关系，只有几只而已。外在环境对他来说全无影响。

水的性格，屈伸自如，婉转自在，很值得吾人学习。

一、可弯可直。一般正常的情况下，所有流水都是直流；一旦遇到阻碍，则会自动转弯。所以人生应该学习流水当直则直，当弯则弯；如果只能直行，遇到阻碍还不懂得转弯，必然到处碰壁，前途多舛。

二、可深可浅。流水都是顺势而行，无论江湖河海，都是遇深则深，遇浅则浅。正如一些文人学者探讨义理，当浅则以通俗讲座演说，当深也可以用长篇大论诠释奥义，所以佛法里有“三兽渡河”，说明迹有深浅，水无深浅也。

三、可刚可柔。水在一般清浅的池塘、溪流里，总是温柔平和地任人嬉戏游玩，但是一旦流到地势落差很大的悬崖峭壁，形成湍急的瀑布，则浩浩乎如万马奔腾，一泻千里，无可阻挡。这也好似自古英雄有刚柔并济的性格，才能成为大英雄也。

四、可出可入。所谓流水，可以流动自如，你想把它引入到水库里蓄存，只要有渠道，它会依照指引前进；你想将它引出灌溉，只要打开闸门，它也毫不滞留，所以水遂人愿，可见一斑。

五、可载可沉。“水能载舟”，不只大如军舰，小如一叶扁舟，都可以在水上航行，一个泳技高超的人，也可以在水中悠然自在，随水漂流。但是，如果不谙水性，则可能在水中遭到灭顶之祸，所以人之相交，贵在知心；人水相处，也须知性。

六、可洗可喝。一般旅人行走在外，又热又渴时，忽然见到面前有条小河，总会快步向前，先用双手掬水而饮，接着捧水洗脸，顿时疲累全消。做人要像水一样，能够济人之需，成为别人生命中的贵人。

七、可净可秽。水的本身，只要不受外物污染，它能常保洁净，供人饮用；假如不懂得爱惜它，让它受到污染，它也是逆来顺受。只是净水一滴，能够增长

· 佛光菜根谭 ·

平心静气，心情自然好；
虚心谦下，人缘自然好。

生机；污水一滴，可能传染疾病。所以，做人要像净水善利万物，千万不要如污水一样，成为传染源。

八、可敬可畏。水可以滋润万物，可以解除众生的乏渴，可以洗涤大地的污秽，有了水，大地才有生机，生命才能维持。对于水的恩惠，总是令人感念。但是如果不幸屋漏偏逢连夜雨，大雨成灾，海水倒灌，人畜受损，农地废耕，也会令人感到畏惧。所以做人要受人尊敬，但不要令人畏惧。

佛教讲“无情说法有情听”，水的启示也是一种无言的说法，希望人人都能如苏东坡一样，都能领略“溪声尽是广长舌，山色无非清净身”的智慧。

受欢迎的人

1994 年 5 月，我刚从日本开完国际佛光会理事会返回，听说在松山的台北道场与在台中的东海道场各自为我在 19 日的行程中安排了午宴，正在互相僵持不下，因为两家别院都在阴错阳差的情况下，分别约了演艺人员与新闻记者，在中午时间与我素斋谈禅。我知道以后，立即打电话给两家道场，给予承诺。是日，我依约分赴两地，在短短一个半小时内，超速行车，从台中赶到台北松山，既没有让道场失信，也没有令客人失望。事后，两寺的住持前来道歉礼谢，我听了，莞尔一笑，心里想：“没有关系！因为你重要，他重要，我不重要。”后来，我无意间和弟子们在闲聊时提及此事，不料这句话竟然在徒众之间传诵开来，成为一桩趣谈。其实，话虽简短幽默，但绝非偶发即兴之语，而是我毕生以来与人我相处之道。

社交场合里常见有一种现象，只要某人一出现，现场马上气氛热络，笑声不断，这种能带动气氛的人总是到处受人欢迎。反之有的人，只要他一出现，本来欢娱的气氛，空气一下子就凝固起来，这种人走到哪里都不受人欢迎。如何才能成为受人欢迎的人，有四点意见：

第一，令人害怕不如令人喜爱。有些主管、长辈，喜欢以权威来建立别人对他的敬畏。其实一个人太过威严，令人望而生畏，这不一定很好。“令人害怕”是因为别人畏惧你的权力、势力，不敢得罪于你，反而容易与你生疏；“令人喜爱”则容易受人欢迎，让人愿意亲近你，与你相交。因此，令人害怕不如令人喜爱，至少令人喜爱表示我在别人心中是个好人。

第二，令人喜爱不如令人赞美。有时候喜爱一个人，却说不出喜爱他什么，这是不行的。“令人喜爱”有时候只因志趣相投，或因你的外表讨喜，让人看了顺眼，或是你不与他唱反调，凡事听话好配合；“令人赞美”则是因为你有优点，让人欣赏，因此令人喜爱不如令人赞美。我们喜爱一个人，就要能赞美他，如“他很慈悲、他很负责任、他很有礼貌、他很随和、他很公平、他很有忍耐力、他很肯吃亏”……能令人赞美的人，表示自己是有条件的。

第三，令人赞美不如令人尊敬。有些人虽然令人赞美，却不受人尊敬，这样也不好。“令人赞美”是因为你很能干、很有学问，却不见得能让人尊敬；“令人尊敬”则是因你的品德、风范、做人处世让人信服，因此令人赞美不如令人尊敬。令人尊敬的人，自然受人爱戴，为人所重视。

第四，令人尊敬不如令人怀念。我们尊敬一个人，但是当他离开以后，日子一久便忘记了；有的人则让我们一辈子也忘不了他。“令人尊敬”有时属接触性的因缘，当别人与你共处时尊敬你、敬重你，分开了却不见得会怀念你；“令人怀念”则是一辈子的事，有许多朋友虽然相隔两地，数十年未见，仍然令人怀念。好比许自负的人无人重用，自爱的人保有尊严；
傲慢的人不受欢迎，谦逊的人赢得尊敬。
·佛光菜根谭·

多刻骨铭心的往事，让人终生难以忘怀。因此，令人尊敬，不如令人怀念。

每个人不论职务高低或种族差异，都希望自己能受人重视，被人尊敬，做个受欢迎的人，然而受人欢迎容易，受人尊敬则难。有的人让人敬畏，有的人让人放心，有的人令人欢喜，有的人令人怀念。

人家要我

在 1992 年，贫僧到马来西亚槟城东姑礼堂讲演，那一次可谓盛况空前。原本只能容纳一万人的东姑礼堂，挤进了将近两万人，还有许多人被拒之门外，进不到礼堂内。他们在外面大声叫喊：“我们要进去听我们的师父讲演，为什么不能进去？”州长许子根先生致辞的时候，在台上听到外面的喧哗声，于是当场允诺说：“我要把这里重建成两万人以上的体育馆，请大师再来讲演。”1997 年，他兑现诺言，我也真的前去为新的槟城体育馆启用洒净，并在那里做讲演。

现代青年走入社会，有的人一开始就要求就职的对象应该如何待我，包括对自己要重视、待遇要提高、假期要自由、工作要轻松，等等，不用说，这都是失败的观念。有一种人懂得自我要求，他知道对公司要有所奉献，要能担当责任，要对上司交代的工作如期完成，不用说，这种人必定容易成功。

遗憾的是，现代就业的青年缺乏正确的观念，一开始就想到“我要什么”。你要什么，儿童时期可以向父母撒娇，读书的时候可以向老师请教，现在就业由不得你要什么，要什么只有看看人家要你做什么。能迁就“人家要我”，能满足人家的需求，这样的就业青年，纵有工作上的问题，但由于观念正确、行为正当，前途必定可期。

人家有什么要我的呢？

一、人家要我勤劳。人家要我勤劳，我能对工作不勤劳吗？一个员工每天懒散、懈怠，老板不是请一个公子哥当少爷，动则就要休息；不勤劳的员工，对工作没有获得主管的信赖，你想要长久干下去，此实难矣。

二、人家要我诚信。人家要我诚信我不诚信，说谎、耍嘴皮子、借故托词、善用心机，主管们要这种部下吗？人不诚实，主管难以信赖；人无信用，主管难以放心。所以光是考虑自己需要什么，没有考虑主管需要什么，这与工作信条不合，难以从工作里获得成就。

三、人家要我发心。一个公司、团体，需要发展；一亩农田、山地，也要开发。你没有发展的心愿来配合主管的需要，你能适任工作吗？假如你发心只为工作需要，不计报酬；只为工作成果，不计自我的成就；只为让主管满意，不为自己而执着，所谓勤劳、诚信、发心，你说主管会不对你建立信心吗？

四、人家要我正派。一个人就算有勤劳、诚信、发心，但是别人对你的要求是无限的，尤其正派是每个行业基本的要求。有的人聪明，但不正派，有的人有能力，做人不正派，所谓“欺世盗名”于一时，不能长久；经得起长久考验的，必定为人正派。例如，管财务的不盗小利，管行政业务的不想投机取巧，管人事的不以自己的成见私情决定好恶，负责生产的不想偷斤减两；有多少耕耘就有多少收获，公私分明，主管自然了解。

五、人家要我尽责。人家要不要我，决定在于尽责与否。人家雇用我，绝不是恩惠情义，也无义务，主要的就是我对工作能尽责。我能尽责获得主管的信

·佛光菜根谭·

有的人值得被人利用，故能成才；
有的人堪受被人利用，故能成器；
有的人不能被人利用，故难成功；
有的人拒绝被人利用，故难成就。

任，前途必能一帆风顺。就算是做了主管，也要让部下认为自己是一个尽责的人；假如你不尽责，居功诿过，不管上下，都不会欢喜。主管不要你，部下不拥护你，因为你是一个不尽责的人，如此你想生存就很困难了。

六、人家要我主动。一个工作者，不能全部听命于人，人家要我做什么，我就做什么，人家没有要我做什么，我就什么也不做，这种三四流的乖乖人才，不容易升迁。现在的社会，竞争力很大，必须主动思考，主动尽心，主动发展，主动对人有所贡献；主动的人才与被动的人才，其成就与价值，自是不可同日而语。

一个人在世间要如何生存？必须具备条件，让“人家要我”，所以要学习让人家要我。人家要我，我要人家，关乎自己一生的前途，可不重乎？

如何获得荣誉

佛教里有一个情形——你问他：“你到哪里去？”“我听经去。”“哪一位法师讲的？”“哦，某某大法师。”“讲得好不好？”“好极了！”“怎么好法？”“听不懂！”我就是为了这样的缘故，所以才揣摩、用心，努力地把所有的佛法变成现代的语言，讲来给大家都能听得懂，可以受用。这也是我这一生用功最勤的地方了。我的道友煮云法师很公平地说过这样的话：“说你讲佛法，你没有一句是古典经文；说你不是讲佛法，你每一句话都是经文里的意义。”

世间每个人都有很多的理想、要求，要求显达、要求广博、要求道德、要求第一……想要达到理想，必须先自我管理，要求自己有荣誉感，激励自己往目标前进。好的名誉不是天上掉下来，也不是别人能够送给你，要靠自己不断勤劳、利益回馈大众，荣誉分享大家；
办事集体创作，做人你我一家。

不断辛苦、不断牺牲奉献，才能获得。如何获得荣誉呢？有四点意见：

第一，处事要有道德勇气。和人相交，不能是非不分，唯利是图。孔子说："不义而富且贵，于我如浮云。"又说："己所不欲，勿施于人。"与人共事，要让对方觉得自己讲义气、守信用、有承担力、讲究人格；不为利益交往，但以正义维系的道德勇气，就是做人处世的原则。

第二，待人要具诚实作风。每个人都希望别人对自己好，希望得到他人赞美。佛陀常常教导弟子，做人要说诚实语，说话不矫饰、不言过其实，不说谎、不咒骂、不挑拨是非。为人要诚实，交友处事如果诚信、诚恳不足，连自己也要多心；相反地，诚恳待人、做事实在的人，必能获得别人的信任、重用，不但做事容易成功，荣誉也会跟随而至。

第三，言行要能福国利民。一个人平常的言行，身边的人都在替他打分数。有一次唐太宗对近臣说："朕每日坐朝，欲出一语，即思此言于百姓有利益否，所以不能多言。"我们平时讲话也应注意，话多无益，不如不说；要能说好话，说有意义的话，说有利于国家、社会的话，大家对我们的印象，才会一分一分地增加，甚至会从不及格加到满分。

第四，工作要肯热忱奉献。工作的时候，如果偷懒、取巧、虚伪，甚至推卸责任，偷工减料，货品不真不实、偷斤减两，都是别人不欢喜的。一个人要"伟大"，必须付出许多辛劳，好比一栋房子的完成，是许多砖瓦的堆积，工作上要让人家肯定、赞美，也必须有热忱的奉献。

学功夫须从马步蹲起，成圣人必从小善做起，交朋友要能真诚相待，成就要靠点滴累积。天下没有一蹴而就的辉煌，如何获得荣誉，要能做到这四点。

现代人的弊病

有一次棒球比赛，一个投手没有投好，观众大叫："换投手！换投手！"打击手出来打击，未能打击好，观众又叫："换打击手！换打击手！"裁判有一点点差错，又再大叫："换裁判！换裁判！"终于有一个有良知的观众站起来大声地叫："换观众！换观众！"现在有很多人思想偏激，认知不清，充满邪知邪见，凡事不检讨自己，不责怪自己，却一味要求别人，责骂别人。

古往今来，所谓"法久弊生"，每个时代有每个时代的弊病，例如古人有传统社会背景下的包袱，今人也有现代生活背景下的弊病。虽然现在时代在进步，然而世道衰微，人心不古，人们的道德勇气不再，人们的礼义廉耻不再，剩下的只是人与人之间的隔阂与猜忌，人不但没有随着文明的发达而进步，反而养成了夸大不实、好高骛远、以逸待劳等现代通病。可以说，现代人的毛病横生，以下兹列举四点：

第一，鲁莽冲动的弊病。现代人最大的毛病就是行事冲动，行为鲁莽，做事情不经思考，不用大脑，毫无理智，横冲直撞，不顾一切，我行我素，因此到处得罪人。像这样的人，凡事没有经过仔细的研究，不重视过去的因缘关系，只要自己欢喜，什么都不管，完全不顾念别人的感受，这种自以为是的人，常使自己生活在懊悔当中，但往往下次他还是一样的鲁莽冲动，这就是现代人的通病。

第二，冷眼旁观的弊病。现代人没有从前农耕时代的热情，对别人的好人好事，既不鼓励也不道贺；对于别人的求助求援，更是冷眼旁观；甚至于看见别人被汽车撞倒了，他也只是袖手旁观地在旁边看热闹，什么忙也不帮，唯恐惹上麻烦。像这种"自扫门前雪，不管他人瓦上霜"的态度，即使你吃了亏、受了委屈，他连说一句慰问的话、鼓励的话都觉得为难。有人慨叹说，现在的社会科学

 人与人之间的不和谐，可以用慈悲去化除；
人与物之间的不协调，可以用智慧去解决。

发达、经济增长，但人情好冷淡，社会好冷漠，这也是现代人的通病。

第三，不闻不问的弊病。现代人有时候隔墙而住、对街而居，经过数十年竟然不相识，更遑论联谊往来、嘘寒问暖了。现代人的弊病，就是只活在自己的世界里，对于周遭的人事物不闻不问，漠不关心，不能守望相助，不能互相了解、体贴，对于世间的一切，好像都与自己没有任何因缘，也没有任何关系，大家都是单打独斗。这样的社会，虽然物质繁荣，但是每个人却都是一个孤独的个体，人际的疏离，造成精神上的苦闷，这远比坐牢还要可怜。

第四，无情无义的弊病。现代人最严重的弊病，就是无情无义，为了谋求个人的争名夺利，一点也不讲究人情，更不注重道义，只是自私、自我地把利益看得比道义还重要，把个人的需要看得比人情还宝贵，甚至于为了维护个人的利益，什么缺德的事都可以做得出来，所以这许多毛病如果不能改善，社会难以健全。

人不怕有问题，只怕不知问题所在；只要能找出问题的原因，就能对症下药。千万不能逃避问题，乃至因循苟且，让问题一再存在。

忍是担当

据《大宝积经》所载，佛陀在过去世修行的时候，曾经被五百个“健骂丈夫”追逐恶骂，不论佛陀走到哪里，他们就跟着骂到哪里，而佛陀的态度是“未曾于彼起微恨心，常兴慈救而用观察”。这种忍辱、精进的修持，终于使佛陀证得无上菩提。可见忍辱不只可以培养世人的品格，而且也是成佛的重要法门。

中国是一个讲究修身养性、崇尚人伦道德的民族，五千多年来，百家诸经无不推崇勤俭、忠义、守时、谦让、孝顺等为美德，多少古圣先贤更是以之为修养、为传家宝。其中，更将“忍”视为人生最大的修养。在佛教，“忍辱”更是菩萨必须修行的德目之一。

我们反观今日的社会，种种乱象的根源，多是不能“忍”。忍不下一口气，而恶言刀枪相向；忍受不了他人春风得意，而嫉妒诬陷；不能忍受生活各项压力，而放弃人生；不能忍穷忍苦，转而投机取巧，欺瞒诈骗。可以说整日在“不能忍”当中汲汲营营，费尽心力，把生活搞得乌烟瘴气，一塌糊涂。所以说，“忍”不但是人生一大修养，是修学菩萨道的德目，也是快乐过生活不可或缺的动力。

一个信仰佛教的人，不单只是以拜佛、诵经、参加法会等为修持，日常生活中，学习“忍”更是重要。在面对他人的叱骂、捶打、恼怒、嗔呵、侮辱，能够安然顺受，不生嗔恨；对于称赞、褒奖、供养、优遇、恭敬，更能不起傲慢，沉溺其中、意气扬扬，不但是为人称许的修养，也是一种智慧的展现。所以佛陀说：“忍者无怨，必为人尊。”

佛陀也在《佛遗教经》中，告诫弟子：“能行忍者，乃可名为有力大人。若其不能欢喜忍受毁谤、讥讽、恶骂之毒，如饮甘露者，不名入道智慧人也。”忍是经过一番寒彻骨的养深积厚，而孕育成的涵养。

佛教讲“忍”，有三种层次：第一是生忍，就是为了生存，我必须忍受生活中的各种酸甜苦辣、饥渴苦乐，不能忍耐，我就不具备生活的条件；第二是法忍，是对心理上所产生的贪嗔痴成见，我能自制，能自我疏通、自我调适，也就是明白因缘，通达事理；第三是无生法忍，是忍而不忍的最高境界，一切法本来不生不灭，是个平等美好的世界，我能随处随缘地觉悟到无生之理。所以忍就是能认清世出及世间的真相，而施以因应之道，是一种无上的智慧。

一般人都以为，忍就是打不还手、骂不还口，对违逆之境硬吞、硬忍耐。其实，忍并非懦弱、退缩的压抑，而是一种忍辱负重的大智大勇，是能认识实相、敢于接受、直下担当、懂得化解的生活智慧。怎么说呢？我就四点为大家说明：

一、忍是认识。对每个当前所面临的好坏境界，先不急着做出反应，而能静心、冷静思考，其中的是非得失、前因后果都清楚“认识”，才足以生起“忍”的智慧与力量。

二、忍是接受。认清世间的是非善恶喜乐，更要放宽肚皮，坦然接受。好坏、冷热、饱饿、老病、荣宠怨恨、有理无理、快心失意事都接受。接受得了，才有心思寻求解决之道，善因好缘就会随之而来。

有一个叫花子中了奖券特奖，高兴得不得了。由于要等半个月才能领到奖金，他没有地方保存奖券，就把它夹到讨饭的棍子里面。等待期间，叫花子仍是欢天喜地，走路轻轻飘飘的，每天讨饭之余都在梦想领到奖金以后该如何规划——楼房、冷气、电视、冰箱应该样样俱全，还要一部轿车，再讨个老婆，几年后带着妻儿到国外游乐，啊！那种生活说多惬意就有多惬意。想到心花怒放时，叫花子情不自禁把木棍扔到海里去，还不屑地骂了一声：“哼！我发财了，还要这乞丐棍子干什么？”要去领钱时才猛然想起奖券还夹在木棍里，可是木棍早已经随着海水不知去向了。叫花子得意忘形，无法安忍，不能静心“接受”，让大好美事成了泡影。反观在淝水之战中，东晋谢玄以寡击众，大胜苻坚几十万大军，捷报传来，正与人弈棋的宰相谢安仍然不露声色，丝毫不为所动，淡淡然接受快心事。越是有智慧的人，越能安忍于动乱中以冷静沉静回应一切，理出应付事变的方法。唐伯虎的《百忍歌》说得好：“君不见如来割身痛也忍，孔子绝粮饿也忍，韩信胯下辱也忍，闵子单衣寒也忍，师德唾面羞也忍，刘宽污衣怒也忍。好也忍，歹也忍，都向心头自思忖，囫囵吞下栗棘蓬，恁时方识真根本。”好事也接受，坏是非朝朝有，没有现在多；
是非朝朝有，不听自然无。

·佛光菜根谭·

事也接受，得之不喜，失之不忧，才具备应付万难的能耐与智慧。

三、忍是担当。很多人因为担不起“输”，担不起污辱，担不起逆耳的一句话，甚至担不起别人太好，天天在嫉妒嗔火里面讨生活，怎么不把功德，不把好姻缘统统都烧尽了呢？当有人对我们恶口毁谤、无理谩骂的时候，能够默然以对，以沉默来折服恶口，才是最了不起的承担和勇气。明朝吕坤在《呻吟语·应务》中说：“不为外撼，不以物移，而后可以任天下之大事。”能够接受他人的指正与批评，不为八风所撼，不为物欲所动，才是真正的大器。要能成就大事，就要一切能忍，能担当。

四、忍是化解。苦的要化解，才能转苦为乐；乐的也能化解，才能增上。顺逆之境懂得处理、运用、化解，就是一种忍的功夫。你看，水受热便转为气体，水蒸气遇冷又转成云，那是因为水能“化解”外境的压力，才能随缘变化。纵观人类社会，从游牧社会到农业社会，到工商业社会，再到现在的信息时代，也是因为人类能“化解”大时代的种种变迁与考验，才能不断向前，走出新路。“化解”就是一种“转”的智慧。佛教的唯识宗提出“转识成智”的思想，主要就是说明世间一切的境界起于心识的分别作用，而产生美丑、好坏、优劣等种种差别，让我们在分别的世界里起心动念，扰攘不安。要怎么样才能不被纷乱动荡、光怪陆离的现象所迷惑呢？就是要善于调伏自己的心识，要懂得化解，懂得转迷为悟、转忧为喜、转暗为明、转败为胜、转嗔怒为悲心、转娑婆为净土。

在面对生活中的种种人事物境，如果我们心中有佛法，有“忍”的智慧，能由“生忍”“法忍”，到“无生法忍”，渐次具足，自然能够放下世间的人情冷暖、是非荣辱，进而淡化对心外世界的执着，这样内心世界变得宽广、豁达，就能活得踏实、自在了。

斗智不斗气

林肯在竞选美国总统前，竞选过州议员、参议员、众议员，通通都失败落选，那他如何成功当选美国总统？因为一句话。当时他最强的对手是卡特赖特牧师，在一场演讲会上，牧师一再宣说上天堂下地狱的教义，他当众请问林肯选择要到哪里去，林肯回答："我只想进国会、到白宫。"全场听众一致鼓掌，深为林肯的雄辩风趣折服，认为这句话真是经典。整个美国一时喧腾，民众真的把他送进了白宫。

人有一个潜存的劣根性——好斗，所以有国家与国家之间的战争，民族与民族之间的战争，甚至于团体与团体、家庭与家庭、个人与个人之间也充斥着明争暗斗。相斗不免耗去许多精神、元气，纵使不至于两败俱伤，也妨碍个人的成就与社会的进步。其实"斗"也不见得都不好，但要效法慧者的斗智与贤者的斗志，而不粗鄙愚昧地斗力与斗气。

第一，粗人与人斗力。粗人迷信以拳头定输赢，动不动就跟人家比力气，打架滋事，打得头破血流，却也未能解决问题。

第二，愚人与人斗气。在佛法里面讲依法不依人，事归事，人归人，不能因一时的意气，妨碍了做事。但是，愚痴的人却常因小愤而与人赌气，采取不理人、不合作、不跟人共事的方式，往往因此延误公事，得不偿失，实在愚不可及。

第三，慧者与人斗智。有智慧的人斗智慧，斗谋略。如诸葛孔明的"草船借箭""空城计"等，在凶险万分的情况下，唯有靠智慧才有胜算。在求新求变的现代社会，更随时需要斗智，不仅是科技产品求日新月异，就是路边小吃，想要招揽生意，也要研发新的产品，才能吸引顾客。作家也要有新的见解，才能吸引

· 佛光菜根谭 ·

为自求进步，应该以养气代替怨气；
为成就事业，应该以和气代替意气。

读者。设计人员也要有新的策略，才能赢得企划案。这些都是斗智取胜，如果只靠力气和怒气，只会陷自己于劣势。

第四，贤者与人斗志。圣贤之人不斗力、不斗气，亦不斗智，他们所追求的是志气。不管是《孟子·滕文公》说的“舜何人也？禹何人也？有为者亦若是”的志气，还是省庵大师说“现前一心与释迦如来无二无别”的省思，都是斗志。不争一时，争千秋万世，将自己的心志提高到与贤圣齐，以圣贤作为榜样，期许自己的道德修养亦达到最高的境界。

如果真的要“斗”，不要跟别人斗，最好是与自己的劣根性斗，能赢过自己的懈怠、懒惰、贪、嗔、痴、妄等坏习性，才是真正会“斗”之人。

面子

印度的波斯匿王是位很虔诚的佛教徒，每次看到佛陀和诸大弟子都要磕头礼拜，大臣们看了颇有微词，经常劝谏他：“大王，您是一国的主宰，身份尊贵无比，为什么看到比丘就顶礼，难道大王的头那么低贱吗？”波斯匿王听后不发一言，内心思量着如何让大臣了解贵贱的区别。于是运用了一个方法，差人拿布包裹着一个猪头，到市场叫卖，却特别嘱咐那位差人要在市场上说：“这是波斯匿王的头，特卖五十元。”结果市场上的人都吓得纷纷走避，唯恐惹祸上身。过了几天，波斯匿王又差人把猪头拿到市场上叫卖，说：“新鲜的猪头，特卖一百元，要买要快哦！”果然大家争先恐后地抢购。此时波斯匿王就趁机责问大臣们：“你们看，一个低贱的猪头都可以卖一百元，我的头只卖五十元却没有人要，你们却说我的头尊贵无比，到底尊贵在哪里呢？”

人人都爱面子，尤其是中国人，为了面子才去读书上进；为了面子才买下豪华住宅；为了面子才乘坐进口汽车；为了面子才培养孩子学习才艺；为了面子才穿着名牌衣物；为了面子才全家出国旅游；甚至为了面子，婚丧喜庆就得铺张场面、耗资高额。

其实，面子不一定要靠外表来装饰，只要自己有学问、有品德、有才艺、有人缘那就是有面子；只要自己正派稳重，受人肯定，那就是给他面子，对他歌功颂德。

中国人喜欢讲关系、套交情、论人情。因此，江湖好汉常会为了你给他面子，他就不得不为你出生入死。甚至于家里的佣仆，也会因你给他面子，他就心甘情愿地为你牺牲。

什么是面子？有的人给他送礼就是给他面子；有的人请他吃饭就是给他面子；甚至专程拜访，也是为了给他人面子。总之，只要你对他人看重、对他人恭维，都是让对方有面子。

但也有一些人，你横说竖说，他就是不肯卖你面子，所以有时候，遇到一些不接受我们给他面子的人，什么事就都不好商量。

世间，靠金钱能解决问题，靠好话也能解决问题，靠交情也能解决问题。其实，除了金钱、语言、交情以外，更要从道义上来解决问题，这就比靠面子来解决要好多了。

“面子”要看在什么时候使用，当要面子的时候要面子，不要面子时就不必用面子来做人情。像国家的荣誉、家人的形象、朋友的关系、同事的往来，都应该要顾到面子。如果为了个人的面子而不顾国家、社会大众的利害得失，那就是太不懂得要面子的人了。

给人面子，也要注意自己的面子。所谓自己的面子，就是要有佛教的八正道：正当的职业、正当的见解、正当的思想、正当的心念、正当的语言、正当的禅定对人不侵犯，侵犯别人，必将见弃于人；
责己不推诿，推诿责任，必难获信于人。

等。假如能更进一步利国利民、爱众爱己、广行善事、广结人缘、给别人赞美肯定，那就是给自己最大的面子了。凡事正当行事，才能普利大众，让别人肯定，如此就是让自己有面子。

要面子或不要面子，都不可以极端，有一些人像“吊死鬼擦粉”死要面子，这种人不以学业、道业、功业来维护自己的形象，只是死要面子，求荣反辱，实在划不来。因为面子象征一种荣誉，荣誉是人格的光辉，是自尊、尊人的表现，能尊重别人，就是给人面子，也就是给自己面子了。

认错的好处

哲学家苏格拉底在临终时犹念念不忘欠了邻人一只鸡无法偿还。直至今日，没有人批评苏格拉底的贫穷，反而称道他是一位坦然率真的哲人。统一全印度的阿育王向小沙弥赔罪，自古以来，没有人耻笑阿育王道歉，反而同声赞美他勇于认错的美德。所以，认错不但不会失去自己的身份，反而能赢得更多的尊重。只可惜很多人不明白其中的奥妙，行事强横，不肯低头，最后自己成了最大的输家。

没有人喜欢犯错，但是犯错并不全然都是坏事，因为人之大善，在于知过能改，能够力求改正，错误反而会是成功的奠基石。认错也不一定是下对上的关系，有时父母对子女、老师对学生、老板对伙计，乃至长官对下属，若能勇于认错，人际必定温馨祥和，美妙无比。认错有四点好处：

第一，受人敬重。历史上，大禹“闻过则拜”，所以为人尊敬；历代君主如推诿，阻碍一切进步；
担当，成就一切事功；
强辩，招来一切非议；
认错，化解一切责难。

汉武帝、康熙等，曾下诏罪己，而为后人称叹。认错不但不会贬低自己的身份，反而会赢得更多的尊重。可惜的是，很多人不明白其中的奥妙，行事强横，不肯低头，最后成了最大的输家。

第二，提升向上。佛教十分注重认错的修持，有各种忏悔法门，借由这些法门，可以自净其意、向上提升。犯错而知悔改，能够长养内心清净的种子，能与真理相应、与正法感应道交，提升生命向上的力量。

第三，认清自我。人如果没有时时自我省察，认清自己的长短缺失，很容易得意忘形而失败。好比项羽不认错，自刎于乌江，临终前还喊着："天亡我也！天亡我也！"反观刘邦和曹操，因为听从谏言，改正过失，而成就霸业。人的成败得失关键，与能否认错有密切关系，能够认清自己，改变错误、习气，修身修德，才有美好的未来。

第四，身心改造。我们常常为了保护自己、推卸责任而与人争吵，其实，认错未必是输，认错不但表现个人修养，反省自己，改造自己，甚至化暴戾为祥和。现在科技讲"基因改造"，吾人在无明愚痴中也应力求"身心改造"，才能根本解决烦恼。

贤能的人不以无过为贵，因为人会从错误中成长。《万善同归集》云："诸福中，忏悔为最，除大障故，获大善故。"智者改过迁善，愚者文过饰非，能够勇于认错的人，进步得快；若凡事觉得自己有理，死不认错，只能原地踏步，甚至退步了。因此，认错有以上四点好处。

处理过失的方法

有一个姓张的人家和一个姓李的人家，姓张的人家老是吵架，姓李的人家从不吵架。张家就问李家："你们家怎么不会吵架呢？"李家说："我们家的人都是坏人，你们家的人都是好人。""奇怪了！坏人怎么不吵架，反而好人会吵架呢？""你们家里如果有人把茶杯打破了，马上就有人说：'怎么那么不小心，把茶杯打破了呢？'那人就回嘴说：'谁叫你把茶杯放在这边呢？'两个人都认为自己是对的，也就因为都是对的，所以两个人就吵起来了。我们家的人呢？有人把茶杯打破了，就说：'对不起，我把茶杯摔坏了。'另一个就说：'这不能怪你，只怪我不应该把茶杯放在那儿。'"

子贡言："君子之过也，如日月之蚀焉。过也，人皆见之，更也，人皆仰之。"每个人都难免会有过失，重要的是犯了过失，我们能忏悔、肯改过吗？能够不闻其过，过而能改，才难能可贵。我们怎样处理过失，有四点意见：

第一，辩过不能息谤。一般人在遭到毁谤时会极力争辩，但是，往往误会没化解，谤言也未能止息。其实若真有过失，遭人批评，只要欣然接受，真心改过就好；无过，受人冤枉，也无须辩驳纠正，因为误会总会雨过天晴。谤言止于智者，所以，面对毁谤应以不辩为明。

第二，有过不能辞谤。一个人犯了过错，要勇于承认自己的错误，不能说推辞、推诿的话，能够诚恳接受纠正，诚挚发露表白，痛悔前愆，别人也会给予安慰鼓励。《资治通鉴》言："仲虺赞扬成汤，不称其无过而称其改过；吉甫歌诵周宣，不美其无阙而美其补阙。"由此可知，懂得改过向善的人，能赢得别人的称扬。

第三，无过不能反谤。没有过失，却受到别人的冤枉、委屈，一点也不辩论，

· 佛光菜根谭 ·

不忌说出自己的毛病，才能发露忏悔；
懂得面对自己的缺失，才会勇于改过。

这种忍辱，对一般人而言是不容易的。其实日久见人心，时间会为我们洗清一切，所谓“人来谤我我何当，且忍三分也无妨”，别人写文章毁谤我们，也不过是只字词组，何足挂心；用言语骂我们，也只是音声，这些都不必去记恨，只要我们行事磊落，问心无愧，毁谤不但伤害不到我们，反而是增加力量的逆增上缘。

第四，共过不能推诿。有功归自身，有过则推得一干二净，这种居功诿过的人，是没有人愿意与他共事的；真有过失，也推卸不了责任。如果遇到“共过”，自己还能勇于承担，就更能赢得别人的尊重，像西汉卫青与李广共战单于，卫青把单于走失的责任推给右将军赵食其，一身正直的李广却把责任担在自己身上，愿代责受审，无畏受罪，反而赢得众人的钦敬。

一个人有了过失，最怕不知悔改，又自怨自艾，如果能发露忏悔，心中就能坦然释怀，陶觉曾说：“人人须日日改过，一日无过可改，即一日无不可进矣。”有过失没关系，懂得以智慧处理化解，才是首要。

服从

我到台湾有了落脚之地的宜兰之后，对于喜欢念佛的信徒，我从善如流，成立念佛会；对于热衷歌唱的青年，我从善如流，组织歌咏队；对于即将升学的学子，我从善如流，设立光华补习班；对于牙牙学语的幼童，我从善如流，开办幼稚园、托儿所。凡此不但为台湾佛教创下了先例，也为有情众生种下得度的因缘。

人是群居的动物，在团体里，如何受人欢迎？首先要能做到：凡事不执着己见，不主观自我；对于别人的见解、看法，不能一味否决，遇事何妨先设身处地替对方设想，如此才能在团体中不受排拒，进而发挥影响力。普贤菩萨十大愿中的“恒顺众生”，就是对民意的重视，也就是“不逆人意”。

“不逆人意”不是盲目地投其所好，不是乡愿地曲意奉承；“不逆人意”是应世的慈悲，是处众的智慧，是圆融人际的善巧，是广结善缘的方便。佛教的“随类应化、同事摄受”，儒家的“有教无类、因材施教”，都是化世的慈悲与智慧。能够“不逆人意”，才能“应机说法”，才能“观机逗教”。

所谓“不逆人意”，就是凡对真善美的追求，必能“从善如流”，必不执着。有“不逆人意”性格的人，必肯“与人为善”，不但凡事OK，不轻易说“NO”，即使拒绝，也有替代。

“不逆人意”就是对人的尊重包容。在生活中，儿女不逆父母之意，就是孝顺；父母不逆子女之意，就是开明；属下不逆主管之意，就是服从；主管不逆属下之意，就是尊重；朋友相互不逆对方之意，就是知交。学习“不逆人意”，才能和平处事。

现代人经常否决别人，要用“不逆人意”来修养自己。“不逆人意”是最高贵的修养，是最高尚的情操。佛陀十大弟子中，“解空第一”的须菩提，他对佛陀的尊重、顺从，可以说“要他站，则不坐；要他坐，绝不站”。佛陀在因地修行时，身为须达拏太子，凡人民有所求，不论衣服、饮食、金银珍宝、车马、田宅等，甚至妻子儿女，无不施与，因此又称“善施太子”。此外，禅师的“唾面自干”“老拙自倒”等，都非一般人所能为也。

“不逆人意”的人做事能成，“拂逆人意”的人做事难有助缘。从政者若真能时时做到“民之所欲，常在我心”，必是廉明之吏，必受人民爱戴；修道之人，若能时时怀抱“但愿众生得离苦，不为自己求安乐”，必是有德之士，必然道业有成。

恭敬是出于本心；
恭敬是从我开始。
能立志，才能成大业；
有恒心，才能成大器。

“不逆人意”，实乃处世的最高智慧与涵养！

承担

有一天，信徒问禅师：“什么是佛？”禅师十分为难地望着信徒：“这，不可以告诉你，因为告诉你，你也不会相信！”信徒说：“师父，您的话我怎敢不信？我是很诚恳地来向您问道的。”禅师点点头：“好吧！你既然肯相信，我告诉你，你就是佛啊！”信徒惊疑地大叫：“我是佛？我怎么不知道呢？”禅师说：“因为你不敢承担啊！”

成功是一连串经验的累积，做人要勇于承担责任，要肯付出才能杰出。欲培养承担重任的力量，首先要从自我认识、自我训练做起，尤其不必讳言或逃避自己的短处，能够勇于面对自己的缺点的人，才能进步。承担的定义就是：

第一，对事不推诿。与人共事，最怕遇到居功诿过的人，有功是自己的，有过则推得一干二净，这种人没有人愿意跟他共事。另有一种人，遇事推诿，永远不敢承担重任，这种人前途有限。最好的做事态度，就是对事不推诿，这种人勇于承担，大部分都是能干型的人，所以较能受到主管的重用，比较有机会承担重任，自然成就非凡。

第二，对人不官僚。做人免不了要面对大众，面对大众一定要对人谦虚、礼让、尊敬，才能获得别人的欢迎。有的人做事喜欢打官腔，喜欢摆架子，就被称为官僚。有官僚气息的人，当别人有求于他，不仅不给人方便，甚至以磨人为乐。这种人缺乏与人为善的修养，其实也显示自己的能力不足，所以有承担力的要自教自悟，不要如鹦鹉般人云亦云；
·佛光菜根谭· 要承担责任，不要如小鱼般朋党而聚；
要主持正义，不要如哑羊般怯于威势。

人，对人绝对不官僚。

第三，对己不散漫。人生在世，要想有一番作为，除了别人的助缘以外，最重要的是自己本身要健全，例如学识才能要具备、胸怀眼界要高远，身体心理要健康、生活作息要正常等。尤其要有积极进取、奋发向上的精神毅力，时时保持精进乐观的动力，不可懈怠、退缩、萎靡、散漫，如此才有能力、精神、体力承担重任。

第四，对主不怨言。承事主管，要任劳任怨如大地，大地能长五谷、冒甘泉，却任人践踏而默默无言。为人属下者，也应具有成就主管的心胸，凡事多承担，多受委屈，如此必能受到上司的赏识。反之，如果经常抱怨发牢骚，主管自然不会重视、提拔你。所以如何与主管相处，最重要的是不要有怨言，要有“居下犹土”的修养。

一个人能够承担与否，往往就看他吃亏上当的功行有多深。吃得起亏上得了当，还能甘之如饴，面不改色，才能造就包容天地、忍耐异己的胸襟。

享受牺牲

有一个人死后，神识来到一个地方，当他进门时，司阍对他说：“你喜欢吃吗？这里有的是东西任你吃。你喜欢睡吗？这里睡多久也没有人打扰。你喜欢玩吗？这里有各种娱乐由你选择。你讨厌工作吗？这里保证没有事可做，更没有人管你。”于是此人高高兴兴地留下来。吃完就睡，睡够就玩，边玩边吃，三个月下来，他渐渐觉得有点不是滋味，于是跑去见司阍，请求道：“这种日子过久了，并不见得好，因玩得太多，我已提不起什么兴趣；吃得太饱，使我不断发胖；睡得太久，头脑变得迟钝。您能不能给我一份工作？”司阍：“对不起！这里没有工作。”又过了三个月，这人实在忍不住了，又向司阍道：“这种日子我实在受不了了，如果你再不给我工作，我宁愿下地狱！”司阍：“你以为这里是天堂吗？这里本来就是地狱啊！它使你没有理想，没有创造，没有前途，渐渐腐化，这种心灵的煎熬，要比上刀山下油锅的皮肉之苦，更来得叫人受不了啊！”

社会上经常有人说“牺牲享受”，把自己的时间、体力贡献给社会大众，叫作牺牲享受。其实，助人为快乐之本，广结善缘必定会得人缘，所以，“牺牲享受”也可以叫作“享受牺牲”。

母亲把青春、体力、爱心，奉献给儿女，从儿女那里获得天真烂漫的音声、童言无忌的乖巧、活泼可爱的模样，母亲就得到了牺牲的享受了。

作家熬夜完成著作，牺牲睡觉、牺牲游玩的时间，看起来像是牺牲了种种的享受，等到功成名就时，不就是享受牺牲了吗？

老师教育子弟，付出种种的爱心、耐心，牺牲了多少的精神与时间，当他的子弟有所成就时，即使学生没有回报，老师也能感到教育的美好，如孟子所说，得天下英才而教育之，为一乐也。这不也是享受牺牲吗？

工程人员，为了桥梁、道路、大楼、公共设施，牺牲体力、汗水，等到完工时造福世人，这些工程师、建筑师所付出的劳力，不也能感到牺牲的享受吗？

捐血和捐赠器官给别人，当别人因你的血液、器官而获得健康时，你也会因此而感到快乐，这不也是享受牺牲吗？

清道夫，看起来天天与杂乱、污秽在一起。但是当沟渠、街道因而干净、整洁，病媒因此而消踪灭迹，清道夫给予社会大众的贡献，不也是享受牺牲吗？

运动员，为了在运动场上扬眉吐气，接受艰辛的训练，他们付出了辛苦、忍为人勿计得失，应计善恶；
做事勿计成败，应计是非；
处世勿计褒贬，应计心安；
工作勿计成果，应计耕耘。

·佛光菜根谭·

耐与体力，当他们得到胜利的时候，不就可以享受到牺牲的快乐吗？

小丑，为了博得观众的欢笑，牺牲自己的形象，做出各种滑稽的动作，自己也因而忘却烦恼、感到快乐，这不就享受到了牺牲的快乐吗？

现代社会的义工，出钱、出力、牺牲假日，到处帮助需要协助者，当别人的事情因此而顺利完成时，他所获得的快乐，不也是享受吗？

牺牲就如播种，一分耕耘就有一分的收获；牺牲看起来像是吃亏、受苦，像是为别人而做的，其实，牺牲是为自己，因为一切的付出是不会白费的。当你用血汗去灌溉，用智慧去耕耘，发挥愿力，付出金钱、劳力与服务的精神，别人因此而获得健康、快乐、平安时，你所得到的功德，不就是享受吗？

什么是最有价值的人生呢？就是享受牺牲。能够付出爱心的人，是最快乐的人。国家社会因有享受牺牲的人，才能有所成长；家庭也因有牺牲奉献，才能光宗耀祖。所以牺牲享受，享受牺牲，是让自己与别人获得快乐、成就、祥和的重要因素。

口舌之忍

有一位久战沙场的将军，已厌倦战争，专程到大慧宗杲禅师处要求出家，他向宗杲道：“禅师！我现在已看破红尘，请禅师慈悲收留我出家，让我做您的弟子吧！”宗杲：“你有家庭，有太重的社会习气，你还不能出家，慢慢再说吧。”将军：“禅师！我现在什么都放得下，妻子、儿女、家庭都不是问题，请您即刻为我剃度吧！”宗杲：“慢慢再说吧。”将军无法，有一天，起了一个大早，就到寺里礼佛。大慧宗杲禅师一见到他便说：“将军为什么起得那么早就来拜佛呢？”将军学习用禅语诗偈说道："为除心头火，起早礼师尊。"禅师开玩笑地也用偈语回道："起得那么早，不怕妻偷人？"将军一听，非常生气，骂道："你这老怪物，讲话太伤人！"大慧宗杲禅师哈哈一笑道："轻轻一拨扇，性火又燃烧，如此暴躁气，怎算放得下？"

自古以来，先贤圣者都是劝人要涵养"忍"的功夫。忍，要忍什么呢？有时候要忍气、忍苦，有时候要忍难、忍辛，最重要的，就是要有"口舌之忍"。什么样的场合要有口舌之忍呢？以下有四点：

第一，对贫贱不作酸语。面对贫穷的人，或是职业低下者，以及一些没有地位的人，我们不能看不起他们、嘲笑他们，或是讲一些酸溜溜、讽刺的语言让他们自觉卑微。看看大地，虽然受人践踏却是万物之所依，虽是秽而不洁却能生长万物。所以人的贫穷、卑下是一时的，我们不要以一时的荣辱来评断人的一生。

第二，耐炎凉不作激语。在功利主义挂帅的今日，一些有德行而无名位的人，有时候难免受到别人冷言冷语的奚落，甚至因为有心人的搬弄是非而中伤。有的人会因此沉不住气，发出愤怒、偏激的语言反驳。其实这是没有必要的，因为世态炎凉、人情冷暖，都是世间实相！永嘉大师说："任他谤，任他非，把火烧天徒自疲。"只要吾人自己能积极向上，与人结善缘，相信所有的讥笑嘲讽，都能雨过天晴。

第三，对是非不作辩语。人要有所作为，首先要能摒除一切人我是非。假如你遇到一些是是非非，不必太过计较，也不必急于辩解，如百丈禅师说"是非以不辩为解脱"。有时候你愈要把"是非"说清楚，"是非"就越多，反而不辩、不说，"是非"自然会慢慢沉匿。所谓"清者自清"，只要自己无愧于天地，面对是非时，何惧之有？

多管闲事，无异自找麻烦；
多说闲话，无异自讨没趣。
·佛光菜根谭·

第四，耐烦恼不作苦语。有时候我们受了委屈、心中有了烦恼的时候，难免会有很多的苦水。但是，烦恼生起的时候，发牢骚、说气话都不见得有用。一个真正坚强的人，越是烦恼反而越安然；能将喜怒不形于色，不发于语，这才是真功夫！孟子说："枉己者，未有能直人者。"只要对自己有坚强的信心，一定能受到肯定，就如草木经过了霜雪反而更茁壮。所以，面对烦恼时要能耐得住，不作苦语。

黄庭坚说："百战百胜，不如一忍；万言万当，不如一默。"这是说明发言得失的重要。所以吾人平时要注意自己的言行，不要随便乱说话，在紧要时刻忍一下，自能免去无边忧患。

自制的力量

有人受了别人的耻笑、讥讽、恶骂、诽谤，心里就很难过。在《四十二章经》里佛陀说："如仰天而唾，唾不至天，而堕其面。"意义是说骂人、诽谤别人，等于对天唾，唾不到天，最后反而唾到自己的脸上。佛陀又说："如逆风扬尘，尘不至彼，还飞其身。"又像逆风时，把尘土扬起来，灰尘不会飞到别人那边，却飞到自己的身上来。

一个人要有力量，不是用拳头打人，也不是以恶口骂人就有力量。最大的力量是从内心自发出来的，也就是要有自我克制的力量、有管理自己的力量。有四点意见：

第一，毋偏信而是非不明。古人把进谗言的小人斥为"谗夫"，故有"谗夫毁士"之说。一个人只要贵耳贱目，心就容易被障蔽，就容易为奸佞所骗；像社得理而能饶人，是谓厚道；厚道则路宽。
无理而又损人，是谓霸道；霸道则路窄。

会上的“金光党”最常使人上当的蒙骗伎俩，就是取人的偏信心态。所以佛教讲究正信，要我们在心上专一谛听，就包含了善听、兼听与全听，让我们前进的舟航有正确无误的方向与轨道。

第二，毋任性而情绪不稳。人常常容易任性，喜怒好恶随自己情绪高低而定，在应该欢喜的时候他不欢喜，应该伤心的时候他不伤心，这种情绪性格，就是没有自制的力量，没有管理自己的力量。佛陀曾教示弟子要“不受第二支箭”，也就是不要因无明烦恼而引申更多的恶业，导致自己再受更多的苦。像《孙子兵法》说“主不可以怒而兴师，将不可以愠而致战”，就是很明智而理性的态度。因为怒而兴师出战，很可能决策失误，损兵折将。所以人不可负一时之气，率性而为。

第三，毋恃长而显人所短。有一种人，自以为很会讲话、很会做事、很会计划，因此傲慢而好表现。殊不知自以为是、恃才傲物的心态，正容易暴露自己的短处。像《三国演义》里的祢衡，初见曹操军营中机深智远的谋士、勇不可当的武将，都视如无物，却狂妄自我吹嘘，终于因此被砍脑袋，做了无头狂鬼，也就回不了头了。所以，天不说自高，地不言自厚，“厚道”之理，深有意涵。

第四，毋愚拙而忌人所能。有的人因为自己不足，反而忌人所能；有些事情自己做不到，就阻挠别人的成就。这种自己没有得到也不让人获得利益的心态，就是没有自知之明。嫉妒人家之能而不以为学习榜样，难道就会有所得吗？历史上，法家思想集大成者韩非，因受同门李斯相忌而入狱，悲剧以终。反之，诗仙李白溢美崔颢于黄鹤楼题诗，甘拜下风，成为历史佳话，值得后人学习。

儒家云“克己复礼”，就是人的一种自制力量，而在人际往来上，就是一种和谐的交流。

处难处之人

当我来到台湾以后，只身面对复杂多变的人事，眼里所见的是各式各样的人，耳里所听的是形形色色的消息，纷至沓来的讥谤、无中生有的诋毁，又是那么令人无奈。在惊涛骇浪中，我扬起勇气的风帆，掌稳佛法的舵盘，终于度过一次又一次的狂风暴雨。反观现在有许多弟子一经挫折就气愤填膺或垂头丧气，他们问我何以能在当年那种艰困的处境下突破难关，又怎么能有这么宽大的度量容忍那些曾经诬陷我的人。我只能说，这就是修行。处人，要处难处之人；做事，要做难做之事。

学佛先学处世，能处难处之人，能做难做之事，才是真正会处世。古人循循善诱、谆谆教诲、有教无类，不放弃任何一个莘莘学子；菩萨则是千处祈求千处应，苦海常作渡人舟，不舍弃任何一个芸芸众生。我们做人则应当学习古圣先贤的精神，难行能行，难忍能忍；做事，要做难做之事；处人，当处难处之人。关于怎样与难处之人相处，有四点意见：

第一，遇诈欺的人，以诚心感动他。当今社会，有很多人能欺则欺，能骗则骗，像“金光党”针对人性的贪心和同情心来骗钱，怪力乱神的神棍以人性的愚痴无知来敛财，甚至于很多的业者以不实的广告、迷人的诱惑来推销产品、诈骗钱财。当你遇到这种诈欺的人，当然不能随他诈欺，不过你可以诚心诚意地教育他、感化他。

第二，遇暴戾的人，以和气熏陶他。对于暴戾之人，因为对方性情暴躁、乖戾，你便不能跟他一样，以暴制暴，否则只会让事情一发不可收拾。因此，当对方暴戾时，你要更和气，以和平的心感化他、熏陶他，用平常心来影响他，使他互相退让，方有互相合作之期；
彼此争功，永无彼此融合之望。

祛除暴戾的性情。

第三，遇奸邪的人，以忠义激励他。如果遇到奸邪、不正派的人，讲话邪知邪见，对国家没有忠心义气，与人交谈都是歪理、歪念，必须用忠义来激励他，以正气来摄受他，使他感受你的忠肝义胆、正知正见，这样他便有可能被你降伏。

第四，遇恶性的人，以包容善诱他。有一些人生来就是劣根性，不肯受教，像这样的人，我们也不能舍弃他、不管他。过去在寺院的禅堂里有一个恶习难改的人，大家建议将他开除，堂主却说：把他开除了，他回到社会上不是要让更多人受害吗？如果寺庙都不能感化他，又有什么地方能使他改过呢？所以遇恶性的人，我们更应该包容他，用慈悲来诱导他，使他心生惭愧，改过向善。

我们与人相处，不能只挑好人、善良之人；对于习气重的人、品行不良的人，我们也不能完全排斥。能以待己之心待人，以责人之心责己，则世无难处之人，亦无难做之事。

世间逆增上缘

我在修忍耐的时候，最早忍饥、忍寒、忍热、忍苦、忍痛……都还算容易，但是忍气就很困难，常常因为忍不住一口气，和别人发生冲突，事后懊悔不已，但是后来心中起了一念："我是佛，我能起嗔心吗？我能起无明火吗？"忍耐的力量油然而生。渐渐地，我体会到"面上无嗔是供养，口中无嗔出妙香；心中无嗔无价宝，不断不灭是真常"这句话的妙意实在是无穷无尽。

身处世间，顺境逆境无不在我们生活周遭交替发生着。顺境固然是助人成功

· 佛光菜根谭 ·

树木不经日晒雨淋长不高；
人格未经千锤百炼不健全。

的跳板，逆境同样可以激发心志，而成为逆增上缘。如果没有专制的厉声，哪来慧远大师“沙门不敬王者论”的出世呢？因此，我们遇挫折要能不折心志，要能勇往直前，奋起飞扬。这世间有哪些逆增上缘？提供四点与大众共勉：

第一，世风日下皆是向上之阶。“世风日下，人心不古”，是身处世间的我们常哀叹万分的憾事。然而世风虽日渐浇薄，却正是我们磨炼心志的炼金石，也是我们成熟人格的阶梯。佛陀说：“高原陆地不生莲花，卑湿淤泥乃生此华。”即开示凡事不经山穷水尽之际的振作奋发，就无法领略柳暗花明的幽趣。因此，愈是世道衰微愈应发愤有所作为，发愿向上有成。

第二，世路风霜皆是练心之境。世间路时而平坦无折，时而崎岖艰辛，要如何面对人生的顺逆境？先贤告诫我们“对境炼心，对人炼性”，意即借八苦等种种境遇以启未来的大机大用。当然，先决条件是坦然而甘愿接受每次因缘；唯有逆风扬帆，借此磨炼心性，才能开发智慧，进而丰富我们的生命。

第三，世情冷暖皆是忍性之德。清朝巡抚张伯行一世清明，但也因此一生孤立。他饱尝官场冷暖，屡遭同僚排挤，虽知清官难为，也宁愿孤立而不随波逐流，终为自身留下“天下第一清官”的美誉。诚然，时序尚有春夏秋冬，世情又岂无冷暖炎凉？一个有智慧的人，面对世情寒冽，他不但无所畏惧，反而会借此考验，培养忍性之德，训练自我坚强之志。

第四，世事颠倒皆是修行之资。世事不免倒果为因，颠倒黑白，倘若抱持愤世嫉俗的观念，只会让人堕落，丧失上进的意志。反之，以“夫善者是诸恶之师，恶者是万善之资”的积极心态，面对颠倒的世事，就能长养我们的慈悲心、平等心。

梅花因耐得住霜雪才显露芬芳，雄鹰因经得起暴风才能搏击长空，皮球不用力拍击如何跳得高，石灰不经烈火焚烧如何清白留世。禅门祖师不也道出：“热往热处走，冷往冷处去。”足见身心必经一番淬炼，方能成就珍贵的法身慧命。

人际关系就是一种因缘（一）

唐代韩愈被贬到潮州当刺史，潮州地处偏远，人文未开，没有谈心论道的对象，听说大颠禅师正在当地弘法，他便立刻整装前去参访。恰巧禅师在打坐，韩愈站在旁边鹄候良久，禅师还是不出定，韩愈久候多时心生厌烦，正要举步离去，守护在禅师身旁的侍者忽然开腔："先以定动，后以智拔。"这一声如春雷震耳，铿锵有力，韩愈因力适时适机，终于在侍者处巧遇得度的缘分。

现在流行讲人际关系：人际关系好，做事便顺利，人际关系不好，麻烦就很多。"力强为因，力弱为缘"，人际关系就是一种因缘。

好比做生意要先筹集资本，调查市场潜力，安排投资环境等种种条件，规划安排得好，生意就能顺利开展，否则便会失败。这种种企划安排，就是做生意的因缘。对于人我的因缘关系，要懂得感恩因缘，不要斩杀因缘。像梁武帝见达摩的一段史话，就是因缘不投的例子。

禅宗初祖达摩是在梁武帝普通元年从印度航海到广州，由梁武帝派人护送迎请入京的。初见达摩大师，梁武帝便有邀功倨傲之心，开头即问："我曾经建造许多寺庙，抄写了许多佛经，供养许多僧尼，大师看我的功德如何？"达摩大师回答："无有功德。"

梁武帝有些不高兴，便追问："明明功德巍巍，怎么说没有功德？"达摩大师说："陛下这些功德，不过是人天小果，是有漏之因，如同影随身显，却无实体，只是一种空相。"

梁武帝问："那么，如何才算是有功德呢？"达摩大师开示："不可着功德之相。自净其意，自空其体，不着贪相，不以世求。"

梁武帝不能了悟妙义，还存着贡高我慢的私心，急于表现一国之君的智慧，就气焰万丈地继续问道：“天上地下，何谓至圣？”达摩大师识出梁武帝的私心，更不宽贷地说：“天上地下，无圣无凡。”

梁武帝生气地问：“你知道我是谁吗？”达摩大师淡淡一笑，摇头：“不知道。”

梁武帝一向自认为是佛教的大功德主，自以为盛名远播，既怀炫耀之心，又缺乏见道之诚，哪里受得了这番奚落，当下摆出圣明天子的威势，拂袖而去，从此失去了达摩印心的因缘，失去了中国佛教蜕化的契机，后来虽然悔悟改过再度迎请，却再也追不回来了。

由于梁武帝我执太重，名心炽烈，先着功德相，又偏离中道，不能了悟佛法“非真非假，非善非恶”的第一义谛，前因既不善，现缘亦不佳，难免有话不投机的后果。《华严经》云：“刹尘心念可数知，大海中水可饮尽，虚空可量风可系，无能尽说佛功德。”

六祖慧能向五祖弘忍大师求法时，五祖问：“你从哪里来，来寻求什么？”慧能答：“弟子自岭南来，但求成佛作祖。”

五祖为测试此子夙缘，不假辞色说道：“你不过是小小一个岭南蛮子，如何敢企求成佛作祖的境界？”慧能回答：“人有东西南北之分，佛性没有东西南北的分限；因缘和合，人人都能成佛，我为何不能作祖？”

五祖当下深觉契合：“很好，你就留下来，到槽房工作吧。”从此一连八个月，慧能天天拿着柴刀砍柴，天天在腰上绑了石块，踏着石碓舂米。虽然五祖对他不闻不问，不传一句佛法，慧能却无一丝怨咎。一直到五祖在深夜将衣钵传给他时，才用一首偈语道破了这一段公案：“有情来下种，因地果还生；无情亦无种，无性亦无生。”意思是说：当初你远自岭南来向我求道的时候，你的因虽已成熟，情也恳切，环境的机缘却还不够圆满，所以我必须让你先自我打磨一段时间，等一切因缘具备了，才传法给你。

由此可知，因缘与人我之间往往有密不可分的关系，没有相当圆满的因缘和合，人际关系会有欠缺、遗憾。任何事都要依因缘成熟的快慢而衍变成就，好比有的花春天播种，秋天就开得灿烂了；有的花今年下种，却要等到明年才能开花；有的花更久，种是种了，却要生长几年才开花结果。

人世间的因缘，忽而邂逅，忽而离散，总有个理则在。“不经一番寒彻骨，焉得梅花扑鼻香”，很多事总要事先有因有缘，才会开花结果。如同石头希迁禅师初见他的老师青原行思禅师的时候，青原禅师问他是否出自曹溪（六祖慧能）门下，拜师之前心里有些什么障碍没有，石头希迁禅师回道：“我去曹溪求师之前，并不缺少什么。”“既已圆满，何必更去曹溪参学？”石头希迁禅师回答：“假如不去曹溪，怎知我什么都不缺，又如何照见身心自在？”这就是说：一切因缘都要在本来面目上求，在生活境遇中证悟。时时清凉水，是因缘；处处般若花，是因缘；父母生养我们，是亲情因缘；师长教育我们，是学问因缘；农工商贾供应我们的生活物品，是社会因缘；开车、搭车，是行路因缘；观看电视，是视听的因缘……靠这么多的因缘和合，我们才能过着快乐自由的生活。

人际关系就是一种因缘（二）

山真是千变万化，像庐山“横看成岭侧成峰，远近高低各不同；不识庐山真面目，只缘身在此山中”，所以很多有道之士都喜欢山水，仁者乐山，智者乐水。更有两句诗“相看两不厌，只有敬亭山”，我们对于这座山，我看你，你看我，互不厌倦。又有人说“我看青山多妩媚，青山见我应如是”，我爱山，山也爱我。我看山千变万化、多么妩媚，青山看人也是变化无穷、非常妩媚的！人与人相处也应该这样。

人与人之间靠着缘分在维持关系，人际关系就是一种因缘法。佛教常强调“未成佛道，先结人缘”，就是说想要学佛道，就要先与人结下善缘，甚至已学佛道，更要懂得广结善缘。所谓“一佛出世，万佛护持”，这就是广结善缘的结果。缘，要靠自己去培植，怎样和人广结善缘呢？以下我提出四点意见供各位参考。

一、用净财欢喜结缘。学道之人应学习以净财和人结缘，亦即以正当的财物喜舍布施，布施时不在乎量的多少，重要的在于布施时的心量、动机如何。所以最好是在不自苦、不自恼、不自悔、不为难的前提下欢喜地与人结缘。例如，供饥肠辘辘的人一碗饭、给口干欲裂的人一杯茶、给心急如焚的人一些钱打紧急电话，甚至给贫病交加的人一些医药费，给年老无依、年幼失怙的人生活费、教育费，等等，都是以净财与人结缘的好方法。这样的布施也许付出不多，但对方却能因你的布施而得到很大的帮助，甚至改变一生的命运，因此以净财布施实是广结善缘最直接的方法。

欢喜的布施纯属精神上的结缘，例如，我以讲说佛法给人欢喜，以顺从拥护给人欢喜，以随喜赞叹给人欢喜，以合掌微笑给人欢喜，以专心聆听给人欢喜，以肯定忠诚给人欢喜，都是以“给人欢喜”和人结缘的好方法。所谓“相见都是有缘人，怎不满腔欢喜”，财物有用完的时候，欢喜却是永远取之不尽、用之不竭的，但愿我们善用这份人间的至宝与大众结缘，同享“若为乐故施，后必得安乐”的究竟法喜。

二、用语言功德结缘。语言是人我之间的一道桥梁，适时适地地给予适当的语言，则能建立良好的人际关系。一般说来，肯定赞美的语言就像初春和煦的阳光，给人温暖亲切的感觉；关心鼓励的语言则像久旱逢甘霖的大地，有了活力和生机。因此用爱语和人结缘，所搭建的是一座善缘的宝桥，平稳而通畅。反之，粗俗、谩骂、毁谤、狂妄、讽刺的恶言，则如粪秽之器，让人摒而弃之，甚至将毁掉一个人的前程，或身遭杀身之祸。所谓“一言足以伤天地之和”，用恶言与人来往所建立的是一座危机四伏、损人又不利己的危桥。

“爱语如春风，恶言如秽器”，希望大家都能以如春风般的语言扬起众生信心的风帆，以甘霖般的语言温润众生干涸的方寸，以阳光般的语言照破众生的爱见无明，以净水般的语言涤尽众生的五欲尘劳。

何谓功德？《大乘义章》云：“言功德，功谓功能，善有资润福利之功，故名为功；此功是其善行家德，名为功德。”举例来说，修桥、铺路、建寺、说法、捐血助人、捐赠器官、热心功益、劝人为善，等等，即使是小小的功德，都能成为未来道业的资粮。像佛陀在因地时，割肉喂鹰、舍身饲虎、葬身鱼腹、贫女一灯等等事迹，就是最好的明证。《仁王护国经》云：“满功德藏，住如来位。”《无量寿经》中也说：“具足功德藏，妙智无等伦。”以功德结缘，未来的福报妙不可言。

三、用利行服务结缘。利行，就是给予别人便利的行为。像协助朋友发展事业、拉拔失意同侪奋发振作、引导赌徒毒友回头改过、提供失业青年就业机会等都是利行。利行，除了是实物上、精神上的支持以外，还包括在时间上和空间上提供协助，为人服务。像帮忙写字、帮忙扫地、帮忙照顾小孩、帮忙提重物、为人开门、听人诉苦、走路时礼让行人、坐车时让位给老幼妇孺、协助盲者过马路、帮忙照顾小孩，等等，也许只是举手之劳，却为别人解决困难，也为自己带来欢喜。俗语说：“人生以服务为目的，助人为快乐之本。”发心服务，自利利人，一举两得，何乐不为？

四、用技艺教育结缘。“万贯家财，不如一技在身。”有了一技之长，不仅可

·佛光菜根谭·

有德，人必尊之；有功，人必崇之；
有容，人必附之；有量，人必从之。

以自娱自利，也能够愉众利他。譬如，擅长打字、计算机、会计、文书的人，除坚守岗位，服务大众之外，还可以义务教导有心学习的人；擅长弹琴、插花、编织、绘画的人，除举行发表会展示才能之外，更可以传授后人等，凡此必定能够受人欢迎，广结善缘。

教育是净化人心最究竟的方法。如果我们能讲说佛法、教人明理、导正民风、鼓励劝慰，引导大家踏上正途，为家庭、社会、国家负起责任，贡献所长，必能使社会更加安和乐利，这些都是以教育与人结缘。

人脉是善的结缘

东汉刘縯在家乡日夜练兵，准备打倒王莽的新朝时，左右邻居就说道："刘縯太糊涂了，如果这样闹下去，将来我们这些乡亲的命都要不保了。"说着大家都躲起来，生怕会被牵连。后来邻居们看到刘縯的兄弟刘秀也脱下农装穿上军服，准备出征，又说道："连谦和敦厚的刘秀都参加他们，大概不会错。"大家才放下心来。

要想建立良好的人脉关系，必须积聚许多因缘。平时你有慈悲道德，经常给别人因缘，人家才会亲近你、佩服你，彼此才能有深厚的交往。所以，人脉关系应从恭敬中建立、从谦虚中建立、从知识交流中建立，从"君子之交淡如水"的感情来往中建立。

常有人问我：佛光山事业何以成功？我往往以一句佛门用语来作答，那就是：横遍十方，竖穷三际。在横的空间上来说，世间任何一种东西的大小都有其限制，唯有真理和我们的法身慧命大而无外，故曰“横遍十方”；在纵的时间上来说，我们的真心本性能超越过去、现在、未来，故曰“竖穷三际”。所以在做人做事上，我们每说一句话、每做一件事，都应该三思而行，举凡此事、他事的互动，此人、彼人的关系，过去、现在、未来的发展都应该考虑周全。

横向的传播信息，是广结善缘的妙方；交流联谊，则是促进彼此进步的增上缘。我大开普门，接引各界人士、三教九流同沾法益。20 世纪 80 年代末我回到大陆礼拜祖庭、探视母亲，家乡师长亲友，乃至同参学生，无不扶老携幼，拖家带眷，前来拜访，一时间，门庭若市。凡是与我曾经有一面之缘者，我都出钱资助，广修供养。

我觉得，人间的妙味是在人情味，能把人情味体会得精纯奥妙，则与世间必能相应。人情上的往来也不能偏废此理。例如，甲、乙二人工作勤奋，都很值得奖赏，但是我目前只有一份礼物，不知奖励谁好，在左右为难之下，我只得通过甲送给乙，并且对甲说：“我有一个精美的礼物要送给乙，请你替我转送，将来如果还有一份的时候，再送给你。”我这样一说，乙收到了礼物，固然心喜，甲也因为受到重视而感到高兴。如此一来，皆大欢喜。

我来台湾的最初几年，居无定所，经常随喜帮助别人：有人兴学，我帮忙教书；有人办杂志，我协助编务；有人讲经，我帮他招募听众；有人建寺院，我助其化缘……更有些老法师发表言论，怕开罪别人，都叫我出面，我义之所在，从不推辞。因此，一些同道都笑我，说我总是被人利用来打前锋，当炮灰。

一直到 1965 年，我自行创办佛学院，年近八十的唐一玄老师在课余闲聊时对我说：“给人利用才有价值啊！”我在高雄开创佛光山，没有多久，山下就有一家“佛光”饮食店开张。有人就跟我说：“师父，为什么我们佛光山的名字给他们拿去当招牌用，我们应该采取行动阻止，否则外人都误会佛光山在做生意。”我也

·佛光菜根谭·

冷静倾听，不只增加知识，而且受人欢迎；
空谈闲论，不只令人生厌，而且暴己之短。

感到非常无奈，但是想到“佛光”能普照大地，不正表示佛教法力无边吗？不久，“佛光新村”“佛光沙石场”“佛光旅行社”“佛光大旅社”“佛光加油站”等都一一出现了，甚至台北、嘉义等地还有以我“星云”之名来作为大楼名称者。徒众更埋怨了，纷纷表示抗议。我告诉他们：“诸佛菩萨连身体脑髓都要布施了，一个名字也算不了什么！我们的名字能够给人利用，也表示自己很有价值啊！”

待敌之法

人生在世，为了生活不得不工作，工作中的辛酸委屈与艰难困苦，我想各位都曾有过这种体验。但大多数人都嫌别人不好：警察不好，多管闲事；老师不好，没有认真教学；学生不好，不肯用功读书；长官不好，不照顾部属；职员不好，不认真办公……那么世界上的好人究竟都到哪里去了呢？我们只要把对别人的指摘转化为对自我的检讨，一切从要求自己做起，我们的人际关系就会马上改观，就会觉得人人皆有他的特长，个个都有善良的一面。

世间，国与国之间有敌国，团体与团体之间有敌对，人与人之间因为不合而成为敌人。“化敌为友”是最高的策略，一个人纵使有十个朋友的帮助，仍不及一个敌人的破坏，所以聪明的人在社会上待人处事，都懂得不要树敌。假如不幸有了敌人，应该怎么待敌呢？

一、感化他。对方的敌意不强，自然容易感化，如果敌意很强，个性刚强，不易感化，只有在背后不经意地说他好话，让朋友把你的善意传话给他。因为背后的善意不是有心的，有心栽花花不开，无心插柳柳成荫。

二、融入他。如果不能感化他，就只有想方法融入他，只要不是坏事，就附和他、赞成他、成就他，自然能融入他。唯有让他能容你，不与你为敌，你才能安全。

三、宽恕他。如果对方得罪了自己，心里愤愤不平，好像吃了闷棍、暗亏，也不必报复，冤冤相报何日了结。如果可以的话，宽恕他；宽恕敌人虽感委屈，但是化敌为友，总比让敌人在暗中对你造成威胁来得好。

四、忍耐他。有些敌人，感化没有用，融入他、宽恕他也没有用，这时只有忍耐他，如布袋和尚说“别人讥我、谤我，我忍他、耐他，再过几年，你且看他”。当然，我们对敌人不必心存报复，如果敌人是好人，我们应该向他认错，迁就他；如果敌人是坏人，不需我们反对他，自然有人打倒他，所以且待以后看他就好了。

五、远离他。敌人记恨我们，耿耿于怀，那么我们再怎么低姿态，方法用尽也不能化解，最后只得远离他。老虎虽毒，你不居山林，它又能奈你何？毒蛇虽狠，你夜晚不在草丛散步，也不会与它相遇。刀棍剑戟、洪水猛兽，你远离它，自然就不会受其威胁。

六、帮助他。身边的敌人，你能帮助他，让他升官发财，让他飞黄腾达，则成就他升迁调职，就等于去除了身边的大患，所以看起来是帮助他，实际上敌人离开了，不就是帮忙自己吗？

中国的三十六计，有很多对敌之法；但人和人相处，冤家宜解不宜结，何必要用对敌之法加深彼此的冲突、矛盾呢？人与人之间能和平相处，能够互伸友谊的手，大家相互尊重，彼此包容、友爱、体谅，人间不是一片光明美好吗？

历史上，蔺相如大度包容武夫廉颇，最后不是感动得他“负荆请罪”吗？武林人物要报仇雪恨，可是一旦被感动，甘愿为婢为奴数十载，不是也不乏其例吗？待敌之法，不一定要恶言相向，可以用笑脸相迎；不一定要用武力降伏，可以用慈心相待。对敌之道，不以仇恨为主，要以慈爱为重；不以结怨为高，要以

·佛光菜根谭·

人生最大的敌人，不是别人，而是自己；
人生最大的胜利，不是制敌，而是克己。

结缘为上。聪明的人做人处世，不妨三思。

待人好，无往而不利

香港的佛教在我在红磡体育馆讲演之前有很不好的风气，因为香港是一个赛马的胜地，大家都不喜欢看到出家人，认为遇见光头，他们会输光，连出租车都不肯搭载出家人。贫僧今天也可以骄傲地说一句，我改变了香港社会对出家人的观感。我告诉大家，出家人是财神爷，有佛法，你们要欢喜接受。后来我们团队里的出家人，在香港商店买东西，有的店家不要钱，或者打折扣，坐出租车那就更不用说了，到了目的地也不要钱，都说他们载了财神爷、财神菩萨。

人生的烦恼有千万种，身体上有老病死的烦恼，心理上有贪嗔痴的烦恼，其中最难处理的根本烦恼就是“我执”。我执就是八万四千烦恼的统帅；因为执“我”，所以我疑、我嫉、我见，烦恼不已。

《大方广三戒经》云：“以执着故，为意所害。谓可意法，不可意法；若为所害，则为所欺。所谓地狱、饿鬼、畜生，及与人天诸所害者，皆由着故，为其所害。”

有些人落水要命，上岸要钱，这是因为执着自己的生命比金钱重要；有些人在名利之前罔顾仁义，这是因为他执着名利比仁义重要。

不好的习惯，不容易改进，因为执着；不当的言行，不容易纠正，也是因为执着。在生活中一些认知上的执着、思想上的执着、观念上的执着，如果是有事有理者还好，有时候执着一些非法的言论思想、执着一些非法的邪知邪见，则叫一切事业的成功，端赖人和的沟通；
沟通人和的要点，必须彼此的互重。

人难以相处包容了。

一般人都要求别人要做菩萨、要对人慈悲、要宽宏大量。但自己却不愿付出，自己自私、执着、无明、缺陷很多。其实世间无论什么事，都是一分耕耘一分收获，即使你是释迦牟尼佛，也要苦行六年之后，才能在菩提树下开悟。如果你是耶稣，也要被钉上十字架，代众生受苦难，才能赢得尊敬。你要做菩萨，就说观世音吧，也要救苦救难，而不是等着别人来救你；地藏王菩萨也要发愿“我不入地狱，谁入地狱”，方能救度地狱一切众生。所以想要有所收成，就必须播种。

现代很多年轻人，常常自我执着、自私自利，不懂得待人处事的道理，走到任何地方，常常不服气主管领导，常跟同事抗争，因此人际关系不和谐。怎么样才能和谐人际关系？我活到现在，悟到的一句话就是“待人好”，只要你待人好，人家就会待你好，这是不变的真理；你想要人家怎么待你，你就先要如此待人。现在的人最大的毛病，就是要人家待我好，但是我待别人不好不要紧，这是不明因果。

待人好就是待自己好，甚至比待自己好更为重要。待人好不是虚伪做作，也不是临时起意，待人好的性格要在平时养成。所谓“敬人者人恒敬之”，你希望别人待你好吗？那你就应该以希望别人待你好之心，一转而为待人好，如此自然就会无往不利了。

积极待人之法

如果对方真有值得赞美的地方，我们可以给予适当的称赞，因为赞美，就像夏日绽开的花朵，美丽芬芳，让人心旷神怡，我们何乐而不为呢？我想，赞美别人，最好确定对方值得赞美的条件，而且让他在这句赞美里，除了受到肯定，还得到鼓舞增上的动力。

每个人天天都要和人接触，和人接触就要会待人，待人有待人的方法。有的人待人严苛，有的人待人冷漠，有的人待人无情无义，有的人待人自私自利，这些当然都不会获得别人的欢喜。我们做人，凡事要替别人着想，要往积极面去做，才能获得人和。积极待人的方法有四点：

第一，待人要多理解，少猜忌。人和人相处，凡事讲清楚、说明白，不要在彼此心中留有阴影，否则容易“疑心生暗鬼”。因此，平时和朋友、邻居、亲人、同事相处，一旦发生任何事情，要开诚布公说明白，彼此要试着站在对方的立场去理解他、了解他，不要心存猜忌。时常猜想别人不怀好心，猜想别人心里打什么坏主意，这种强奸人意的心态，是人际相处的一大禁忌。

第二，待人要多宽谅，少敌视。我们待人要宽容、要谅解，不要不怀好意；你敌视别人，别人当然也不会给你好脸色看。所以，一个人心中能对人多一点宽容，多一点谅解，朋友会越来越多；如果你的心胸狭窄，对人不能宽容体谅，自然很难交到挚友。

第三，待人要多用心，少怀疑。待人处事，可以多用一点心去观察别人的需要，了解别人的苦处，适时地给予帮助、安慰，甚至在他欢喜快乐时，真心祝福他，分享他的快乐，他会觉得很温暖、很感动。反之，待人不可以动不动就怀疑别人，经常用自己的成见去猜想、揣测别人，自然无法获得对方的信任，所以用人不疑，疑人不用。

第四，待人要多包容，少排斥。待人要多包容，你的心量有多大，成就的事业就有多大。自古有一些人所以能成就大事业，就是因为他的肚量大，能包容人，例如战国四君子，他们广招天下贤士，食客三千当中，不管你是人才、鬼一等同事：互相尊重，推敬其能；
二等同事：合作无间，互补互信；
三等同事：孤僻独行，自以为是；
劣等同事：兴风作浪，破坏好事。

才、大才、小才，他都能量才适用，而不会排斥你。所谓“宰相肚里能撑船”，你的心里能容纳多少人，就可以摄受多少人为你效力。同样的道理，你能容人，才能为人所容，才能发挥自己的长才，否则你排斥别人，别人自然也不能容你，如此即使你有再大的才华，不为人所用，终是蠢材。

人与人之间是相互的，你待人好，人也回报给你善意；你对人苛刻，当然无法获得人心。所以，待人之道凡事要往正面、积极面去做、去想，自然不会回收负面的效果。

积极的群我关系

战国四公子之一的孟尝君，由于权位的起落，识尽门客的本来面目。一朝恢复权势，想以唾沫来羞辱那些势利的门客，幸冯谖在旁劝解而作罢。冯谖言：“富贵多士，贫贱寡友，事之固然。”

我们生活在群居的社会，比方家庭里有父母、兄弟、姊妹、夫妻、儿女的伦理关系；社会上，机关、学校、朋友有从属、同侪、师生等人际关系，彼此间互有因缘，相互依存。人不能离开群众而独立生存，因此群我关系的经营，就显得非常重要了。如何才是积极的群我关系？

第一，我对大众要慈悲。如何慈悲？就是人我对调。处众任事，时时想到“我要替别人着想”“我要与对方互换立场”，就是慈悲。人之所尊者，莫过于慈悲的人，因为慈悲是人生最大的美德，慈悲没有敌人，人与人的不和谐，都可以用慈悲来化解。《大丈夫论》里说：“一切善法皆以慈悲心为本。”慈悲，会得到

·佛光菜根谭·

能和，则能共存共荣；
不和，势必同归于尽。

大众的欢喜，别人也会愿意和我们来往。

第二，我对朋友要真诚。我们与人为友，必须问自己想交什么样的朋友。希望获得真诚的朋友，自己就要拿出真心，以道德、义气、诚信来对待。有的人在相处多少年以后，因为一点误会而翻脸不相识，情义随流水而去，实在划不来。因此不要抱着贪图他人利益的心态，要给人感觉到我们的诚恳、踏实，才能得到患难见真情的友谊。

第三，我对身心要净化。我们的身体有老病死，心里有贪嗔痴，所以身心有疾病、有脆弱、有无明、有烦恼，这都关系着我们的苦乐。想要消除这些忧悲苦恼，就必须从身心净化下功夫。佛门里的反省、忏悔、惭愧、皈依、发愿、回向等种种方法，都可以让身心达到净化与安定。

第四，我对社会要结缘。一个人要在社会上立足，最重要的是要广结善缘。尤其在彼此关系密切的现代，就是从政，也要讲求行政的资源，就算创业，也需要人际的协助，结缘才能有因缘。除了担任义工、布施金钱以外，一句柔软的语言、一抹温暖的微笑、一个善意的眼神，甚至以智慧引导别人、以技术传授他人，都是结缘的方法，都能给予人力量与帮助。勤于结缘，日后必定为自己带来好因好缘。

佛教以僧伽、和合众来表达对群我关系的重视，依“六和敬”来维系人事的和谐；而极乐世界里“诸上善人，聚会一处”，也都是因为群我和谐。因此，现代人讲求各种经营，若能将群我关系经营得好，不但生活愉快，做起事来，也会格外地顺心如意。

旁边的人

我的朋友当中，煮云法师最没有嫉妒心，是我等最好的模范。他对于任何人一点点好处，都赞叹随喜；他对于任何人一点点成就，都恭维羡慕。每当受到嫉妒我的人给予我无情的伤害时，想到他的宽容无争，总是令我惭愧不已，继而扪心自问："难道我不曾嫉妒过别人？难道我不曾在无意中伤害过别人？"从而砥砺自己"争气，不要生气；好强，但不逞强"。后来，我不断提倡"同中存异，异中求同"的精神，并且身体力行，不曾间辍。

每个人都有"旁边的人"。在家庭里，父母兄弟姊妹是我们旁边的人；进入社会后，朋友、同事、同学，都是我们旁边的人。尤其创业有成的人，在工作上身负要职，或担任一方的领导，就会有更多"旁边的人"。

所谓"旁边的人"，很容易"近水楼台先得月"。例如主管旁边的人，因为比较有机会献策进言、表达意见，甚至荐举人事，所以旁边的人最能影响主管的决策，最能左右主管的情绪。尤其像秘书、机要等贴近旁边的人，更容易影响主管。

旁边的人如果是个负面的小人，经常会把别人的好事说成坏事；反之，如果是个正直的君子，则会尽量助成别人的好事。例如甲乙两位主管，甲身边的人经常在他耳边挑拨，说乙如何藐视他、看不起他，日久，甲怎么不会受影响而对乙怀恨在心呢？反之，乙本来对甲有所误会，但经旁边的人帮忙解释，化解彼此的心结，可能心中的不平就能释怀。所以，自古以来旁边的人是君子、是小人，影响领导的力量奇大无比。旁边的人有些什么影响力呢？

一、最能成就好事。旁边的人和主管最亲近，遇事就近说两句好话，事情立刻有所进展。

二、最为损害别人。旁边的人如果对于有求于主管的人有歧见，随便三言两语也能改变主管的决定，让事情难以成功。

三、最能兴风作浪。旁边的人仗着主管的势力，可以呼风唤雨，要成要败，都在他的一念之间，他可以大事化小，小事变大，主管往往被蒙在鼓里。

四、最会挑拨离间。旁边的人可以搬弄是非、挑拨离间，可以把好事说成坏事，也可以把坏事说成好事。因为旁边的人懂得主管的心理，知道如何让主管信其所言，做成决定，所以欺上瞒下，莫此为甚。

五、最能左右逢源。旁边的人可以影响主管，具有举足轻重的力量，因此容易成为攀附权贵者巴结的对象，所以最能左右逢源。

六、最易奴隶领导。旁边的人往往久经世面，历练丰富，如果他的心术不正，偏巧又遇到一个昏庸无能的主管，则主管往往被旁边的人所奴隶而不自知。

每个人的一生都有许多“旁边的人”，旁边的人经常在不经意之间，或是在某个重要的时刻发挥影响力，因而改变了事情的成败。三国时代诸葛孔明要刘后主“亲贤臣，远小人”。一个领导人如果不能认识旁边的人，领导就会出现危机；如果领导人能不被旁边的人蒙骗，或者旁边的人能够正直无私地为主管、为公务而奉献，那就能相得益彰了。

良师益友

信徒和我讲话时常会惊讶地说：“你说中我的心事了！”这是因为，我自弘法以来就常在揣摩前来的听众、信徒是什么职业，抱着什么心态，我要和他讲什么话，让他欢喜，让他感动，由于我能用心为人着想，所以后来我在管理人众的时候，就能应付裕如。

在人生旅程中，除了累积经验以增长智慧外，良师益友的提携，也是我们成功的关键。常言道："相交满天下，知心有几人。"在左右亲朋之间，谁是良师益友呢？像菩萨般关怀我们，给我们奋发向上的勇气；在心情沮丧时，激发我们的信心，或者遇到困惑不解时，可以彼此讨论，找出方向的人，都是我们的良师益友。以下四点提供大家参考：

第一，正确指导我们的是老师。"师者，传道授业解惑也。"身边的朋友、同事，能正确告诉我们这个应该怎样、那个应该如何，常常喜欢教导、纠正、指责我们的，要当成是值得尊敬的老师，因为他肯花心思指导我们，所以应该感谢他，视他为老师。

第二，适中赞扬我们的是朋友。明朝史可法曾说："君子能扶人之危，周人之急。且能不自夸，则益善矣。"朋友相处，最难能可贵的是适当地支持，适时地给予鼓励、赞美，甚至在赞美之中也有开示也有教导，这种关心是爱护的表现，应该把他当作好朋友。

第三，谄媚奉承我们的是敌人。经常谄媚奉承的人，就不是朋友。佛经里说朋友有四种："如花"的朋友，是当我们美丽如花时，他会欢喜戴在头上，萎谢了就随意丢到地上；"如秤"的朋友，则是当我们地位高了，他就低下来，地位低了，他这个秤就翘上去。像这种如秤如花的朋友，时而卑躬屈膝、阿谀奉承，时而趾高气扬、见利忘义，就好像敌人一般不可靠。真正的朋友，应该如山如地，可以普载我们，可以让我们聚集和依靠。

第四，关心帮助我们的是恩人。在朋友当中，常常关心我们，帮助我们，无论是知识上的帮助、技术上的帮助、智慧上的帮助，还是在理法上给予我们帮助虚心向学，承教最多；
谦卑恭顺，结缘最广。
·佛光菜根谭·

的，都是恩人，我们都应该感谢他。在我们需要时，伸出关心、温暖的那双手，往往会让我们感激一辈子。

谁是朋友？谁是敌人？端看他平日与人相处的动机，就可以辨识出来。

成人之美

在嘉义我们有一块二三十坪的土地，刚好位于一户人家土地的入口，那位地主的土地有千万的价值，却被我们这块畸零地给拦住，让它不能跟大马路贯通。当时他就表示要用八十万一坪，比市价更高的价格跟我们购买，我告诉弟子觉禹，不可，公订价格就好，不要这样奇货可居。如果以高价让给他们，这就等于敲人竹杠，你多收了钱，得他人一世骂名，不值得啊！公平就好，彼此就能皆大欢喜了。

《了凡四训》中提到：人在日常生活里要随缘尽力实践善行，十例之一就是“成人之美”。成人之美是助他的美德。平时玉成他人一件好事，帮别人说一句好话，助别人一臂之力，给别人一点因缘，都是成人之美。

过去经常说某人是君子，某人是小人。所谓君子，必有成人之美的胸怀；如果是小人，他不但不会成人之美，而且会嫉妒、打击你，找你麻烦，扯你后腿，甚至踩你一脚，给你一拳。

1969 年美国有两位航天员登陆月球，一位是阿姆斯特朗，一位是奥德林。但现在一般人只知道有阿姆斯特朗，却极少有人知道奥德林这个人。当初在登陆月球时，由阿姆斯特朗先踏上月球，所以阿姆斯特朗随着他的名言“我的一小步，

·佛光菜根谭·

工作无分贵贱，只要做者有心，一样欢喜自在；
事务无分难易，只要做者有意，自然群策群力。

是人类的一大步”举世闻名，而奥德林之名却相对地被埋没了。当登陆月球成功返回地球时，有记者访问奥德林：“由阿姆斯特朗先出太空舱，成为登上月球的第一人，你不会觉得遗憾吗？”奥德林很有风度地说：“可是大家别忘了，当回到地球时，是我先出太空舱，所以我是由别的星球来到地球的第一人。”

晋平公问大臣祁黄羊（祁奚）：“南阳邵县令出缺，谁可胜任？”祁黄羊回答：“解狐可以担任。”平公讶异道：“解狐不是跟你有仇吗？”祁黄羊说：“您是问我谁可以任县令，并不是问我谁是我的仇人。”不久，掌管兵事尉又出缺，平公又要祁黄羊推荐。祁黄羊举荐道：“祁午可以担任。”平公说：“祁午不是你的儿子吗？”祁黄羊回答：“您是问我谁可以任兵事尉，并不是问我谁是我的儿子。”祁黄羊为国举才，既不妒忌仇人，也不避讳内亲，除了公正之外，更有一份成人之美的胸量。

成人之美的人，必定有一种对别人的尊重和对自我的谦卑，他跟别人不太计较，甚至视人如己。如现在的器官捐赠就是成人之美，政治上的荐贤让能也是成人之美。乃至佛教的结缘，就是成人之美；随喜赞叹，就是成人之美。甚至给人一句祝福、一句鼓励的话，都是成人之美。

成功不必在我，别人的成功，只要是好事，做一个“成人之美”的人，自己也与有荣焉，何乐而不为呢？

做最好的自己（一）

记得18岁时，我见到心中仰慕已久的太虚大师，遂情不自禁地趋前向他合掌顶礼，他含笑回应了几句“好！好！好！”就走了过去，我却在当下决心要一辈子“好”下去。于是，我开始注意自己的一言一行，我不断反省平日的思想举止，我一丝不苟地演练佛门行仪，我孜孜不倦地读诵佛学典籍，这一切的努力，无非是希望一生都不要辜负了太虚大师向我说的几个“好”字。

一个国家的领导人，希望全国人民做最好的国民；做长官的人，也要求全公司的员工都做最好的职员；学校的老师，希望大家做最好的学生；家庭里的父母，也要儿女做最好的子孙。其实，不要从上面要求下面，应该全体平等一致，每个人都要求“做最好的自己”。

怎样做最好的自己呢？

一、要从善如流。做人要做好自己，一定不能自以为是，执着自大，应该从善如流，凡事择其善者而从之，如不善者应改之。现在所谓自由民主时代，更应该顺应民意，随顺大众；众人所善者善之，众人所恶者恶之。但是如果众人不善，为了做好自己，也要有道德勇气。

二、要与人为善。做好自己不是自己有才、有能就算数，做好自己要“与人为善”，如佛光山的信条“给人欢喜，给人方便”，就是与人为善。此外，诸如办教育，提升社会素质；共修活动，加强人心的净化，这都是与人为善。社会一旦获得改善、净化，我们生活其间，自然就能与众共享其乐。

三、要慈悲处众。所谓做好自己，即自己要有德行、要有慈心，要能悲天悯人，不可以用权势、计较跟人相处，最好在处人时，以慈悲为原则。所谓“慈能与乐，悲能拔苦”，你能对人“拔苦与乐”，他人怎会不欢迎你呢？

四、要进退有礼。现在的人，不受人欢迎，往往都是因为欠缺礼貌。跟人拜访，事先不知会，做了不速之客；跟人讲话，不懂简单明了，一再重复，啰唆冗长，让人听了厌烦。所以，人从出生以后，要有家教，走入社会就有社教；家教、社教好的人，所谓“进退有礼”，自能获得别人的好感。

学律仪，要融入社会，包容世界；
学技术，要百般艺能，利人利事；
学慈悲，要关怀体贴，互相尊重；
学佛法，要禅净戒律，共生万世。

五、要聪明灵巧。跟人相处，眼看耳听，随时要懂得情况，明白该说什么、该做什么，表现聪明灵巧，自然受人欢迎。

六、要行仪端庄。我们的行为，要能庄重，该说的时候说，该做的时候做，讲话音量不宜太过大声，行为不可太过狂野，所谓行仪庄重，动止安详，才能从容处世。

七、要明理善良。一个人要让人对你有好感，必须让人觉得你很明理、很善良，自能赢得好人缘。所以做人宁可没有智慧、学问，但不能不明理：世间可无财无势，但不能不善良。明理善良的人，才是最好的自己。

八、要积极乐观。每天生活要积极，要不断求进步；每天心情要保持乐观开朗，不可以愁眉苦脸，让人见了心烦。积极进步的人，前途才有所为；乐观开朗的人，才容易与人相处。所以要把自己做好，积极乐观不能少。

做人，不必要求别人做到最好，自己做到最好才重要。己不正，如何正人？己不善，如何善人？所以以上八点，不妨试之。

做最好的自己（二）

有人曾经提出这么一个问题：“佛光山像什么样子？”有人说，像五指的形状；有人说，像兰花瓣的形状；有人说，像传统式的寺院；更有人说，像现代化的道场……我觉得这些答案都对，但也都不对。我当初创建佛光山时，心中并没有成规，只是随顺因缘。所以佛光山建有各种殿宇客堂，也创办了各种佛教事业。我想：就是因为佛光山没有定样，所以才能拥有多彩多姿的风貌吧！也曾有徒众埋怨：山上工程不断，不复过去的宁静。我却只看到建设的进步，没有听到嘈杂的声音。因此，我始终觉得佛光山的宁静祥和，先后一如。

人生有许多问题，一般人都喜欢问人、问父母、问老师、问朋友，甚至问看相算命的，很少有人会反躬自问。其实，吾人如能养成“自问”的习惯，必能增德进业。例如，看到别人做事勤劳、做人有德，就会反问：我自己能吗？看到别人懒惰懈怠、为非作歹，也能自我反问：我会像他一样没有出息吗？以下试为代拟一些人生的问题，大家不妨自我一问：

一、关于做人的：

1. 做人要修身正己、自觉觉人，我能做到吗？

2. 做人要读书明理，增进知识，负起养家之责，让家人生活不虞匮乏，我有这样的能力吗？

3. 做人要侍奉尊长、慈爱幼小，让长辈安心养老，让兄弟姊妹快乐，让亲族朋友受益，让社区大众和谐，我能做到吗？

4. 做人要勤劳务实，凡事自己操劳，在厨房里能烧饭煮菜，在庭院中能种花浇水，要把客厅、卧室打扫整洁，我有这样的耐烦吗？

二、关于工作的：

1. 工作要按时上下班，要“今日事，今日毕”，不拖拉，不推诿，我能做得到吗？

2. 工作要尊重领导，服从指示，全心全意和主管、同事精诚团结、分工合作。除了平时经常向主管报告工作进度以外，遇有重要事情要勇于向上级建议，不徇私，不怕事，有信心，有热诚，让主管肯定，让同事赞美，我有这样的工作态度吗？

3. 工作以服务为首要，不可以计较酬劳，不可以常打官腔，不要有太多的人我比较，尤其不能贪污舞弊，不能假公济私，我有这样的廉能精神吗？

4. 工作要能做到“竖穷三际，横遍十方”，上行、中行、下行都能兼顾周到，都能周全处事，不会经常纰漏百出，让别人嫌恶，我能做到吗？

·佛光菜根谭·

懂得做事的人，要做“本分事”；
懂得做人的人，要做“本分人”。

三、关于进修的：

1. 每天应该看一份报纸，读两本好书，能够的话多订一些杂志，多参加各种读书会。家中的客厅、卧室，随时都有书籍可以取来阅读，我能养成这样的读书习惯吗？

2. 读书贵在求知，知识要能读、能写、能说、能用。平时讲话要能引用几句书中的格言名句，尤其要把知识融入待人处事里，与生活打成一片，我能做一个学以致用的人吗？

3. 养成每天写日记的习惯，不能的话至少每周撰写一份心得杂感。生活中能够“以文会友”，至少要让别人觉得自己是个知识分子，是个有德之士，我能树立这样的形象吗？

4. 要有追求新知的精神，每个月至少能听一两次名人讲演，或各种专题讲座；多结交读书人为朋友，多亲近善知识，多虚心向人请益，我能养成这种好学的精神吗？

四、关于信仰的：

1. 信仰要纯洁，要“一师一道”，不可复杂；不管念佛参禅，读经修行，都有一定的层次，我能够如法修行吗？

2. 做一个佛教徒，不是只一味地讲究钱财布施，布施要随缘、随分、随力，更要不自苦、不自恼、不自悔，我都能做到吗？

3. 佛门重视淡泊，不要过分热衷，80% 的时间要用在人间的生活上，20% 的时间可以用在慈善、义工、信仰的修行生活里，我能如此实行吗？

4. 每周收看一次佛教节目，或参加一次道场聚会，或每月购买一两本佛书阅读，以增进自己对佛教的信心。尤其信仰要正信，不能见异思迁，我有这样认真地要求自己吗？

人能“自问”之外，尤其还要能“自省”“自我改进”，更是难能可贵。

君子之格

真正的聪明人，不苛求他人的品德，不严察他人的过失，即俗语所说“不痴不聋，不做家翁”。因此，大事不糊涂，小事不计较的聪明人，才是具备大人风范。

认识自己

古往今来，有的人用精勤事业写历史，有的人却用利益金钱写历史；有的人用生命血汗写历史，有的人却用巴结奉迎写历史；有的人用忠烈贞节写历史，有的人却用曲躬谄媚写历史；有的人用慈悲智慧写历史，有的人却用血雨腥风写历史。人只要一生下来，世界就有我们的一份，所以我们必须珍惜自己所拥有的一份，凡事为此而努力，为此而奋斗，因为时时刻刻“我们都在写历史”。

世界以自我为中心，宇宙是我，我是宇宙。我的天地、我的地球、我的国家、我的亲人、我的东西；宇宙间，无论什么都以自我为中心，所以要从自我做起，从自我要求。

然而，世界上真正能认识自己的人非常少，大部分的人都是看到别人的长短比较多。佛教要人认识“自己的本来面目”，真正认识自我，就能进步，就能成长，就能改进，就能圆满。下列“六自”供做参考：

一、对人我要自问。别人是自己的一面镜子，我们可以从别人身上看到自己，所以对人我要自问：他比我好？我比他好？他什么地方比我好？我什么地方比他好？能够把别人的好处问出来，把自己的缺点问出来，那就是最大的进步了。

二、对事理要自知。世间的事理，大都要别人告诉我们才能知道。假如不用别人讲，自己就能明白事理，就能知道事情该怎么做，道理该怎么讲，能从自知而明白事理，非常重要。

三、对知识要自学。世间的知识，所谓“生也有涯，知也无涯”。知识不一定要靠老师传授，自己就能自学。世界上多少伟大的人物，他们所以成为专家、学者，不都是靠自学而成的吗？

·佛光菜根谭·

日能知其所无，无法空透隔墙之碍；
月无忘其所能，能够照亮阴暗之处。
如日如月，可谓有自知之明也。

四、对灵巧要自觉。有的人天生就很灵巧，有的人生来便很笨拙。灵巧也要靠自己揣摩、用心，人能自觉，就能灵巧。世间无论什么学问，靠老师教导，所学有限；假如我们能自我觉醒、自我察觉、自我觉悟，一旦自己从内心里把觉性提升了，也就能凡事灵巧了。

五、对自心要自惭。一般人总是看到别人的过失，看不到自己的缺点、错误，所以儒家要人自我反省，佛教要人自我惭愧。我们能惭愧自己能力不足，惭愧自己慈悲不够，惭愧自己罪业深重，惭愧自己心量不大，对自己有惭耻的观念，就与圣贤相近了。

六、对世间要自愧。人到世间来，父母生我，老师教我，社会培养我，国家保护我，我为国家社会做了什么？我为家人亲族做了什么？我愧对他人、愧对父母、愧对国家、愧对社会。能有此自愧的心理，就能反躬自我要求：我要对得起社会大众，我要对得起亲族朋友。

以上“六自”，自问、自知、自学、自觉、自惭、自愧，是吾人自我进步的动力，是自我成就的根本。凡事要求别人，成就有限，凡事要求自己，把自己放诸宇宙天地，才能自大、自成。《华严经》说“自性众生誓愿度，自性烦恼誓愿断，自性法门誓愿学，自性佛道誓愿成”，凡事不必要求别人，只要要求自己，因为自己才能以天地为心，才能创造人生大业。

改善自己

一个小孩子，如果和玩伴吵架了，他总欢喜算旧账，譬如“你过去拿过我一张纸啦！”“你过去吃过我一块糖啦！”大家现在都不是小孩子了，都不会那么幼稚了，所以不应该再算旧账。但是一个愚痴的人，他就喜欢算旧账，喜欢把过去芝麻绿豆大的事情提出来讲。佛法有一句很好的话："过去种种譬如昨日死，未来种种譬如今日生。"这是告诉我们，既往不咎，我们要讲的是现在，要重视的是未来。

人都有一些陋习，有一些不好的习惯，需要时时自我改进；甚至有一些不好的观念、不好的行为，也要不断地自我改进。懂得自我改进的人，才能不断进步；墨守成规，理直气壮地认为"我本来就是这样"，那么就永远不得进步了。怎样改善自己，有以下四点意见：

第一，消极不如积极。有的人性格消极，平常生活里，就是一副懒洋洋的样子，不但凡事提不起精神，也提不起勇气。对于个性、思想消极的人，需要改进；消极的人生什么都不是你的，什么也不能获得。人，必须化消极为积极，以进取的、勇敢的态度面对人生，天下才有你的一份。这个世界，凡事都要自己一步一个脚印地去实践、争取，才能拥有自己的天空。

第二，被动不如主动。有的人性情被动，就像棋盘上的棋子一样，你动他一下，他就走一步，你不动，他就不走了。被动的人，凡事等着别人来要我们做，这样的人必定一事无成。所以，凡是做善事，要能主动去做；工作，要能主动去加油；好人好事，也要主动去表现。这个世界掌握在谁的手里？毫无疑问，掌握在主动者的手里；唯有主动积极参与的人，才能融入大众，才能扩大自己的生命。

第三，悲伤不如快乐。有的人不但个性消极、被动，而且悲观。他对自己的前途悲观，对自己的事业悲观，对家族的未来悲观，对朋友，甚至对国家社会的发展，都觉得没有希望。悲观的人要换个心情去想，世间就不会如此愁云惨雾；你能化悲伤为快乐，能够积极乐观，对自己充满信心，快乐自然就会围绕在你的身边。

·佛光菜根谭·

品德足以端正风俗，才能足以建立秩序；
聪明足以深谋熟虑，坚毅足以创立事业。

第四，刚强不如柔和。“自古刚刀口易伤，从来硬弩弦先断”，有的人性格暴烈刚强，动不动就跟人怒目相向，甚至拳脚以对，如此不但伤人，而且到处树敌，最终伤害最大的是自己。其实“柔能克刚”，能够以“柔和忍辱”的态度跟人相处，让人如沐春风，必能左右逢迎，无往不利，所以柔和才是处事做人的妙方。

人，最好的教育，就是自觉、自悟；懂得自我改善的人，必能不断进步、成长。

人格（一）

人所以称为万物之灵，在于人有人的尊严；人的尊严，那就是“人格”。人格，不是父母师长能够给予的，也不是黄金美钞所能购买的。人格是我们遵循道德而培养的，是我们契合真理而升华的。有的人流芳百世，有的人遗臭万年，其分别就在于有没有人格。

每一个人都希望自己很有人格，有人格才像一个人，怎么样才有完美的人格呢？有四点意见：

第一，以无贪为富有。人要有完美的人格，首先不能有强烈的贪欲之念。贪心是永远无法满足的。世间的金钱物质是有限量的，可是欲望却是无穷的！贪欲的人即使金钱再富有，都是富贵的穷人，唯有“知足常乐”，回归自然的简朴生活，才算富有。所以，贪欲是贪穷，不贪为富。

第二，以无求为高贵。“人到无求品自高”，人常常因为对别人要求太多，对物质要求太强，因而降低了自己的人格。所谓“吃人嘴软，拿人手短”，一个人如果贪得无厌，处处有求于人，必然曲躬谄媚、厚颜鲜耻；反之，如果到了功名若能以“牛马”精神服务大众，必为大众尊敬；
若能以“龙象”姿态成就事业，必为社会中坚。

富贵于我无所求，则人格自然高贵起来。

第三，以无嗔为安乐。经云：“嗔心之火，能烧功德之林。”嗔心如火，嗔心一起，如火中烧，自然热恼不安；嗔心一起，所谓“怒火中烧”，自然就会不快乐。尤其人在生气动怒的时候，管他什么人情义理，一概不顾，所以嗔心一起，不但自己不快乐，同时也会失去人格。唯有息下嗔恨之火，对别人待之以宽恕、慈悲，自己心里自然感到平静、安详，那不就是安乐之境了吗？

第四，以无痴为聪慧。有人说：“宁可和聪明的人打架，也不和愚痴的人讲话。”人因愚痴、邪见而不明理，不明理就是愚痴。和愚痴的人讲话很痛苦，因为愚痴的人蛮不讲理，所讲的理都是“似是而非”。愚痴很可怕，愚痴就是邪见、就是烦恼；人能无痴，就是聪慧，没有愚痴就会感到清凉。

人格（二）

日本亲鸾上人9岁时就已立下出家的决心，他要求慈镇禅师为他剃度，慈镇禅师就问他说：“你还这么年少，为什么要出家呢？”亲鸾说：“我虽然只有9岁，父母却已双亡，我不知道为什么人一定要死亡？为什么我一定非与父母分离不可？为了探索这层道理，我一定要出家。”慈镇禅师非常嘉许他的志愿：“好，我明白了。我愿意收你为徒，不过，今天太晚了，等明日一大早，再为你剃度吧。”亲鸾听后，非常不以为然：“师父，虽然你说明天一早为我剃度，但我还年幼无知，不能保证自己出家的决心是否可以持续到明天。而且，师父，你那么年高，你也不能保证你明早起床时是否还活着。”慈镇禅师听了这话，拍手叫好，满心欢喜：“对！你说的话完全没错，现在我马上就为你剃度！”

社会上有很多种人，有好人、坏人、善人、恶人。就算是好人当中，也可分出次第。例如一等人，很能干，也没有脾气；二等人，很能干，脾气也很大；三等人，不能干，也没有脾气；劣等人，不能干，脾气却很大。另外，有慈悲有智慧，是一等人；有慈悲无智慧，是二等人；有智慧无慈悲，是三等人；无慈悲无智慧，是劣等人。除此之外，“人的次第”还可分出四等，以下说明之：

第一，重信守诺是第一等人。信用是一个人无形的资产，季布的“一诺千金”，可见诚信对人的重要。有的人对自己的信用很重视，对自己许下的诺言很信守；有时为了履行信用，不惜一切地辛苦付出，为了遵守承诺，不惜一切地牺牲。对于信用、诺言都能坚守的人，这是第一等人。

第二，光明磊落是第二等人。人际相处对待，如果能够做到坦坦荡荡、磊落自在，互相都以一颗真挚良善、清净无染、无私无我的心相向，这就是人格的提升、生命的升华。因此，一个行为光明磊落、心胸坦荡无私的人，是有君子风范的人物，也是英雄豪杰的典型，这是第二等人。

第三，聪明才辩是第三等人。有的人口才犀利，聪明能干，但是不够内敛、厚重，总喜欢在讲话、做事当中，不时卖弄一些聪明，玩弄一些才华，表示他的能力胜过你、比你强、比你好。这种人虽有聪明才辩，总是世智辩聪，在做人方面还是很肤浅不足，不够成熟，所以是第三等人。

第四，自私自利是第四等人。一念为己，成就有限；一念为人，广结善缘。心中有人，为人着想，这是做人的先决条件。一个人如果心中有我无人，必然待人严苛，凡事只顾自己，不管他人，如此自私自利的人，属于第四等人。

人生最大的胜利，不是战胜敌人，而是战胜自己。生命的光荣，不在于受时人的赞美，而在于能为后人所效法。所以，人生的价值要靠自我创造。一个人只要肯负责任，就是能者；不负责任的人，不管能力再强，都是庸才。因此，人有生活中，值遇黑暗，才能显出光明的可贵；
正义时，受到毁谤，才能显出人格的芬芳。

次第，我们自己是属于哪一等人，有时候不妨自我评鉴一番。

风度

有一个人家来了客人，父亲就向孩子说："儿子啊，客人来了，快到街上去买些酒菜回来。"儿子去了好久都没回来，父亲就跑到街上去找，一看，儿子在街上和一个人面对面站在那里，父亲就问为什么，孩子说："这个人很坏，我走到这里，我要他让我，他不肯，我也不让他，所以我们两个人就在此僵持。"父亲一听，就说："孩子，家里来了客人要吃酒吃饭，你把酒菜先拿回去，爸爸来跟他对一下。"像这样双方不让一步，只有增加苦恼。

一个人要想受到他人的尊敬，道德、学问以外，风度也非常重要。我们有时候看到一个小兵，觉得他有大将之风；看到一个送货员，觉得他的气度非凡，不输一个董事长。我在美国的机场，看到绅士们，觉得他们十之八九都能当总统，不是因为他们个子高大，而是因为从小养成，在公共场合群众聚集之处，所表现出来的风度，让人赞叹、尊敬。

怎样才叫作有风度呢？

一、不要气急败坏。一个人，稍为忙碌一点，就手足无措：一句不入耳之音，马上气急败坏。平时走路显得匆忙，讲话总是虚浮不实，让人感觉他急躁不安，不够沉稳。所以禅门讲修行，总叫人要调节气息，要心平气和，不要心浮气躁，否则难成大器。

二、不要面红耳赤。有些女士常在人前涕泪交流，固然没有风度，男士们动恬淡朴实是隐士的风姿；
庄严无华是长者的风范；
谦虚谨慎是君子的风度；
勤奋精进是勇者的风骨。

不动在人前争得面红耳赤，也是没有风度。我们看一个有修养的人，在任何危难之前，都是安之若素，这种风度总在无形中让人折服，为之倾倒。

三、不要恶口相向。人的语言，可以表达内在的智慧、幽默：一个有幽默感的人，即使别人的话他深不以为然，但也是哈哈一笑，绝对不会恶口相向。中国有一句话说“有理不在声高”，所以说话的风度也非常重要。

四、不要阿谀奉承。做人要有礼貌，尤其跟人说话，出言吐语要得体。有时适当地奉承，无可厚非，但是如果过分地阿谀奉承，不但有损自己的尊严，也降低自己的人格。所以做人要不卑不亢，保持自己的风度。

五、不要曲躬谄媚。有些人做人毫无风骨，在大人物面前曲躬谄媚，在富商巨贾之前摇尾乞怜，那种模样让人恶心。或许有些大人物喜欢别人对他曲躬谄媚，但一个人为了逢迎拍马，不顾自我的尊严，也就难以令人对他相敬以礼了。

六、不要花言巧语。有风度的人，说话都是正正派派、老老实实，不会花言巧语。所以，经验、阅历丰富的人，一般人在他面前，只要说上几句话，此人的人品、操守，乃至道德学问有多少，马上就知轻重，正是所谓“只要一开口，就知有没有”。

七、不要气势凌人。有风度的人，说话都是语气和缓，措辞文雅，以不伤害人为原则。假如一个人说话盛气凌人，失去君子风度，纵使有权有势，也得不到别人的尊重。所以自古以来，重要人物都是以德服人，而不以气势压人。

八、不要傲慢偏激。傲慢的人，没有风度；偏激的人，更没有风度。所谓风度，在谦虚，在慈和，所谓“温文儒雅”，才有风度。风度也是一个人的气质，从行为上表现出来的气质，有风度没有风度，一目了然，所以在社会上，要想提升自己，必须养成高雅的风度，否则难为人所尊敬也。

大人风范

贫僧80岁的时候，问徒众我有多少钱，他们告诉我有2000多万。我很讶异：怎么会有这么多呢？一个人钱多，在别人是欢喜，在我却是恐惧，所以我就决定把它通通捐出去做公益信托基金。人家说“无官一身轻”，我是“无财一身轻”。我一生的欢喜自在，就是这样得来的。

何谓大人？《佛遗教经》中说：“忍之为德，持戒、苦行所不能及。能行忍者，乃可名为有力大人。”《慈悲道场忏法》说：“若能于善无有碍者，可谓合道有力大人。”禅师说：“触境遇缘，不变不动，方名有力大人。”如此看来，所谓的大人，并非单指有地位、有名望的人，而是指有修养气度不凡者，如书香之家有书香之家的风范，君子之德有君子之德的风仪。如何才算泱泱气度的大人风范？下面有四点意见：

第一，清廉者有容人的雅量。拥有清廉、正直的美德，奉公守法，不贪污舞弊者，当然称得上是正人君子，更重要的是，要有容人的雅量，才称得上是大人。世间人既有贵贱贤愚之分，智力气质也有高低清浊之别。因此，清廉者不一定要用自己的标准要求别人，应包容宽宥别人的不足，“同流而不合污”，包容的雅量才能感化他人。

第二，宽大者有果断的决心。蔺相如退车避席以让廉颇，感动廉颇负荆请罪；诸葛亮七擒七纵孟获，赢得孟获真心来归。上述两则是历史上以宽大的心胸折服他人的典故。宽大并非没有原则，没有原则的宽大只是姑息，非真正宽大。蔺相如在秦王的淫威之下仍能完璧归赵，诸葛亮巧谋策划“空城计”以老弱妇孺阻止司马懿二十万大军，可以得知他们处人心胸宽大，处事却果断勇猛。因此，宽大

·佛光菜根谭·

世间没有小人物，只要发大心，就是大人物；
世间没有大问题，只要虚其心，就没大不了。

者更难得的是具明智果断的特质。

第三，聪明者不必苛求严察。对待一个小人，如果太严苛，他反而更要为非作歹；假若虽知他的缺点，却留给余地，他会感受到你的善意而回头转身。真正的聪明人，不苛求他人的品德，不严察他人的过失，即俗语所说“不痴不聋，不做家翁”。因此，大事不糊涂、小事不计较的聪明人，才是具备大人风范。

第四，正直者不陷矫枉过正。正直是很好的品德，可是千万不能太过执着。每个人对于品德的要求不一，若以自己的标准苛求别人，不仅他人不欢喜，也会为自己带来痛苦。因此，能持不偏不倚的中道精神，也是大人应有的风范。

在现实的社会上，有财富地位者，当然是大人物；但是，升斗小民也可以是人格上的大人物，只要具备以上四项风范，都是值得尊敬的大人。

有骨气

人的身段是柔软的，但人的脊骨是坚硬的，做人不但双肩要能担当责任，而且脊背要竖直挺立。古来多少人“人穷志不穷”，多少人“打落牙齿和血吞”，多少人“不屈不挠，艰苦奋斗”，他们就是为了树立自己的骨气。东晋陶渊明不为五斗米折腰，就是他的骨气。宋朝文天祥兵败被俘，他宁死不降，元朝为成就他的忠心，终于成就他以死保持尊严的心愿。

气，代表一个人的气质、涵养。有的人容易生气，动不动便发脾气；有的人则充满侠气，与人交往讲究义气。一个容易意气用事的人，做事血气方刚，得意时便意气风发，不如意时便怒气冲天；反之，一个沉得住气的人，处世能心平气耿介严正，用以律己；忠厚义气，用以待人；
真诚勤勉，用以任事；慈悲发心，用以行善。

和，该维护正义时，又能正气凛然。做人要争气，不要生气，修行人讲究道气，做人则一定要有骨气。如何做个“有骨气”的人，有四点意见：

第一，身有傲骨，可杀而不可辱。一个人在自己的一生当中，有时候做人处世要带着这么几分傲骨，但是不能傲慢。也就是要有自尊心，懂得自尊自重；这种有傲骨的人，所谓“士可杀而不可辱”，你可以杀死他，可以要他的命，但是你不能侮辱他，不能伤害他的尊严。

第二，身有奇骨，可畏而不可犯。有的人身有奇骨，这种人很特殊，你可以敬畏他，但不可以冒犯他。你尊重他，他可以为你卖命，甚至为你赴汤蹈火，他都心甘情愿；但是如果你看不起他，或是冒犯他，他可能跟你拼命。

第三，身有贞骨，可锻而不可销。有的人属于“三贞九烈”之士，这种人“忠贞不贰”。对于这样的人，你可以磨炼他、训练他；但是你不可以放弃他，不可以把他销毁，这种人是人间的至宝。

第四，身有道骨，可佩而不可怜。有一种人非常重视自我的尊严、自我的道德、自我的人格。这种人你可以佩服他，但不能可怜他。你佩服他，他可能成为你的好朋友；如果你可怜他，他可能从此与你形同陌路。

所以，世间的人，应该努力培养自己的气质，做人至少要讲究有一点骨气。有骨气的人走到哪里，都能受人尊重，都会被人礼敬。如果没有骨气，无论走到哪里，都摆脱不了被奴役的性格，都不会受人尊重。因此，一个“有骨气”的人，自有其不同于一般人的人格特质。

经得起

由于久旱不雨，池塘的水都干涸了，一只乌龟渴得濒临死亡边缘。有两只大雁非常同情乌龟的处境，就叼了一根树枝给乌龟衔着，架起乌龟去找水喝，两只大雁一再叮咛乌龟，空中飞行时，不管任何情况都要衔紧树枝，不能开口。它们飞过村庄，一群村童望着天空大叫："大家快来看呀！一只乌龟被两只雁衔去了。"乌龟一听，很生气：什么话，我才不是被雁衔去，是雁子带我去喝水呀！乌龟认为村童冤枉了它、委屈了它、轻视了它，嗔心一起，就开口大骂："你们晓得什么……"开口的当下，乌龟就从空中掉下来，粉身碎骨了。

大自然里，梅花经得起冰霜雨雪，愈冷愈开花；莲荷经得起炎炎夏日，愈热莲蕊愈芳芬。高山经得起践踏，海洋经得起航行；经得起对人生也是一个考验。财帛金钱在你眼前，你能够不贪而经得起吗？美色当前，你能不动心而经得起吗？称讥毁誉利衰苦乐，好的、不好的，都是外境的考验，我们经得起吗？经得起，才能立足社会，才能安身立命。我们要"经得起"一些什么呢？

一、经得起贫困苦难。有的人立志，但因贫穷，直让英雄气短；有的人经不起苦难的煎熬，因此改变想法，改变意志。贫穷苦难是人生成功的试金石。印度的甘地，经得起贫困苦难的折磨，所以能带动印度的民主运动，争取印度独立。朱元璋因为经得起贫困苦难的磨炼，立志上进，所以能开创大明皇朝，登基为帝。青年学子，从小发愤图强，要不断地念兹在兹：我经得起贫穷，我经得起苦难；贫穷苦难打倒不了我，贫穷苦难不能改变我的意志。你经得起、冲得破贫穷苦难，自有柳暗花明又一村。

二、经得起挫折打击。世界上很多伟大的科学家，他们的发明几乎都是经过多次的挫折、失败；如果经不起，如何能成功呢？一些政治家如果经不起宦海浮沉，不能冲破挫折打击，怎么能成功呢？我们看到别人的成功，就应该想到，在风光的背后，必然付出过努力，甚至经历多少的挫折、打击，能够经得起，才有成功的一天。所谓“叮叮当当，久炼成钢”，钢铁要成器，必须经得起千锤百炼；同样地，经得起挫折磨炼的人，才能成才。

三、经得起批评毁谤。世间，几乎没有一个人只有受人恭维赞美，而没有被人批评毁谤。所谓“誉之所至，谤亦随之”，一个好人，君子认同，小人必定会批评毁谤：如系小人，坏人会认同，君子只会不屑。世间永远是佛与魔的对立、君子与小人的消长，好坏善恶一直都会纠缠在一起，这就是世间的实相。经得起批评毁谤的人，就好像瓦罐瓷器，必须经得起火烧锻炼，或是日晒水浸，才能成器。

四、经得起压力伤害。一株小草被压在大石下，它能接受压力煎熬，一旦大石被搬开，就能冒芽茁壮；一朵小花，经得起风吹雨打的摧残，等到风停雨歇的时候，就能再度展现美丽的风姿。经得起压力伤害的人，就能像小草傲然挺立，就能如花朵散发芬芳。

五、经得起人情冷暖。人都要经过很多的人情淬炼，所谓“世态炎凉，人情冷暖”。这个世间永远如一杆秤，你重了，秤砣就轻；你轻了，秤砣就重。所以人难免会被人看得起、看不起，这是正常的世道人情，问题是你能经得起人情冷暖吗？其实，尽管世间人情冷暖，令人伤感，只要自己健全，自能受人尊重；自己条件不够，受人冷眼歧视，也要能经得起。韩信曾受“胯下之辱”，后来不仍能“筑坛拜将”吗？

六、经得起寂寞孤独。人生在热闹场中日子容易度过，在寂寞孤独的生活里，很难挨过。自古以来，所有成功的英雄好汉，都有他刻苦自励的经验，都有他孤独寂寞的岁月。即使黄金白玉，也要经得起在深山旷野中寂寞凄凉的岁月，

·佛光菜根谭·

过多的爱护并非不好，但要受得起也给得起；受得起不会给人失望，给得起不会辜负人意。

一朝被人发掘，就能闪耀光芒，呈现价值。所以，人不但要能耐得住寂寞孤独，还要能从寂寞孤独中奋起，才是重要。

不能错

1963年我到日本访问，在日本国立日光公园看到天照宫的梁上雕有三只猴子：一只猴子双手盖住眼睛，一只双手按着耳朵，一只双手捂住嘴巴，个个栩栩如生。我站立片刻，若有所悟。我们的六根即眼、耳、鼻、舌、身、意，每天总是不断地向外界攀缘，对于六尘即色、声、香、味、触、法，虚妄分别，因而产生许多烦恼，如果我们能时时反求诸己，不让心在外境五欲六尘上流转，不当看的不看，不当听的不听，不当说的不说，也就不会起惑造业，频生无明烦恼了。

人的一生，犯错是难免的事，但是知错必改，也非常重要。一个人如果能时时注意自己的言行、思想，尤其待人处事都能不会错，则前途无灾无难，必能一生平顺。所谓“不能错”，有数点意见奉告如下：

一、不能扣错一颗扣子。人在穿衣服时，匆忙中常会扣错扣子；如果扣错了第一颗扣子，下面的怎么扣都不完整，衣服穿起来就不平整，如此为人笑话还是小事，一个人在做人处世当中，如果投资错误、喜爱错误、求职错误、交友错误，所谓“一错再错”，错到自己都不知如何回头，则人生前途堪忧。

二、不能下错一步棋。俗语说：“下棋错一步，满盘皆输。”军人作战，也会“兵败如山倒”。医师用药，打错了一针，或是吃错了药，都可能让患者“毙命”。

人我是非，能给我们再造的机会；
逆增上缘，能给我们成功的助力。

一个人走错了路，背道而驰，永远也到不了目的地。船只在海上航行，方向错误，差之毫厘，失之千里。因此，吾人应该步步谨慎，人间万事出错不得，千万不可大意。所谓“一步一个脚印”，当跨前一步时，就要想到之后的步伐如何走法。下棋的高手都会预料到三步、五步后面的招式，而一些初学棋艺的人，一心只想吃对方的棋子，不懂布局。所以，人生从结婚、求职、拜师学艺，都要步步为营，不能走错一步路，否则再回头已是百年身。

三、不能用错一个人。社会上各行各业，兴衰之道都看领导人用人之方。所谓“人能弘道，非道弘人；人能成事，非事助人”。所以吾人给人用，要能让人觉得没有错用了我；我要用人，也要看清楚所用之人果能有助于事业多少。尤其用人时，人品比能力重要。诸葛亮一世英名，在历史性的一役中因为错用了马谡致有街亭之败，虽然忍痛“挥泪斩马谡”，但也等于为蜀汉唱起了挽歌。

四、不能说错一句话。东西打破了，可以再买，甚至房子烧了，可以再建，但是说错了一句话，伤了人情，就再也难以恢复了。所谓“病从口入，祸从口出”“一言以兴邦，一言以丧邦”，一句话的影响，就像一粒石子投到大海里，波涛荡漾，无休无止。因此，人在日常生活中，虽然不能不说话，但如孔老夫子所说要“三思而后言”，有时用一辈子的悔恨也换不回说错了的一句话。一句话得罪了人，让人刻骨铭心，结下仇恨的种子，不知道会长出什么样的后果，所以千错万错，说话不能错。

不能错，就是叫我们言行举止、思想观念都要谨慎，否则扣错一颗扣子、下错一步棋、说错一句话、用错一个人，都可能造成严重的后果，岂能不慎。

不要复杂

在我的想法里，所有的信徒跟我的关系是佛法的因缘，既是法缘，私人就没有金钱上的来往。我没有请托过信徒为我买东西，我也没有借助信徒的力量，为我去办过什么个人的事情，也没有向信徒借用过什么有价值的物品，大家都是以佛法为缘分而交谊，所以一切的来往都以佛法作为标准。

世间万事，有的单纯，有的复杂；单纯的比较容易处理，复杂的处理起来就棘手多了。所谓“复杂”的，例如，风雨交加就是自然界的复杂，冷热无常就是气候的复杂。当然，复杂不是完全不好，彩色缤纷就是复杂，多种语言也是复杂。有时候会讲多种语言更加方便，多种色彩更加美丽。只是一般讲，凡事还是简单化，不要太复杂为好。例如：

一、感情不要复杂。家庭里的成员，虽然讲究感情和睦，但仍注重男女有别、长幼有序的伦理。时下的社会，两性的交往太过复杂，处理起来倍感困难，不如愈单纯愈好。

二、工作不要复杂。古代工人建房屋，从砌砖盖瓦、木工油漆、门窗地板，一概都由一人负责。现在的社会，讲究分工，板模工人、轧铁工人、土木工人、水电工人，甚至管线安装、室内装潢等，各有所司，各有专业，不会复杂，因为愈是单纯的工作，愈能精细。现代人不时兴“样样皆通，样样稀松”，而是重视专业，每个人只要配合大家，把自己负责的一件事做好，就是完成任务。

三、程序不要复杂。现代人做事，很讲究程序，开会有开会的程序，教学有教学的程序，工程有工程的程序，宴会有宴会的程序。甚至写一篇文章，组织、架构、论述，都要讲究程序；做一道菜，油盐作料，哪样先哪样后也有程序。你不依程序，烦恼者，会把小事变成复杂，好事变化成坏事；
智慧者，会把小事做成大事，坏人感化成好人。

或者没有程序、乱了程序，事情就会复杂，事情一旦复杂化，就难以有圆满的结果。

四、人事不要复杂。世间无论什么事，都以人为主，人事布局，资源不能重复，否则就是浪费。不过也不能分工不清，工作分配不清，就会混乱。在人间，管钱、管事，都算容易，因为金钱和事物都不会讲话；但是管人很难，因为人有自己的意见、看法，只要他稍感不平，就会有反应。因此，人事的升迁、赏罚，彼此间的关联，都不要太复杂，才能事半功倍。

五、环境不要复杂。现代人求职，无论工厂、公司、学校、机关，都重视工作环境。有时候环境不适合，如交通不便、设备不全、办公室太过拥挤、各种信息不足等，就算待遇优厚，因为环境不能满足他的需要，也只得另谋他就。所以现代人工作，不但要求人事和谐，主管领导有方等条件，设备完善、环境单纯，也是重要的诉求之一。

六、思想不要复杂。人是有思想的动物，思想是一切事业的原动力，工作要靠思想才能开展，才能创新，才能改进。但是思想太过复杂，朝三暮四，不停地变来变去，使共事的大众不知所从，最后也会厌烦求去。与同业间要有竞争力，必须要有思想；思想要有条理，要有远见，要能赶得上时代，但不能复杂。

除上所提，感情、工作、程序、人事、环境、思想不能复杂以外，其他还有很多事也都不宜太复杂。例如，说话不要太复杂，生活不要太复杂，交朋友不要太复杂，读书不要太复杂。

虚实之间

在一次法会上，唐肃宗向南阳慧忠国师请示了很多问题，但禅师却不看他一眼。肃宗很生气地说："我是大唐天子，你居然不看我一眼？"慧忠国师不正面回答，反而问肃宗道："君王可曾看到虚空？""看到！""那么请问虚空可曾对你眨过眼？"肃宗无话可对。

这个社会上，有的人做人实实在在、踏踏实实，一点都不造假；但也有的人虚伪、巧诈奸猾，虚假靠不住。所谓真亦假来假亦真。在每一个真假、虚实之间，我们如何辨别真伪呢？这"虚实之间"有四点参考：

第一，过谦者宜防其诈。谦虚固然是美德，但是过分、不得当的谦虚，就成了矫情，就不得不让人注意，可能这其中或者有诈。如《汉书》中班固批评王莽的儒行就是欺世盗名，窃取刘汉天下。过分谦虚的人，擅长用以退为进的诈术，博取他人的欢喜与信任，来达到予取予求的目的。俗言"黄鼠狼给鸡拜年"，过谦者除了让人防备外，还会被人讥为畏缩，没有担当，不能成就大事，而失去机会。

第二，过默者宜防其奸。俗言"沉默是金"，但过分沉默，当讲不讲者，这就令人不得不小心了。闽南语俗谚："掂掂吃三碗公。"宋朝大文豪苏东坡先生亦云："人之难知也，江海不足以喻其深，山谷不足以配其险，浮云不足以比其变。"一个喜怒不形于外的人，内心城府深沉，应笑不笑，看不出他生气，脸上没有表情，不知道他葫芦里究竟卖的是什么药，也无从知晓他内心的看法、想法与计谋，因此过分沉默的人，吾人宜防其奸猾。

第三，过满者宜防其虚。社会上我们常常会遇到一种人，说话的时候，总是自信满满、信誓旦旦地吹嘘、标榜自己人格伟大、事业成功、做事能干、如何了不起，等等。有的时候太过自夸，让人不得不注意他的虚而不实。例如，有公司、财团过度宣传，虚报公司资产，向银行超贷，最后落得周转不灵，投资人血本无归；也有人吹嘘自己得到神通，或自称"无上师"，使佛法沦为怪力乱神、

人生如画，自许做一支彩笔，
彩绘出自己灿烂的生命；
人生如戏，自许为一流导演，
编导出人我圆满的生命。

诈财骗色的宗教，而遭到社会的误解与指责。因此吹嘘、自我膨胀、自我宣传，是靠不住的。

第四，过躁者宜防其伪。如果一个人过分地急躁、烦躁，什么事情好像很不安的样子，这你也不得不提防。因为太过急躁的人，或许是另有企图，或者有蒙骗的行为。就像有些不肖子，哄骗父母将财产过户，等到目的达到了，就弃父母于不顾；也有些具有争议性的法案、条款，立法单位却急就章快速通过，审核过程粗糙，其目的不得不让人民心起疑惑了。

所谓害人之心不可有，防人之心不可无。因此，一个人究竟是虚伪的还是诚实的，我们都可以用这四点评鉴一下。

因人而予

所谓“慈悲为本，方便为门，般若为用”，只要契合佛法，运用得当，八万四千法门都是妙法。修行不光是个人的了生脱死，而是要能够对社会大众服务、贡献。做人不是除一张嘴皮做“名嘴”就算，做人也不只是每天指责别人不对、错误，就以为自己是在助人，很伟大，而是要能和众、要能为众服务，才是众中的一员。

佛陀说法时，常因众生不同的根机，而给予不同的教导。智慧如须菩提者，佛陀为他们说“空”理；钝根如周利槃陀伽者，佛陀就叫他扫地。对一些贪恋世间繁华的人，佛陀说世间“苦、空、无我、不净”；对那些向往涅槃的人，佛陀则说“常、乐、我、净”的涅槃境界，增加他们的欣乐之心。我们虽没有佛陀修养心性之道，应审度自己所长，补强自己不足；
对待他人之道，应包容他人不足，赞扬他人所长。

“观机逗教”的深智，但在与人相处时，也应视对象的不同而给予不同的对待。

第一，以实情给君子。“君子之交淡如水”，水的本质是清澈透明的，有鱼虾现鱼虾，有水草现水草，甚至云影徘徊、千江映月，它都不曾隐瞒什么，任何事物在水的面前所映现的就是该物的面目。我们与君子相交，就如同面对一泓清水，宜以真诚无伪的心来相处，不矫情，不虚诈，以实在、诚实的态度坦然相待。

第二，以善态给小人。俗语说：“宁愿得罪君子，不敢得罪小人。”君子风度泱泱，心胸雅正，你对他不礼貌，他也只一笑置之。若是小人，一个不经意的眼神、一句不得体的话，他可能就耿耿于怀，甚至伺机找麻烦。因此，跟小人相处，态度要更友善，说话要更谨慎。

第三，以礼节给平辈。对待朋友、兄弟、同事，要有礼节。应该尊重者，给予尊重；需要帮助者，给予帮助；对方遭遇挫折时，为他打气加油；对方有福吉之事，衷心赞叹助喜；对方有不是之处，婉言相劝。能与平辈如此相处，才符合孔子所说“朋友切切偲偲，兄弟怡怡”。

第四，以恩惠给下人。要得到部下、管家、用人的心，与他们相处时，要给予恩惠。在他们有需要或困难时，不吝伸出援手，必能得到他们真心的感激。做上司、雇主的人，在金钱上不要太过苛刻、吝啬，能在有形的物质上慷慨，对方也会感恩图报，在工作上更用心，而让我们在无形中收获更多。

大部分的人都想给人真心，给人意见，给人好意，给人恩惠。如果给得不得体，或许只能事倍功半；如果具备分辨对象根性的智能，往往会有意想不到的效果。可见“因人而予”学问甚大。

处世四戒

（我）受戒后在律学院念书，夜里巡寮，万籁俱寂，骤听落叶敲砖，夏虫鸣唱，弯弯明月高挂夜空，不觉停下脚步，侧耳倾听。不料，一顿杖责加身，纠察师呵斥道："听什么？把耳朵收起来！这个世界上，什么声音是你应该听的？"于是，我开始练习充耳不闻，但是好难啊！我干脆用棉花球塞住双耳，不听世间的杂音，渐渐地，我的耳根清净了，心中也自然空灵了。才刚体会到无声之声的法喜，老师又一个巴掌打了过来："怎么把耳朵塞起来？把耳朵打开来听听，什么声音不是你应该听的？"我把棉花球拿开，各种声音排空而过，直穿脑际。定下神来，我才恍然大悟：原来大自然有这么多美好的音乐交织鸣奏啊！不禁自问：以前我的耳朵都用来做什么呢？抱着"往者已矣"的心情，我下定决心：今后不听是非而听实话，不听恶言而听善语，不听杂话而听佛法，不听闲言而听真理。

待人处事要能知理、知事、知人和知情，为人处世更要知己、律己，进而要知所应戒。能够严于律己，于道无亏，这是立身处世之要道。处世何事应戒，有四点说明：

第一，傲者恶之魁，故为人勿傲。傲慢是一切罪恶之魁首，有的人常常在言行之间，出言不逊、态度傲慢，令人心生反感，所以本来是多年的好友，因为你的傲慢而慢慢疏远你；本来是一件美好的善事，因为你的傲慢，别人不和你共事而搁置。因此做人不要以为自己有钱就可以傲慢，不要自恃有才华就可以傲慢，其实真正成熟的稻穗，头垂得愈低，所以一个伟大的人必然会更加谦虚，能够虚怀若谷，才能涵容一切。

·佛光菜根谭·

忍耐是修行的力量，包容是做人的修养；
柔和是处世的良方，感恩是惜福的资粮。

第二，诈者德之贼，故处事勿诈。人言为信，言而无信不足为人，故诚实是做人的基本修养。有的人做人虚伪、奸诈，与人来往常常喜欢耍一些小动作、占一些小便宜，自己还扬扬得意，以为别人不知。其实一次两次，别人不计较，次数一多，自己的人格破产，别人也不屑与他往来。所谓人心难测，靠一个“诚”字能知交；尔虞我诈不但伤和气，一旦身败名裂更是划不来，所以待人处事千万勿诈。

第三，谄者行之丑，故接物勿谄。做人不可傲气，但要有傲骨。所谓傲骨，就是为人正派，不因小利而趋炎附势、阿谀谄媚。谄媚，是人类最丑陋的行为，善于逢迎谄媚的人，必为正人君子所不齿。所以，智者不以谄媚之言惑人，也不为谄媚之言所动。

第四，虚者言之浮，故言谈勿虚。《论语》云“君子不重则不威”。言行虚浮不实的人，很难获得别人的敬重，举凡伟大的人物，如玄奘大师“言无名利，行绝虚浮”、澄观大师“身不行轻浮之为”，他们的行仪至今仍为人所称道。所谓“人必自侮而后人侮之，人必自轻而后人轻之”。因此吾人立身处世，虽不能自傲，但也不能虚浮自轻。

为人处世，不必患人之不重己，而应患己之不重人。为人只要能坚守自己的分际，不使道德修养、人格操守有亏，自然会获得别人的重视。

引以为鉴

记得童年的时候，母亲指着我说：“你这个八折货。”这是家乡骂人的话，意指人的质量不好，如同只能打八折的货品一样。母亲这句话，深深地印在我的脑海中，直至今日，我仍然时常提醒自己，待人处事不能打折扣，必须全心全意，希望能减少惭愧与苦恼的遗憾。

世间的人事变化，好坏都难以料其因果，例如美人红颜薄命，遭遇诸多不幸；高官厚禄一旦落难潦倒，可能三餐都难以为继。所以世界之大，大地山河，世事人情，都可以引为殷鉴。兹举足为吾人引以为鉴的事例如下：

一、以铜镜为鉴。人平时看不到自己，唯有透过镜子才能看清自己的面容、衣履、行仪是否整齐、端庄，所以古人说“以铜镜为鉴，可以正衣冠”。人不但要以有形的铜镜为鉴，心中更要有一面无形的镜子，时时修正自己的言行，做人才能合宜合度。

二、以流水为鉴。流水变化无穷，但其不变的定律是：水静必清、水动有力、水深不溢、水广能容。因此，若以人比水，做人要可广、可深、可动、可静，自然能成为一个有水准、有深度的人。

三、以世事为鉴。世间事祸福无常，贫富不定，总是难以逆料，所谓“天有不测风云，人有旦夕祸福”。但是人在经历世事磨炼后，尽管吃了多少亏、上过多少当，只要能从中获取经验，就能不断成长，也才能懂得如何做人处世。

四、以人情为鉴。人情反复，随着人的性格变化无穷：有的人对滴水之恩，涌泉以报；有的人见风转舵，过河拆桥。所以有人形容人情之薄，薄如纸张。一般人只有利害，不重情义，所以不能不以人情为鉴。

五、以历史为鉴。在历史的长河里，多少朝代的兴衰隆替，都能让后来的人“以古鉴今”，甚至从历史的轨迹里也能看出人生的起落。所谓万贯家财，富不及三代，一无所有的乡村小子也可以奋斗成为百万富翁。因此以史为鉴可以知兴衰。

六、以生死为鉴。人之一生，数十寒暑，无常一到，再多的亲人财富也挽不回一命。人之一生，尽管聪明才干，僮仆如云，但是无常一到，谁也代替不了。

以镜为鉴，可以正衣冠；
以人为鉴，可以知得失；
以病为鉴，可以起正念；
以法为鉴，可以生道心。

所以，生死之可怕，人人皆知；能以生死为鉴，自然可以看透人生。

七、以因果为鉴。因果是世间最公平的裁判，因果不但最现实，也最没有折扣。所谓“如是因，招感如是果”，一般人在造因的时候，毫不顾忌，一旦苦果来临，则懊悔晚矣！所以善恶因果必然有报，怎能不以因果为鉴呢？

八、以无常为鉴。世间，不管国家、团体、个人、家庭，甚至山河大地、虫鱼鸟兽，所有一切万法最后终将归于无常。即使英雄好汉如力拔山兮气盖世的楚霸王，乃至远攻近伐、帝国版图横越欧亚非三洲的亚历山大大帝，也都只活到三十几岁就抱憾而亡。所以世事无常，犹如昙花一现，这还不够吾人深自警惕的吗？

从上面的诸多殷鉴看来，可知世人虽然喜欢求强、求好、求多、求大，但是这样的人生，历史上又能找到几人呢？所以我们能认清世事，则万事万物都可以当成我们的殷鉴，都能启示我们：人生当精进时要勇敢担负起责任，当放下时则要及时收手回头。世间事无一不是我们的一面镜子，我们在这一面镜子的窥照下，自己何去何从，还能不了然于心吗？

防患之道

过去有一位秀才上京赶考，错过了旅店，在半途中找到一户村庄人家，希望借住一宿，可是敲了很久的门，屋内才有应声：“我们家里没人啦！”秀才疑惑地问：“难道你不是人吗？”屋内又答：“我丈夫不在家，我是女人，没有男人！”秀才：“我就是男人呀！”这两个人，有里外的分别，有人我的分别，所以各说各话，各有各的立场。

人类为什么要建屋而居，就是因为怕外力侵犯；国家为什么要建城凿池，就是怕敌人来犯。侵犯我们的外境太多了，所以要有防患之道，包括夏天要准备冬衣，以防寒冬到来；冬天要准备薄衫，因为炎炎夏日终会来临；白天准备手电筒，知道夜晚要用；在冰箱里储存食品，因为明天还要吃饭。

人都要懂得“预防”，所谓“防患于未然”，等到灾难发生时再来防备就嫌迟了。所以家居消防设备要齐全，以防发生火灾；平时要筑好防空洞，以防发生战争。乃至防震、防台、防盗，甚至防小人，都要做好安全的防范，稍有不慎，防患不周，后果不堪设想。

防患主要是事前做好防范措施，人生究竟要如何“防患”呢？

一、防饥于未馑。“养儿防老，积谷防饥”，一个人在三餐温饱之时，就要想到饥荒的年代，因为世间无常，水灾、旱灾、兵灾、虫灾等，任何灾情都可能发生，叫人难以逆料，所以“有时”要想到“无时”，“有日”要想到“无日”，能早做预防，才不会束手无策。所谓防患之道，最重要的是要结人缘，平时你有布施结缘，到了灾难发生时，自然会有人帮助你。或者自己早做安排，例如在另外的地方结交一些朋友，托管土地房屋、安置产业，一旦此处有了灾难，彼地可以暂住一些时日，所以“狡兔有三窟”，人不能没有一些亲戚朋友作为自己的后备。

二、防病于未发。人是血肉之躯，难免因为感染风寒，或因饮食不当而生病。有的人平时懒于运动，身体没有获得适当的保健，因此过度肥胖，导致百病丛生。也有的人因为心情不好、情绪不佳，心理也会影响身体的健康。人老了生病是难免的事，但是有一些年轻人，身体时常这里不好，那里不对，实在不该。须知家中只要有一个人生了病，会让多少人受到拖累、辛苦，所以平时就要做好保健。例如，生活作息正常，不乱吃、不乱想、不乱行，居家环境保持清洁卫生，一旦气候变化，要注意保暖、防暑等。所谓“预防重于治疗”，能够防病于防患未然，也是一种进德修业；
防他人的恶意恶行，
更要提防自己的恶心恶念，
这才是真正的身心环保。

·佛光菜根谭·

未发，才有健康的人生。

三、防乱于未动。世间的动乱，纷纭扰攘，大至国家的战争、党派的政争、族群的对立，或者社会治安败坏、苛捐杂税、物价波动等；小至家庭的兄弟阋墙、妯娌争执、婆媳不和等，都像暴风雷雨，不知何时会突然降临。对于这一切，我们要如何应付呢？你要防备战争，所住之地不要太靠近战区；你要防范暴徒，必须注意居家的门窗牢固；你想要拥有和谐的人际关系，就要修养好，处处与人为善，不要跟人结恶缘，学习自己吃亏，把好事、利益留给别人，这都能防乱于未动。

四、防念于未萌。我们的心念，像盗贼、像虎豹、像蛇蝎，不将它管理好，它就蠢蠢欲动，伺机想要加害于人。假如我们能多读书，重视道德人格，信仰宗教，讲究因果，慈悲待人，不让贪嗔疑忌的恶念生起，则自己做人光明磊落，能在光天化日之下堂堂正正做人，这是人生不能不具备的防患之道。

最大的失去

晋朝的石崇富可敌国，因为触怒皇帝，被抄家处死。临刑时有人问他有什么遗言，石崇说："只希望死后收尸时，棺材旁能挖两个洞，将我的手伸出棺材外，让大家看一看双手空空的我，什么也没有带走。我所有的钱财、田产、富贵荣华虽然弥天盖地，一旦撒手尘寰，却什么都不是我的！"

人生有所得，就有所失。有时候家遭小偷，窃走了一些财物，或是家中失火，烧去了房子，都还算是小小的损失，若是失去了某些东西，人生的道路就会感到很辛苦。例如：

一、失去了机会。人生需要很多好的机会，诸如读书的机会、就业的机会、上进的机会、升迁的机会；失去机会，也许因此与成功失之交臂，自然会有失落感，会不快乐。

二、失去了善友。人的一生要有几个好朋友，能结交到一个善友，有时候比兄弟姊妹还更重要。所谓“善友”，要能互相砥砺、照顾、规劝，失去善友，是人生非常大的损失。

三、失去了爱情。人一生的幸福，虽然来自于很多方面的共同成就，但是一般男女莫不以爱情为人生最大的幸福，失去了爱情就痛苦不堪。其实人都需要爱情，为何会失落？一般人不肯研究远因近果，所以只有忍受世事多变的痛苦。

四、失去了父母。做人最快乐的时候，就是童年有父母的照顾，长大后有父母可以孝顺。假如为人子女，很早就失去父母，没有父母的关爱，没有父母可以孝顺，这也是人生最大的憾事。

五、失去了职业。人在世间生活，不能坐享其成、不劳而获，应该有正当的职业，赚取正当的所得，才能维持正当的生活。但看现在的社会，失业人口之多，可想而知大家经济生活缺乏依靠，一日等待一日，不知就业的机会在哪里。尤其有的人上有年老父母需要奉养，下有年幼子女需要教养，却苦于没有就业的机会，真是岁月艰苦。

六、失去了健康。人活着，如果没有健康的身体，有时真是生不拖累，也是人生很大的无奈。

七、失去了希望。人应该活在希望里，有希望就有明天，有希望就有目标，有希望就有未来。假如没有希望，所谓“哀莫大于心死”，失去希望，就失去了人生的意义。

八、失去了信仰。人生一定要有正当的宗教信仰，有的人不能坚定自己的信迷惑时，我们失去所有时间；
开悟后，我们拥有全部世界。

仰，从这个宗教走到那个宗教，从那个宗教又信仰另外的宗教。因为没有从宗教信仰里求得安心、获得体验，因此怨天尤人，怪神怪佛，对宗教产生误会，这是最为可惜的事。

人生本来就“失之东隅，收之桑榆”，失去虽然可惜，但并不是最大的悲哀，重要的是，失落了要想办法补救。例如，只要勤劳，不怕没有机会；只要诚恳，不怕没有善友；只要自己健全，哪怕没有爱情。甚至没有父母，可以普爱天下之人；失去职业，摆个小面摊也能为生；失去健康的人，只要心理健全，残而不废也能成功；失去了希望，可以建设正念、正见等。但是，一个人如果失去了信仰，就是失去了自己，那就很难得救了。因为信仰不是向外祈求神佛的保佑，而是向内的自我净化、自我健全，所以希望世人不要怨叹“失去”，只要我们自己健全，增上心力，失去的也能再找回来。

贪中有多少

金碧峰禅师自从证悟以后能够放下对其他诸缘的贪爱，唯独对一个吃饭用的玉钵爱不释手，每次要入定之前一定要先仔细地把玉钵收好，然后才安心地进入禅定的境界。有一次，阎罗王因为他的世寿已终，应该把业报还清，便差几个小鬼来捉拿禅师。但金碧峰预知时至，想和阎罗王开个玩笑，就进入甚深禅定的境界里，心想，看你阎罗王有什么办法。几个小鬼左等右等，等了一天又一天，都捉拿不到金碧峰；眼看没有办法向阎罗王交差，就去请教土地公，请他帮忙想个计谋使金碧峰禅师出定。土地公想想，说道：“这位金碧峰禅师最喜欢他的玉钵，假如你们能够想办法拿到他的玉钵，他心里挂念，就会出定了。”小鬼们一听，找到禅师的玉钵，拼命地摇动它。禅师一听到他的玉钵被摇得砰砰响，心一急，赶快出定来抢救，小鬼见他出定，就拍手笑道：“好啦！现在请你跟我们去见阎罗王吧！”金碧峰禅师一听，了知一时的贪爱几乎毁了他千古慧命，立刻把玉钵打碎，再次入定，并且留下一首偈曰：“若人欲拿金碧峰，除非铁链锁虚空；虚空若能锁得住，再来拿我金碧峰。”当下进入了无住涅槃的境界。

人都有“贪心”，贪多、贪大、贪好，甚至“多，还要更多”“大，还要更大”“好，还要更好”。所谓“贪心不足”，贪心的人永远不会满足，试举数例如下：

一、贪一辆脚踏车。有的人希望有一辆脚踏车代步，等到有了脚踏车，又想要一辆摩托车；有了摩托车，觉得拥有汽车才好。一旦有了汽车，又嫌国产的不够气派，最好是名牌的进口轿车才拉风。真的拥有进口汽车的时候，开在路上怕被人撞到，晚上停放哪里都不安心，怕被窃贼所偷，于是整个人都被汽车束缚了，真是何乐之有。

二、贪一个官位。有的人想要做官，从地方的村里长做到乡镇市长，还是觉得官位不够大，一心希望当更大的官，甚至能当上部长就更有权势，就更加威风了。哪一天真的当上部长，忽然一个贪污案件爆发，结果锒铛下狱，不但权势没有了，连尊严也葬送了。

三、贪一栋房子。有的人羡慕别人住洋房，一心希望自己能有一栋独门独户的房子。等到真的有了自己的房子，一栋不够，还想拥有第二栋，甚至觉得平房不好，最好能住高楼大厦。一旦真的如愿住进大楼里，忽然地震了，整栋大楼天摇地动，吓得仓皇失措，手脚发软。这时才发现，住大楼也不一定好。

四、贪一个美女。有的人以拥有娇妻美眷为幸福，一心希望娶个美娇娘。等

·佛光菜根谭·

光荣归于他人，是处世成功之道；
吃亏归于自己，是立身安全之方。

到如愿了，又觉得“家花”哪有“野花”香，别人的太太看起来永远都比自己的老婆漂亮，所谓“文章是自己的好，老婆是别人的好”，于是就在不满足当中遗憾地过了一生。

五、贪一件衣服。有的女人喜欢逛街买衣服，新潮的、复古的、朴素的、花哨的，连身洋装、中式套装等，各种式样、各种质料、各种花色的衣服挂满衣柜。但是每次要出门的时候，选哪一件都觉得不合适，于是面对满满一整柜的衣服，却永远都是少一件。

一般人对五欲尘劳的世间永远没有满足的时候。有一首描写“不知足”的歌，形容一个人“心无餍足”非常贴切，歌云：“终日忙忙只为饥，才得饱来又思衣；衣食两般皆具足，房中又少美貌妻。娶得娇妻并美妾，出入无轿少马骑；骡马成群轿已备，田地不广用支虚。买得良田千万顷，又无官职被人欺；七品五品皆嫌小，四品三品仍嫌低。一品当朝为宰相，又想君王做一时；心满意足为天子，更望万世无死期。种种妄想无止息，一棺长盖抱恨归。”

不知足的人，就这样苦恼地度过了宝贵的人生，宁不可惜！

善财七法

香岩禅师说：“去年贫未是贫，去年贫尚有立锥之地；今年贫，立锥之地也无。”虽然连立锥地都无，但他有无相无边的法界，拥有万妙宇宙。不要以为有钱可以办一切事，钱有时也是造孽的根源。钱本身虽然没有什么善恶是非，一旦运用不当，就是是非，就会造业。

世间的人都希望发财，所谓“向钱看”已成为社会风气。其实，钱财不一定指有形的黄金美钞或是房屋地产、有价证券等，这些有形有价的钱财之外，另有一种不受人注意的善财更为宝贵。一般有形的财富都是向外去求，无形的财富如以下的七种善财，则在自己的心中，本为自己所有，就看自己如何去发掘。兹将“善财七法”略说如下：

一、惭愧。惭愧就是自觉对不起别人，自感愧疚。一个人如果能觉得对不起父母、对不起兄弟姊妹、对不起妻子儿女、对不起社会大众、对不起朋友；有“对不起”的惭愧心，则所谓“惭耻之服，无上庄严”，人有惭愧知耻的美德，就会受人尊敬，这就是无形的财富。

二、感恩。有的人每天只希望别人给他，这就表示自己贫穷，如果心存感恩，只想给人，就表示自己富有。有兄弟二人在地狱受审，准备投胎。大哥希望拥有“接受”的人生，因此投生为一个乞丐，日常生活都由别人施舍；小弟心存感恩，只希望能“布施”给人，因此出生在富有之家，成为一个富翁。感恩的人生，无限美好，感恩才是富有。

三、喜舍。喜舍不一定要布施钱财，你不吝于说别人的好话，不吝于给人笑容，不吝于伸手与人相握，不吝于为人服务，所谓“你丢我捡，是我有福；你要我给，是我富有”。一个喜舍的人生，就是快乐的人生；悭吝不舍，即使是天上的雨露，如果不肯普施万物，上天于我何益?

四、惜福。人生多少都有一些福德因缘，要好好爱惜，不能糟蹋；如同银行的存款，不要乱花，日用钱财，不能乱用。现在人都懂得存款、储蓄，不也是生财之道吗?

五、助成。助成别人，看似帮助别人，实际上也是自己增光。你建公园，我帮助你，我也可以散步；你建华厦，我帮助你，我也可以躲雨；你修桥铺路，我惭愧，可以洗涤我们的懈怠；
正见，可以击退我们的邪见；
慈悲，可以温暖我们的心房；
精进，可以鼓舞我们的力量；
知足，可以增加我们的财富；
内省，可以督促我们的善行；
持戒，可以规范我们的行为；
净念，可以庄严我们的世界。

·佛光菜根谭·

帮助你，我也可以行走。对于别人的好事，能随力赞助，对别人好，也对自己有益。现在很多大公司、大企业的董事长，不将资产交给儿女，反交给工作伙伴，因为你助成我，我也会助成你。

六、智慧。有财富是福报，会用财富才是智慧。智慧是别人偷不去的财富，有智慧的人不看一时之财，不看个人之财，有智慧的人才会大公无私。例如，居里夫人最先发现了镭，但她舍弃申请专利的机会，把研究成果公之于世。再如佛教的须达长者，以黄金铺地，购地建寺，利益众生。他们都是历史上有智慧的富人。

七、结缘。结缘看起来是给人，实际上是给自己。赞美别人的一句好话，可能收入的比一句好话多出千百万倍；不经意帮人做一件好事，所受的回报也许难以计数。眼看世上荣华富贵的人，并非完全靠天地父母对他特别照顾，还是要靠自己广结善缘而获得。

综上所述，求外面的财富千难万难，发掘自我的财富，则是轻而易举。聪明的人儿，何不向自己内在的宝藏去发掘呢？

乐透

过去有一位富翁，每年金银财富上万，却一直不快乐、不满足。每当他烦恼时，就看到楼下草房一对贫贱夫妇弹琴、唱歌，非常快乐。富翁实在不解：生活在困境中，他们怎么还能快乐呢？有人建议富翁送20万给这对贫穷夫妇，看他们是否仍快乐如昔。天降财富，得了巨款的贫困夫妇，计划如何安放这些钱财。搁在床下不安心，放在抽屉太显眼，枕头下不可靠……折腾了一夜没有睡觉，他们才恍然大悟上了富翁的当。第二天一大早，他们就将烦恼挂碍的20万元还给富翁，依然恢复他们自在快乐的清贫生活。

凡事有因有果，世间没有不劳而获的道理，即使中奖了，发财梦实现了，也要有福报才能消受。我们希求财富，但财富不会从天上掉下来。

现在的社会流行“乐透”彩券，不少人都希望自己能奇迹式地中“乐透”，一夕致富。其实，“乐透”的后面不一定都是好的，一份彩券的发行，并非“几家欢乐几家愁”，而是“少数欢喜多家愁”。甚至购买乐透彩券的人，真正中奖了，担心税金多缴、害怕邻居觊觎、唯恐不乐透的人会找麻烦，所以“乐透”生悲是必然的结果。

然而，欢喜快乐，人之所好；发财致富，人之所求。乐透彩券正好可以满足人们渴望发财的梦想，过去与亲朋好友见面的问候语“吃饱了没有”一改而为现在的“签注了没有”，可见乐透彩券已经走入全民的生活中。

乐透彩券对社会大众的生活所带来的冲击很大，例如，有的家庭里，先生为求明牌，夜不归营，甚至把太太的买菜钱拿去签注，自然引发家庭风波，让全家笼罩在愁云惨雾之中；公司里，员工忙于签注乐透彩券，无心于工作，业绩自然低落，老板也无可奈何。因此严格说来不是“乐透了”，而是“糟透了”。

其实，“要怎么收获，必先怎么栽”。凡事有因有果，世间没有不劳而获的道理，即使中奖了，发财梦实现了，也得要有福报才能消受。

话说有一个乞丐，省吃俭用后买来一张奖券，结果居然幸运地中了特奖。他欣喜之余把奖券塞在平时片刻不离手的一根拐棍上。一日走过一条大江，想到一旦领了奖金，就可以永远摆脱贫穷，再也用不着这根拐棍了，于是随手把拐棍往江心一丢。回到家，忽然想起奖券还在拐棍上。一场发财梦正好应验了“荣华总是三更梦，富贵还同九月霜”的谚语。

过去有一个国王极爱听人弹琴，于是请来一个音乐家，许以十二头牛为代

·佛光菜根谭·

财富的意义，不在金钱的堆砌，
是为光亮生命的内涵；
物质的价值，不在表面的光彩，
是为造福人类的工具。

价，请音乐家为他弹琴。但事后国王却赖皮说："琴声只是让我空欢喜一场；就如我说要给你十二头牛，也只是给你一场空欢喜一样。"

乐极生悲！有和无都一样。吾人想要乐透发财，只有将本求利，有播种才有收获。历史上，亚历山大征服全世界，走遍东西南北，最后到了印度洋，一看，茫茫大海，怎么征服？这才发现，不但前途没了，后退也无路。所以，人生不要只有一面，最好要像佛法一样，重视圆融、重视圆满、重视普遍、重视平等。甚至《心经》云"色即是空，空即是色"，不增不减，不生不灭，这才是人生真正的世界。

佛陀终其一生，就是要对我们讲清这样一个道理：人间本来可以是天堂，可以享受美满长乐的生活，由于人们总是心系得失，不能抛弃你我的分别，总是太喜欢自作聪明，所以总也不能拨云见日，明心见性，结果这个世界就一直鱼龙混杂，难成正果。

一个人如果内心成天装满了阴谋、贪欲和愚痴，那即使他满身名牌，坐拥万顷，重权在握，又能得到谁的真心爱戴和尊重呢？一个慈悲而公正的人，即使他衣着简单，也不会减少别人对他的倾慕；因为内在的美、德行的美是可以直抵人心的，这样的美就如空谷幽兰，自然高贵。所以，我们内心的净化才是最重要的。它不仅可以为我们赢得尊重，还可以护佑我们脱离困厄，转危为安。

积极的物我关系

有个人存了许多的黄金砖块，藏在家里的地底下，一藏就藏了30多年。这30年中，他虽然都没去用过，但只要偶尔去看一看心里就欢喜了。有一天，这些金砖给人偷去了，他伤心得死去活来。旁边有人问他说："你这些金砖藏在那边几十年了，你有没有用过它呢？”他难过地说：“没有。”那个人就说：“你既然没有用过，那不要紧，我去拿几块砖头，用纸包起来，藏在同一个地方，你可以常常去看，把它当成金砖藏在那里，这不是一样可以欢喜吗？又何必这么伤心呢？”

我们出生、立足在这社会，不但和“人”有关系，和“物”也有关系；可以说物质占了生活主要的部分。比方要房子、要汽车、要衣服、要床铺，还希望有更多的田产、黄金、股票等，这些都是对“物”的需要。

人固然不能没有物质来滋养，但是过分的纵欲、贪图，容易造成物我关系的不调和，甚至为了一点虚荣甘愿屈膝做牛做马，这都是非常危险的。怎样才是建立积极的物我关系，有四点看法：

第一，我对衣食要朴素。生活中，我们穿衣主要为了保暖避寒，只要整洁得体，不必太过华丽；饮食也如汤药，主要让我们避免饥饿，因此应以简单朴素为原则，获得健康营养。佛门有云：“口中吃得清和味，身上常穿百衲衣。”清茶淡饭里有甘美的妙味，粗布衣单里有无上的庄严。淡泊，就能不为物所役，就能感受自在的乐趣，体会轻安和解脱。

第二，我对经济要善用。佛教不是叫人绝对不要财富，如果把钱财用在非法的地方，当然就造罪了。如果把钱财用在对的地方，比如发展正当事业、提升社会经济，乃至修桥铺路、救助他人，提高人间种种建设，这都是有功德的。因此，对于金钱、经济要懂得善用规划。这好比我们的拳头，用在好的地方，可以替人捶背、服务；可是用在不好的地方，打你一拳，可能就是犯罪，甚至被告上一状了。

第三，我对自然要保护。我们生活的环境，离开不了大自然，河流如血脉，可以顺利运送养分；森林如心肺，可以做良好的空气调节；高山如骨骼，可以保把世界涵纳在心灵中，则物我一如；
把众生包容在方寸内，则自他不二。
如此，方能启发长远的菩提心。

持水土的均衡；动物如细胞，可以维护生态的平衡。目前全球性环境污染和生态破坏所造成的危机，已经开始威胁人类的健康，因此生态及大地资源需得到长久的维护，才能让后代的子孙在地球上安居乐业。

第四，我对逆境要克服。自然界里，蝴蝶必须经过蛹的挣扎，才能破茧而出；人的一生，每个阶段也都有各种逆境需要克服，包括生老病死、冷热饥寒、无明恐惧、人情浇薄、自我挑战，等等。违逆境界来临的时候，要有克服的勇气，才能超脱困境，获得成功。

所谓“心为形役、人为物役”，有人以纵情物欲来弥补，只会徒增内心的浮躁不安。以上四点积极的物我关系，可以让我们走向正道。

才与财

爱护人与人之间的感情，就要“惜情”；爱护才华横溢的人，就要“惜才”；爱护彼此之间的缘分，就要“惜缘”；爱护飞逝的时光，就要“惜时”；爱护自身的力量，就要“惜力”；爱护尊重的言语，就要“惜言”；爱护宝贵的钱财，就要“惜财”；爱护与我们同体共生的万物，就要“惜物”；甚至我们要爱护得来不易的福报，因此必须“惜福”；爱护十方大众成就的生命，因此必须“惜命”。能懂得珍惜，才懂得爱！

才，是人才；财，是钱财。世间，人才重要呢，还是钱财重要？我们是要人才呢，还是要钱财？试说如下：

一、要人才不一定要钱财。佛教讲“人能弘道，非道弘人”，任何团体的发展，先要有人才。例如，一个国家只要有人才，就能提升国力，就能推动各项政策，就可以发展各项建设；反之，只有钱财，不会运用的话，钱财也会败坏国家社会。所以，培养人才为重，有了人才才会运用钱财：只有钱财，钱财买不到智慧；光有钱财，不容易培养人才。钱财容易赚取，人才难以获得，所以无论在哪里，人才比钱财重要。

二、要法财不一定要发财。人都希望要发财，但是有了世间的财富，更要有真理的财宝。世间的财富能解决物质的生活，真理的财富能发挥精神的成就。世间的财富有用尽的时候，真理的财富取之不尽、用之不完。例如，你有几亿的家产，但是财富乃“五家共有”，顷刻之间，再多的财富都不是我的。但是真理的财富，不管世事如何变迁，不管走到哪里，只要我有慈悲、我有般若、我有忍耐、我有自在，这些真理的财富都属于我所有。

三、要才力不一定要财力。为人在世，可以欠缺财力，但不能缺少才力。人为财死，钱财招来杀身之祸，时有所闻，所以不一定要拥有很多的钱财。有真实的才力、思想上的才力、智慧上的才力、救世的才力，不管哪个时代、哪个国家、哪个家庭、哪个人，不怕未来没有希望。

四、要善财不一定要横财。财富不是不好，就等于拳头，可以打人，也可以帮人捶背，所以钱财要变为善财、净财、通财、共财，这样的钱财，才有价值。例如，个人的钱财能公之于大众，成为共有的财富；现在的财富能培养未来的功德财富，成为永世的财富。所以世间的财富并非不好，只要是善财，多多益善；横财，也就是不义之财、不当之财，只会招惹灾祸的财富，不要也罢。

五、要通才不一定要专才。现在社会上很重视专业、专才，不可否认，现在社会发展，高科技专才发挥了很大的作用，但是社会普遍还是需要通才，不一定非专才不可。因为当今是一个开放的多元化的社会，所以只懂得某一项专业的专慈善救济虽然重要，但教育文化更重要。
·佛光菜根谭· 由文化、教育来培养人才，宣传教义，
从思想见解上改造人心，才是根本的救济。

才，就如古代的书呆子，只晓得钻牛角尖。如能通达各种学问，所谓“一理通，万理彻”，懂理科也懂工科，懂哲学也懂文学，懂地理也懂历史，懂经济也懂金融。一个国家能有一些专门人才很好，但是多一些通才也很重要。

才、财，都很重要，有人才也有钱财，有钱财也有人才，才财兼具，当然很好。不过仔细推敲，才、财孰轻孰重？鱼与熊掌，皆吾所要也，当两者不可兼得时，舍鱼而取熊掌，所以“财”可贵，“才”更可贵。

出入（一）

《伊索寓言》有一则“北风与太阳”的故事：一天，北风和太阳打赌，北风提议说：“我们两个人各凭己力，各显神通，看谁能让路上的行人，先把衣服脱下来，谁就获胜。”太阳说：“好！你先来。”于是北风施展威力，猛烈刮了起来。狂风乍起，路上行人纷纷把衣服裹得更紧，行色匆匆地赶路，没有人脱下衣服，最后北风无可奈何，只好说：“我承认我不行，太阳，换你来。”刹那间拨云见日，阳光普照，行人们逐渐感觉到暖热，便一件又一件地脱下衣服。北风俯首认输。

“出入”，就是表示看法或想法与事实真相有差距，有差距就会有计较，有计较就会有纷争。同一件事情，由于立场不同，是非功过的看法就有出入。

世间为什么说拳头厉害，因为讲理的人实事求是，不讲理的人，凭着拳头可以决定是非好坏。世间的人都喜欢用权力，因为权力可以改变是非、公理，用权力可以左右“出入”的观念，所以世间的公理在权力、拳头、武器胁迫之下，就

很难树立了。

现在试谈世间造成“出入”的问题所在：

一、是非好坏有出入。是非好坏本来有是非好坏的标准，但现在这个标准可能因为一些外在的因素而扭曲。包括主观的看法、邪见的看法、私情的看法等，都会让是非好坏的认定走了样，而与公道有出入。例如，甲乙二人，为了某件事对簿公堂，初审、二审、三审的结果都不一样，可见公平的法律也有出入。现在社会上常有一些公益奖项，包括诺贝尔奖、麦格塞塞奖、普利策新闻奖等，都难有绝对的公平。因为够资格、有实力得奖的人，或许他没有申请，也没有人推荐，就成为遗珠之憾；有的人善于宣传，懂得讨巧地请人帮忙介绍、推荐，你说这种奖公平吗？所以，凡一切事情的真相，是非之出入，没有公平的历史家，难以论断。

二、立场不同有出入。一个家庭的父母，爸爸好还是妈妈好？站在儿女的立场都有不同的看法。军事专家、陆海空军的立场不同，就有不同的看法。宗教界，即使同一个宗教的人士，对教派的兴革也有不同的看法。台湾的一条高速铁路，因为立场不同，争论几十年，最后完成了，看法仍然是赞成和否定的各有其人。所以关于是非得失，唯有尊重别人的立场、看法，去除自我的执着，或许才能把出入拉近一些。

三、爱嗔认知有出入。人的习惯，自己所爱的都是好的，不爱的都是坏的。所谓“爱之欲其生，恶之欲其死”，哪里有一定的标准呢？儿子要娶媳妇，全家族一致赞成某家女孩，必然是异数；女公子要嫁人，全家族都看上某家少爷，也是异数。因为人各有所爱，各有所嗔，决定就有所出入。求其相同的理念，不让出入、分歧太大，这是我们所追求的公理。只是这种公理，多么难以获得啊！

四、价值观念有出入。人与人的看法出入最大的，恐怕就是价值观念了。名利权位，人之所好也，但其中何者为重？也各有不同。陶渊明不为五斗米折腰，

·佛光菜根谭·

一种米养百样人，
每个人都有不同的观念想法，不可能尽如人意，
但也因为如此，才展现出多彩多姿的生命历程。

他的人格尊严，不是五斗米所能取代的。唐朝道信禅师，唐太宗曾三次下诏命他上京，他辞不肯就。皇帝生气，下令，再不应诏就取其头来，道信坚不应命，在他看来，取头是小事，应命出山是大事，不为也。

世间，有的人以“拥有”为价值，有的人以“空无”为价值，究竟价值的标准在哪里呢？

出入（二）

过去有两个沙弥，分别住在东、西二寺，每天都到市场买菜，东寺的沙弥较懂禅，有智慧；西寺沙弥不太懂禅，没有智慧。两个沙弥买菜时，常在路上碰见。西寺沙弥就问东寺沙弥：“你到哪里去呀？”“风吹到哪里，我就到哪里。”西寺沙弥不知如何接下去，回去问他师父，师父一听：“你好笨哦！你不会问他：假如没有风，你要到哪里去？”第二天，两个沙弥又碰上了，西寺沙弥就问：“你今天要到哪里去？”“我的脚走到哪里，就到哪里。”西寺沙弥又不知如何是好，回去一说，他师父就骂他：“你好笨！你不会问他：若脚不走，你到什么地方去呢？”第三天，两个沙弥又相遇，西寺沙弥得意扬扬地问：“喂！你今天要到哪里去？”“我到市场买菜去！”

是非好坏、爱嗔认知等，常因各人立场不同、价值观念相异而有出入，可见对问题的看法，如人之面孔，万千人当中难得相同，难免没有出入。说起出入，再举数例申述之：

一、时事判断有出入。我们看到股票市场，每天都有很多人聚集在一起，判断股票的涨跌。有的人观察独到，买对了绩优股，大赚一笔；有的人判断错误，所买的股票一直跌停，不但资金被套牢，甚至倾家荡产，这都是由于判断有出入。在美国有不少时事观察家，对于什么人可以当选总统、什么人应该出任什么职务，都会一一点名，真是呼之欲出。但因为判断难免有出入，所以媒体的报道、新闻的分析只能供做参考。

二、历史事实有出入。有的人相信历史，有的人不相信历史；历史的记载，与事实当然有出入。我们看法院的判决，都是当时的事情，还常常有误判；写历史的人，都是时隔多年、时地变迁，怎么会没有出入呢？尤其在专制时代，历史都掌控在执政者的手中，像春秋时代齐国的太史兄弟三人都为记载历史的事实而牺牲，所以历史的事实能没有出入吗？

三、专业知识有出入。现在的气象台，气象报告人员都有专业知识，预测天气有时候也很难准确，甚至各个气象观测台所预测的地震强度，各有不同，难以一致，都有出入。有病的人到医院检查，如果同时到三家医院检查，结果也经常有出入。所以现在的名医院都实施会诊，免得各科所见出入太大，贻笑外人。当然，我们从气象和医疗来看，其他的股市、政治、军事、经济，大家所知所论有所出入，也就不足为奇了。

四、人事论断有出入。我们见到多少人议论某人很好，但是在同一个时间里，另外的地方也有人议论此人不好。我们也见到很多文章推崇某人很好，但是疵议他的文章也不少，所以人事的论断难有公评，总有出入。历史上，一般对关云长的评价，总说他忠义正直，但近代也有人研究，说他器量狭小。同样地，历史上对武则天的评论，有人把她说得一无是处，但也有历史家推崇她精明能干，很会用人。三国时代的曹操，有人说他是奸雄，但也有人赞美曹操在军事、政治众生有众相，相相皆不同；
佛心无二心，心心皆无异。

·佛光菜根谭·

上用人无一不精。

世间的各种评论，出入是难免的，不过吾人不能因为“出入”而受影响，对于世间还是要保持一颗公平、公正的心，最为重要。

分寸

南丰钢铁公司的董事长潘孝锐居士，在我开山建寺之初，那个时候应该经济非常困难，他将一个印章交给我，跟我说：“需要用钱时，你拿着印章，随时都可以到银行去取钱。”但他的印章放在我这里几年，我从来没有用过一次，后来还是还给他了。你说我有困难吗？的确有困难，但是我不能动用他的印章。有了困难，常住大众会一起来解决，我自己要有分寸。我不会让佛光山因为困难而带来其他不必要的麻烦。贫僧有贫僧的人格，我不去动用不属于我的东西。

人与人之间要有分寸，人与事之间也要有分寸，尤其说话更要有分寸，如果没有分寸，就会有冲突，就会有是非，就会不欢而散。

做人要明理，明理先要懂得彼此之间的分寸。因为理是“轨”，应该是连接在一起，是保持双轨运行的。人我之间应该保持多少间距，此中都有分寸。

现在讲究高人做事都要先拿捏分寸，合乎分寸就容易成功。做人应该注意一些什么分寸呢？列举如下：

一、人情的分寸。人与人之间的交情，此中有分寸。小儿女可以叫爸爸跪下来给她当马骑，爸爸会乐得哈哈大笑。如果是个外人，叫一个父执辈的人跪下来当马骑，不但要骂你，甚至要揍你，因为你太没有分寸了。

二、好恶的分寸。每个人都有他的欢喜或不欢喜，但是欢不欢喜超过了分寸，别人就不以为然了。请你喝一杯咖啡，不喜欢就随便把咖啡倒了，此即不懂分寸；请你喝牛奶，你大肆批评牛奶之害，这也失去了分寸。人的喜欢不喜欢，不能太过强烈。你非常喜欢的，也要顾念别人的不喜欢；你非常不喜欢的，也要顾念别人的喜欢，这里面都有分寸。

三、语言的分寸。说话遣词用句之间分寸更大。讲话不但要注意对象与我关系的亲疏、对象跟我的辈分、对象跟我的性别，尤其讲话的音调、修辞用字的轻重，都有分寸。你没有拿捏好分寸，后果就会很麻烦。

四、赏罚的分寸。连续的嘉奖，会有人批评你私心；连续的惩罚，即使高速公路警察开罚单，一罚、二罚、三罚，驾驶人也会有反抗的心理，也会不服气。赏是鼓励，罚是规诫，总要达到目的；赏罚达不到目的，这就是没有拿捏好分寸。

五、劳逸的分寸。人有时要分工，有时要合作；分工的时候，劳役不均，会引起抗争，因为失去了分寸。主管分配工作的时候，对工作的轻重、时间、成效，要仔细观察，要给予平均，不可失去分寸。劳逸均衡，这是管理学上非常重要的原则。

六、进退的分寸。在家庭里，和父母讲话，也要懂得进退分寸；在公司和上级讲话，更要知所进退，什么时候可以进言，什么时候可以报告。如果主管正忙得不可开交，这时候你要插班报告，事情的结果会如何，当然可想而知了。所以，对于进退忙闲，时间要拿捏得好，尤其要拿捏得巧。

七、用钱的分寸。人会不会用钱，不在于钱多钱少，而是懂得用钱的分寸。有的人每个月收入只有两万元，可是收支平衡，甚至犹有余裕；有的人每个月有五万元的收入，但是常常捉襟见肘，入不敷出，这就是不懂得用钱的分寸。

八、两性的分寸。两性之间，尤其一对一的时候，彼此的亲疏关系更要拿捏贫病之时知朋友，患难之时识真情；
进退之时懂分寸，得失之时通因果。

好分寸，免得日后麻烦。

说到分寸，佛陀讲经说法契理契机，就是分寸；人间佛教重视传统与现代融合，就是分寸；丛林四十八单职事各司其职，就是分寸；政府升迁、待遇，都有分寸。分寸，分寸，人与人之间有很多的分寸，不能不重视。

小事勿轻

做一个知客师，客人来了，他必定需要引导参观，需要餐饮的招呼，需要联络事情；但是，有的知客师父怕麻烦，都是问："你吃过饭了吗？"如果对方说："没有。"他就说："哦，你赶快去吃饭！"事情就这样推诿了。或者，客人来了，有的知客师劈头就问："你有到大雄宝殿拜佛吗？"客人说："还没有。"他就说："你赶快走那边去拜佛。"把客人打发走了，他就没有事了。这类的知客师，虽然看起来也不是什么罪大恶极的坏人，但是这种没有真诚待人的心理，哪里能获得人心归向呢？

有的人认为说错一句话、做错一点事，没什么大不了，其实，"小"不可轻视，千里道路要靠小石铺成，万仞山峰要从小路攀登，美丽织锦要用小针绣出，幸福人生也要小心走过。因此，"小事勿轻"有四点说明：

第一，小小金刚坏须弥。《佛所行赞》曰："金刚利智慧，坏烦恼苦山，众苦集其身，金刚志能安。"金刚虽小，但是质地坚硬锋利，能摧毁一切物。因此，佛教里有一部《金刚经》，即是以"金刚"比喻佛法的尊贵、智慧的崇高，能降伏诸大烦恼，破除一切邪说。

· 佛光菜根谭 ·

小水一滴，不断滴落，
可穿透磐石，更可润泽大地；
星星之火，接续蔓延，
可燎烧原野，更可温暖人间。

第二，小小星火能燎原。《汉书》说："爝火虽微，卒能燎野。"哪怕是一点点的星火，都要谨慎小心，不将它熄灭，遇缘成了大火，将会祸害无穷。像有名的黄山，曾经两度因为游客乱丢烟蒂引发森林大火；而社会上许多大火的起因，也是由于星星小火的处理不当所造成。因此，火苗虽小，不能不注意。

第三，小小细菌会伤身。《毘尼日用》曰："佛观一钵水，八万四千虫。"细菌虽小，肉眼无法看得见，但是不良的细菌若在身体里不断滋生，却会造成人体百病丛生。好比小小的感冒，可能导致肺炎；小小的伤口，可能让人丧命。小小的细菌可能酿成瘟疫，如SARS、禽流感等，造成无数人的伤亡，引起社会的恐慌。所以，细菌虽小，但是会伤身害命，不能小看。

第四，小小忏悔破大恶。贪嗔愚痴、邪见我慢，虽起于小小的一念，却足以毒害心灵。别小看在佛菩萨前的一合掌、一问讯，这一念的清净心能灭除无明罪业。忏悔不只是身体的礼拜，更是内心的自省；忏悔不只是一时的告白，更是一生的除垢。忏悔就像清水一样，可以洗净我们的三业罪障；忏悔就像衣服一样，可以庄严我们的身心功德。因此，一念忏悔，能使我们热恼的心安定清凉。

一般人认为"大"是"力"的象征，而"小"是"弱"的代表。其实小也有小的力量。《法句经》曰："水滴虽微，渐盈大器，凡罪充满，从小积成。"

守时的重要

少年出家，在经本上看到《普贤菩萨警众偈》云："是日已过，命亦随减，如少水鱼，斯有何乐？"不禁心头一震，从此引以为戒，更加爱惜时间，不敢虚度。随着弘法事业的拓展，我益形忙碌，许多人问我：为什么要把自己的时间排得这么紧凑？他们哪里知道，我恨不得将一个小时当一天来使用，将一天当一年使用，将一期生命视为千生万劫。与人相约，我不但守时赴会，不浪费别人的时间，而且能在忙碌的行程中，善用自己琐碎的时间，很快地完成必须处理的事。

守时能使人生活不懒散，进而奋发积极；守时是对他人守信，必能获得人和；守时是守法的基本，自能受人尊敬。有时，守时也关系到国家的安危。战国时期征战不休，连吃败仗的齐景公派田穰苴将军与宠臣庄贾领兵回击。受景公宠爱的庄贾因骄横狂妄，未按约定时间到达军营，田穰苴因此将庄贾就地斩首。由此可知，守时是自古以来成败安危的关键。

守时的意义有下面四点：

第一，守时是社交的礼貌。当我们跟别人约好时间，就不能迟到。常有人约会迟到了，就振振有词地说“因为堵车”“因为临时有电话”“因为出门前有访客”……这些都不是理由，“不浪费别人的时间”才是最好的理由。你已经与别人约好了时间，就不能迟到，因为这是失礼的行为。在商场，如果迟到了，会因此丧失合作的机会。

第二，守时是生活的义务。在职场上，上下班要守时，交货、付款要守时，这是职业的基本道德。在生活中，上下飞机要守时，搭乘火车要守时，参加社会活动也要守时，这是国民基本的礼仪。学生上下学要守时，吃饭、睡觉、交作业、交试卷也要守时，这是青少年应有的学习态度。

第三，守时是领导的需要。守时就是惜时，是对他人及对自己的尊重。一个领导者要能让部属服从他的领导，守时是最基本的要件之一。如果领导者上班迟到，开会也迟到，如此会让部下对他的言行不信任，甚至于也会对他的领导力产生怀疑。

· 佛光菜根谭 ·

懂得利用时间的人，便是懂得永恒的智者；
懂得利用空间的人，便是懂得无边的圣者。

第四，守时是人类的文明。守时是文明进化的产物，愈是先进的国家对守时的观念愈是注重。俗语说“时间就是金钱”，凡事讲求高效率的现代，守时已是做人处世、交际往来的重要课题。在分秒必争、讲究服务的今日，守时已是代表信用、重视顾客，以及对他人尊重的行为表现。

时间可以成就一个人，成功的秘诀在于守时，有时间观念，这是一种信用。

诚实的重要

宋代道楷禅师得道后，大阐禅门宗风，曾担任过净因寺、天宁寺等大寺的住持。一日，皇上派遣使者颁赠紫衣袈裟，以褒扬他的圣德，并赐号定照禅师。禅师上表坚辞不受，皇上再令开封府的李孝寿亲王至禅师处表达朝廷褒奖的美意，禅师仍不领受。因此触怒皇上，敕交州官收押。州官知道禅师仁厚忠诚，当到达寺中时，悄声问道：“禅师身体虚弱，容貌憔悴，是否已经生病？”禅师答：“没有。”州官曰：“如果说是生病，则可免除违抗圣旨的惩罚。”禅师答：“无病就无病，怎可为求免于惩罚而诈病呢？”州官无奈，遂将禅师贬送淄州，闻者皆泪流不已。

做人要诚实，诚实代表一个人的人格、信用。所谓“人无信不立”，人不诚实，不能成功。放羊的孩子以谎称“狼来了”戏弄农夫，虽然他只是以此为娱乐，但因为说谎骗了人，当真狼来了，说谎的孩子和羊群都成了狼的果腹之物。周幽王为了博取宠妃褒姒的一笑，不惜“烽火戏诸侯”，却因此失信于诸侯，最后招致亡国之恨。

诚实是做人处世的根本，美国总统华盛顿小时候砍了樱桃树，当大人责问时，他毫不诿过，直下承认，后来当了总统。“华盛顿砍樱桃树”的故事至今仍为美谈。美国人很重视诚信，在入籍美国时都要宣示，甚至旅客进入美国海关，只要如实填写入关卡，他们都会相信你；万一你有谎报不实的情事发生，有了不良记录，下次再要进入美国就很麻烦了。

其实任何国家地区都欢迎诚实的人进入，都会讨厌不诚实的人。做人诚实，人生的路才能行得通。兹将诚实的重要性略述如下：

一、诚实能赢得尊重。一个人说话，有时虽然对己不利，但因为他的诚实，反而赢得别人的尊重。现在社会上有一些人死不认错，甚至在很多证据面前“千夫所指”也不肯认错。认错其实是美德，诚实的人就算是失败了，由于他的诚实，立下好的信誉，最后还是会有东山再起的机会，这个社会毕竟还是欢喜诚实的人。

二、诚实能感到安心。说谎的人，就算是得到一时的利益，不过良心不安；诚实的人，就算是吃了亏，却感到心安理得。“人之将死，其言也善”，一个将死的人犯不着说谎骗人，所以我们抱着必死之心也要说诚实的语言，免得受到良心的谴责，感到不安。有时在大众之前，尤其在利害关系之下，会有诸多为难的地方，但是做人宁可诚实而死，也不可说谎而生。你能有此决心，就会得到安心。

三、诚实能获取信任。佛教的五戒中第四条戒就是“不妄语”。有一个信徒想要求受五戒，但又怕自己不能守戒“不说谎”。他家开布店，经常有顾客上门买布时会问：“多少钱一尺？”“三块钱一尺。”“褪不褪色？”这时他只有说谎“不褪色”，才会有人要买。我告诉他：“你可以不必说谎，当他问褪不褪色时，你可以说三块钱一尺的会褪色，另有八块钱一尺的不褪色。”多年以后，他的小布店变成了大楼，生意愈做愈大，这不就是诚实取得别人信任的利益吗？

四、诚实能结交朋友。朋友交往，最为伤害友谊的莫过于说谎不诚实。说谎休怨我不如人，不如我者众；
休夸我能胜人，胜过我者多。

的朋友，一旦被对方拆穿，必定翻脸成仇，不如用诚实的态度，说诚实的语言，诚实必定是友谊永固的重要因素之一。

佛教讲“三祇修福慧，百劫修相好”，释迦牟尼佛的“三十二相”，其中有一“出广长舌相”，就是舌头伸出来能覆盖着鼻子，这是由于三十世不说谎所修得的相好。另外有一位“香口沙弥”，不但不说谎、不骂人，而且说好话、说善言，最后他说话时口中完全没有秽浊之气，只有满口芬芳。由此可见，诚实有诚实的好因好果，说谎也会有说谎的恶因恶果。

做事的原则（一）

过去经济拮据的时候，为了利乐众生，我固然饿体肤，劳筋骨，但是直到现在，我的弟子遍满天下，大家争着要来供养我，我也依然吃不饱，睡不好，因为我除了改稿、回信、课徒、议事、演讲以外，一天十几回地会客、开示，已是家常便饭。为了一句话，我经常在一日之内穿梭数地，讲经说法，甚至只是为了见对方一面，谈一次话，而飞行数十小时，往返于洲际之间。我每天的行程，早在数月前，甚至一年以前就已经排满，实在无法应付临时的邀约，但是往往为了给人欢喜，不忍拒人，只有成人之美，劳累自己。

比赛场上有比赛的规则，公司企业有发展的共同原则；做人有做人的原则，说话有说话的准则，当然，做事也要有做事的津梁。有了准则才会有目标，依照准则订方法才不致差错。不会做事的人，不知道如何拿捏准则，拿定不了主张，相继地也产生很多附加的闲话、是非和争论。所以，“做事的津梁”有四点：

推诿，阻碍一切进步；
担当，成就一切事功；
强辩，招来一切非议；
认错，化解一切责难。

·佛光菜根谭·

第一，行事要权衡轻重。文章要言之有力，则文句铺排要有轻重缓急；音乐要能感人肺腑，则节奏的轻重快慢要拿捏得好；事业要能成功，除了人力支援，主事者也要懂得权衡事情轻重，才能有完美表现。再说，建一栋房子，是先从门做起，还是先从屋顶做起？购买家具，是先买桌子，还是先买椅子？你要用人，是先用会计，还是先用总务呢？凡事都要权衡轻重，事情进行才会比较顺利。

第二，说话要真诚和善。《荀子》曰："与人善言，暖于布帛；伤人之言，深于矛戟。"说话真诚和善，彼此欢喜，结的缘就深；说话恶意中伤，为人唾弃，结下的就会是恶缘。做任何事都必须和人接触，即使再能干的人，也都会有需要人家帮忙的时候，如果人家不愿意帮助你，事情就很难完成。所以，和人的应对往来，说话真诚得体是很必要的。

第三，做人要明辨是非。人除了会说话、会做事，还要会做人。做人难，人难做，难做人，做人最大的困难是什么？就是明辨是非。世间，是是非非、好好坏坏的事情很多，但是"是"和"非"的判断却是各凭智慧，倘若你没有是非对错的正见，人云亦云，"墙头草两面倒"，人生将会过得浑浑噩噩、糊里糊涂，且无所适从。

第四，修行要合乎中道。日常生活中，做事的时候，我们希望能利益别人；说话的时候，也想到要给人欢喜，凡事都想到要帮助别人，但是有一件事却得要想到自己，那就是修行。修行是自己的事，没有人替代得了你。到底要怎么修呢？修行要合乎中道，中道就是不偏不倚。修行不在于特立独行，不是眼观鼻、鼻观心才叫作修行，修行主要在于修心，苦乐之间、忙闲之间都要能恰到好处，过与不及，都非善事。

明朝王守仁说："志不立，如无舵之舟，无衔之马。"人生要有准则，有准则为人处世才能顺理成章，也才能有所成就。

做事的原则（二）

我一生随缘随喜，但是碰上有违原则的事，我绝不苟且妥协。接管雷音寺时，我在众目睽睽之下，请人将大殿内多尊神像搬走，并且亲自砍掉两旁神像出巡用的“回避”牌子，以正佛堂威仪庄严。为了密勒学人奖学金的滥发，应邀做评审委员的我，不惜向主办人南亭法师拍桌抗议。为使高雄市区信众便于学佛，我帮忙建筑高雄佛教堂，看见墙上的卍标识与正统佛教不符，我力排众议，拆掉重建。

火车有轨道，所以能平安行驶；船只有航道，故不会迷失方向；读书有方法，才能抓到重点；做人也要有原则，才能与人往来。当然做事也要有做事的态度与准则。做事的准则有四点意见说明如下：

第一，要担当，要负责。无论你是大人物还是小人物，做大事还是做小事，最重要的是要能担当，要能负责。主管没有担当，不能负责，则部属得不到安全感；反之，部属不能担当，不能负责，则将影响团体整体运作的进度。所谓“大丈夫一身做事一身当”。想要获得事业上的成就，就要坚定自己勇于负担责任、行事不苟的态度；想要获得朋友的信赖，也要给人能承担、能认真的信任感。希望人生过得踏实，就要如此养成自己担当负责的生活态度。

第二，要自知，要知人。《吕氏春秋·用众》曰：“物固莫不有长，莫不有短，人亦然。”一个人不仅要了解自己的能力有多少，也要知道自己的长处和短处在哪里，才能借由不断地自我调整而进步。了解自己之外，更要了解别人，才不会对他人做出过分的要求。再说，一个人的能力再大，也会有所局限，为了远景着想，大家必须互助合作，“取他人之长，补一己之短”，才能顾全大局，完成功业。

为与人共事，故要“自己无理，别人都对”；
为增广见闻，故要“事事好奇，处处学习”；
·佛光菜根谭·
为自我提升，故要“眼光要远，脚步要近”；
为顾全大局，故要“求精求全，瞻前顾后”。

第三，要明理，要明事。一个会做事的人，明理明事的态度，对他而言是非常重要的。有的人做事，不能掌握事情的前因后果，不重视事情的理则，一旦事情败坏，就只能在结果上怨恨、计较。其实，事出必有其因，原因不能明白，将无法断定结果的真实性。所以，明理的人要懂得因果关系的重要，明事的人要注重因果的法则。

第四，要体谅，要尊重。每个人的思想观念、行事作风都会有所差异，人类是群居的动物，任何事情往往不是靠一个人孤军奋斗就能达成，一定需要很多人的通力合作才能完成。因此，大家在一起做事，如果没有体谅别人的心，别人就不愿服从你；没有尊重别人的态度，别人也不会对你尊重。所以，为人处世彼此体谅、尊重是很重要的。

做事要做得好，要为自己立下做事的准则；有原则可循，则不致偏差。“德以处事，事以度功”，做事的准则可作为吾人行事的参考。

做人的津梁（一）

有许多人问我：“是什么力量，使得您在面临这么多的横逆阻难下，还能屡仆屡起，永不灰心？”我想，这与我生来容易感动的性格有着密切的关系。由于我很容易被一个人、一件事深深感动，因此呈现在我心里的世界，永远都充满着光明美好，从而鼓舞我不断向前迈进。

自然界的事物都有其生存法则，宇宙物理与人类之间，也有它应循的轨则，《中庸》云：“天命之谓性，率性之谓道，修道之谓教。”人生最重要的就是把人做好，要圆满做人处世，也有其应守的法则。

第一，从忍耐中增加力量。做人要有力量，好比英雄要配刀配剑，才显得英武。《增一阿含经》说："小儿以啼哭为力，女人以娇媚为力，比丘以忍辱为力，国王以威势为力，罗汉以少欲为力，菩萨以慈悲为力。"力量大，就能坚强承担。忍耐是世间最大的力量，忍苦、忍辱、忍受委屈，逆境要忍耐，顺境的好话好事也要忍耐，才不会得意忘形。一切都忍，忍到最后就会成为美化世间的力量。

第二，从明理中随顺因缘。合乎自然就合乎因果、缘起、天命、天理。做人要明理，要随顺因缘，不能逆天行事，凡事不合因缘的，即使做了也不能成功。好比河水，懂得避开障碍，故能川流不息；处世，知道了随顺因缘，才能无往不利。此外，日常用钱应该量入为出，感情处理也要妥当适宜。如果了解每件事情都需要诸多因缘成就，懂得顺应自然，就能水到渠成，顺利成功。

第三，从发心中庄严自己。每个人要发心立愿，人生才会有目标。阿弥陀佛发四十八个愿心，成就极乐世界；药师佛发十二大愿，成就东方琉璃世界；菩萨发慈悲喜舍四无量心，发愿修行六度万行，广度众生，方能圆满佛道。能发心吃苦、发心作务、发心服务奉献，做什么事都能发心，那么发心有多大，成果就有多大。

第四，从满足中感恩说好。有些人总想到自己这个欠缺、那个没有，能全部拥有该多好！其实，感恩是最大的富贵，感恩别人待我好，感恩交通四通八达、物质应有尽有，乃至道路两旁的树木花草，虽然不知道是哪个人种的，但它让大家乘凉，美化世间，不是该感谢吗？凡此种种都能感恩、赞美，就是最美好的人生。

第五，从沟通中融洽和谐。凡事要和谐无争，沟通、交流是要点。与人沟通若一意执着己见，容易产生误会分歧。像婆媳不和、亲子代沟、亲邻不相往来等，皆是起因于观念上无法沟通。对此，佛门教导弟子依布施、爱语、利行、同事之"四摄法"，与人沟通、相处，进而营造"六和敬"的环境与心境。总之，人际要融洽和谐，沟通是必修的课题。

第六，从参与中奉献身心。我们无法离群索居，所谓“三人成众”“独木不成林”，每个人都必须在大众中生活，寻求共生的人生。好比参与球赛，需要每位球员奉献身心、团结同心，才能制胜。做人处世也是如此，只有参与大众、融入团体，才能成就自我。从参与中奉献身心，以“大众第一，自己第二”的观念生活，则无事不办。

第七，从和合中集体创作。现今社会讲究集体创作，重视团队精神。个人一枝独秀，成就有限；集合大众的力量与智能，才能创造非凡的成果。常言“三个臭皮匠，胜过一个诸葛亮”，佛教也讲“众缘和合”，花草树木需要阳光、空气、水方能成熟，一件产品需要材料、机器、人力才能完成，一部戏剧需要导演、编剧、演员始能开演。因此，人与人之间，不但要融合，更要相互配合，才能共同成就大事。

第八，从认同中自我享有。自我肯定固然重要，受他人认同，从认同中自我享有，更是必需。反之，无法获得他人的认同，纯粹孤芳自赏，便缺少一份成就感。如同女子初嫁夫家，要学习“洗手持作羹”，才能获得家族的认同，进而自我享有。此外，想要被人认同，要先学会认同别人，懂得相互包容尊重、彼此关爱、立场互换，才是真正的同体共生。

第九，从谦和中友爱尊重。与人相处要谦虚和蔼；做事要有生气，处人要有和气。罗素说：“伟大的人绝不会滥用他们的优点，他们看出他们超过别人的地方，并且意识到这一点，然而绝不会因此就不谦虚。他们的过人之处愈多，他们愈认识到他们的不足。”因此，一个人即使在聪明才智、经济能力等方面占了优势，也要懂得谦和，惭愧自己仍有所不知、有所不能，如此对人友爱尊重，别人同样会尊重你。

第十，从信仰中发觉自我。人应该要有信仰，好比对自己人格的信仰、对道德的信仰、对原则的信仰，甚至对某某主义的信仰、对学术思想的信仰、对宗教做人，要受教、受气、受苦；
修身，要改言、改性、改心；
行事，要敢做、敢说、敢当；
学习，要思想、思考、思虑。

的信仰等。不论你的信仰是什么，都要能建立正知正见；不管你的信仰是什么，都要能发觉自我，发觉自我本性里的尊严、本性里的宝藏、本性里的般若智慧。

第十一，从平和中进取奋发。世间凡事“以和为贵”，所谓“和”并不是整日无所事事，终日闲荡，与世无争。“和”有积极的意义：人要以“平和”为基础，进而从平和中进取奋发，那么所作所为就不会违背良心，也不会为是是非非所干扰了。

第十二，从威仪中端严礼敬。佛教讲“三千威仪，八万细行”，威仪不但能够收摄修道人的身心，也是一种无言的身教，然而唯有注重内在的修养才能永久有庄严形象。有威仪，举手投足都是智慧的展现，自然就会受到众人的尊敬了。

做人的津梁（二）

昔时有位宰相，气度宽宏，行忍功夫到家。有一天，弟弟要到外地去做官，来向哥哥告辞，哥哥说：“你脾气不好，此行我担心你的事业不能顺利。”弟弟说：“不会啦！这次我听哥哥的教导，别人给我的讥讽毁谤我都不会计较！”“真的吗？假使有一个人在你脸上吐一口口水，那你怎么办？”“我一定照哥哥的指示去做，不和他计较，把口水擦干就算了！”哥哥听了，顿了一下，又说：“如果是我的话，我就不是这样做。别人所以对你唾面，就是因为不高兴你，你把他擦了，那么他会更不高兴。这种情形之下该怎么办呢？让它自己干了，不必用手去擦，这才算是到达忍耐的上乘功夫。”

做人难，处事难，其实世间有什么事不难？因为世道多艰难，所以坊间有很多关于处世箴言、处世之道、处世哲学的专书。以下针对处世之道提出十事作为参考：

一、坚定而不固执。人与人相处，要靠语言沟通。说话最怕啰唆，言不及义，所以语言要简单扼要，尤其语意坚定，不可模棱两可，但是语气要委婉，不可固执己见，以免经常与人引生口角。

二、忍让而不软弱。与人谈话议事，不是一再虚与委蛇，一味地讲客气话；说话固然不能太强硬，但也不能软弱无力，自己的立场要坚定。只是必须注意礼貌，讲话修辞造句，要回避尖锐的语句，即使有意见提出，也要让人听了能欢喜接受，才是上策。

三、谨慎而不胆小。人与人交往时，如果交情不到，说话要谨慎注意，不要有语病让人抓着小辫子，必须谨慎，以防落人口实。但是也不是遇事退缩胆小，自己要有自信，不要胆怯，当严则严，尤其应该拒绝的事要勇敢说明白，以免事后反悔。

四、勇敢而不鲁莽。处事能见义勇为，让人感到你是一个勇敢的人，可以担当责任，能够护持大众，肯于承担而不畏首畏尾固然很好；但是也不能鲁莽行事，凡事要冷静思考，慎下决定，才能圆满周全。

五、沉着而不呆板。说话、做事、待人，都应该沉着、稳健，但不是迟缓、呆板，一副手足无所措的样子，让人替你紧张，为你同情。尤其当得沉着时，不要轻易发言，不要轻率行事，要沉着地看看周围的气氛，时时关照在大众中我会得罪别人吗？我的承诺适当吗？能如此就算沉着而不呆板了。

六、自谦而不自卑。朋友当中，我们都喜欢谦虚的人，一个人傲慢自大，别人口中不说，但心中早已对你感到不满。因此，不要做个惹人讨厌的人，自己的态度要清高，语言要谦卑，如此走遍天下，都不会遭到别人的阻碍。

七、活泼而不轻浮。在我们的朋友当中，有人很活泼，但活泼过了头，成为轻浮；有的人太过庄重，庄重过分成为呆板。最好能够灵巧活用，而不拘泥、客以舍为有，则不贪；以忙为乐，则不苦；
以勤为富，则不贫；以忍为力，则不惧。

套，尤其庄重幽默而不轻浮，如此必能受人欢迎。

八、机警而不多疑。在群众中与人相处，如果不机警，被人暗暗指责、耻笑都不自知，所以要时时注意别人的态度。所谓“察言观色”，要留意不要得罪别人，让人不欢喜，但也不可凡事多疑，纵使人家对我们有意见，也要能哈哈一笑，不必多事生疑，惹出更多的麻烦。

九、自强而不自骄。在社会上，人要自强不息，事业做得愈大愈好，正当净财多多益善，三教九流的朋友广为交往，所谓“在家靠父母，出外靠朋友”。人对自己的工作、事业要自立自强，但不能骄慢，因为你伟大，比你伟大的人还有很多；你有钱，有很多人比你更有钱，所以不能显出骄慢，让人看不起。

十、豪放而不粗鲁。做人不要小家气派，应该要摆出一点英雄本色，要豪放、坦荡，但不能粗鲁、粗俗，尤其不能粗暴、粗鄙，否则必将为人鄙视。

以上十事，提供给大家，希望各自检点为要。

储存人生的资粮

就在我们的身边，有许多小而不起眼的人、事、物，其未来性往往不可限量。例如小沙石混在水泥中可以建高楼大厦，小螺丝钉锁在大机器上可以运转生产，小水滴不断滴下力可透石，小火星足以燎原，河床中小土块的沉积可以让流水淤塞，一文小小的布施或能济人燃眉之急，一丝小小的微笑给人信心无限，每日一件小小的善行足以广结善缘。

中国人一向有储蓄的好习惯。储蓄不是只有储存金钱，也要懂得储存人生的资粮。例如，干旱时储水，春夏时储粮准备过冬，成家时储存教育基金，以备将来儿女入学读书，年轻时储备养老基金，以便老来安养。尤其是人生要储备功德，以便享受来生。

我们到银行或邮局存款后，都会拿到一本存折，从存折里可以看出我们有多少存款。人的一生也需要有好多本存折，才能保证一生平顺。人生的存折应该存些什么呢？

一、储蓄时间。一个人的一生有多少时间供我们使用，这是自然律，受因果业报所限定。在我们基因业力的银行里，储存的时间有多少可用，我们要好好地争取时间、利用时间、把握时间、节省时间。需要三天才能完成的工作，我两天就把它完成了；别人需要忙碌一天的事情，我半天就做完它。把时间储蓄起来，很多的理念、想法、愿心，就可以利用这些时间去实现。

二、储蓄技能。俗语说“万贯家财，不如一技随身”，在我们的生活里多储蓄一些技能，不管汽车修理、水电修理，乃至木工、瓦工、铁工、会计、行政，甚至绘画、音乐、书法等，你储蓄各种技能，还怕失业吗？

三、储蓄善缘。有的人不去求事，事来求人；有的人种种辛苦，想找一份职业，千难万难。平时广结善缘，有了善缘，一切都会顺利。

四、储蓄福报。福报就如银行里的存款，我们存了三万元，银行不会少给我们一块钱；存了两万元，银行也不会多给我们一毛一角，所有福报都要靠我们平时自己储蓄、累积。我们护生、惜福、救灾、济贫，都是积德培福的储蓄。有的恶人，今生荣华富贵，钱财使用不尽，那是他过去世行善培福，他过去世银行里有存款，我们不能不给他使用。有的好人，过去没有储蓄，银行也不会看交情、面子，供他领钱。所以，一个人有多少福报，就能享有多少，就如银行里有多少存款，就能提领多少。每个人都要懂得储蓄福报，才有福报可享。

决心可以使人不致半途而废；
毅力可以使人走上成功之路。

五、储蓄诚信。一个人要培养自己的声望，有待储蓄自己的道德、人格、慈悲、善良，尤其诚信，用途广泛。别人和你来往，先要查看你人生的存折里，有没有诚信；人家要和你共事，也是一样，要了解你过去的历史里，有无诚信的储蓄。有诚信的人，几万、几十万、几百万，一句话就成交；没有诚信的人，即使拿不动产抵押，请人担保，对方也不放心。所以，有人说诚信是人的第二生命，人生的存折里储蓄诚信是无价宝。

六、储蓄力量。练武的人，拳头不轻易打出去，要把力量储存在自己的身体上。人生，金钱不能一下子就花光，要把金钱的力量放在口袋里。我们平时做体操运动，就是在储存我们的健康；我们练武学文，都在储存自己应世的能力。我们有学识的力量，有慈悲智慧的力量，甚至有会说好话、善于交际的力量，则走遍天下都不会遭人欺负。假如一点都不懂得储蓄，则如纸糊、稻草做的假人，只能吓唬野鸟于一时，终究不会引起别人的注意。所以，人生要储蓄各种力量，生命才有动能发光、发热。

过“正命”的生活

有人问我最喜欢写什么字送人，我说我喜欢“正命”。但是我出家的弟子在旁边看到的都不以为然，他们说：“现代人哪一个懂得‘正命’？”其实，正命，正是人生最重要的，生命最可贵，“正命”是人们的最大期望，所谓“正当的经济生活”“正派的生存”“宁可正而不足，不可斜而有余”的“正直人生”有什么不好呢？

每一个人都能修口修心，就能正己正人；
每一个人都喜敦亲睦邻，就能齐家治国；
每一个人都懂缘起真理，就能相互依存；
每一个人都行七菩提分，就能正常生活。

·佛光菜根谭·

人生在世，必须工作以赚取生活所需。佛教有所谓“八正道”，当中“正业”就是正当的行为，“正命”就是正当的经济生活和谋生方式。据《瑜伽师地论》卷二十九：“如法追求衣服、饮食，乃至什物，远离一切邪命法，是名正命。”正常的经济生活对个人、家庭、社会而言都非常重要。工作除了提供生活所需之外，也是奉献、服务、广结善缘的最好修行，因此不但要从事正当的职业，而且应该具备正确的观念，亦即所谓的职业道德。例如：

一、要有因果的观念。不借公务之便而贪污诈欺、假公济私、收受贿赂、强取豪夺、威胁利诱等；凡有所得，悉数归公，一丝不苟。

二、要有忍耐的力量。受责不抱怨，遇难不推诿，要任劳任怨，一切想当然耳。有了忍耐的力量，才能担当，才能负责。

三、要有敬业的精神。在工作中，要认真负责，要乐在其中，遇事不推托，不以磨人为乐，要给人方便，给人服务，此即敬业。

四、要有感恩的美德。凡事感恩，感谢老板提供工作机会，感谢同事、部属协助我们工作等，有了感恩的心，不论多忙、多累，都会欢喜地去做。

发心学佛后，除受持净戒外，更需进一步在日常生活中广修善业，并以“八正道”为生活的准绳。所谓“八正道”，即正当的见解、正当的思维、正当的语言、正当的职业、正当的生活、正当的禅定、正当的意念、正当的努力。能将佛法糅合在生活中，才堪称一个正信的佛弟子。

卷三 生命在于活出什么

人身难得今已得，佛法难闻今已闻；
此身不向今生度，更向何生度此身？

——古德

如何自我成熟

成熟，是一种诚恳的谦卑，是一种不虚张声势的实在，是一种了然于心的自我认识，更是一种懂得付出的慈心有情。

人生有所为

有一段时间，一连有好几位徒众因身体有病而住在如意寮中静养。为我开车多年、曾经担任人事监院的永均法师问我：“那些人看起来身体很好，但每天又无所事事，为什么那么多病？我们每天忙碌不已，身兼数职，为什么反而身体健康不生病呢？”我随口回答他：“因为忙就是有营养啊！”不料这句话在徒众间流传起来，成为一句法语。回想起来，我的一生的确是因为忙才少病少恼，身健心安。

做人应该“有所为，有所不为”。当所做的事情于人有益，即使辛苦也不要紧，对人有用的好话，要不怕多说；自己遇到伤心烦恼，或逆境挫折的时候，要能不怨恨、不退却。此之“人生四不”，说明如下：

第一，工作辛苦“不要紧”。青年守则说“人生以服务为目的”。服务就要工作，工作里辛苦自是难免，但是若把工作当成服务，就不会感到辛苦。例如，下班时间到了，主管却要你加班；平常好几个人做的事情，忽然要你一个人独立承担。这个时候如果你嫌累、你抱怨、你觉得不公平，只会苦上加苦；不妨转换一下心情，想到一定是自己能力强，所以主管才会交付重任。甚至工作多，虽然苦了一点、累了一些，但可以多为别人服务，自己也可以累积经验，人生不是更有意义吗？所以，事多的时候不要嫌烦，不要觉得辛苦；起早带晚地加班，也不必皱眉头，你能以欢喜乐观的心情工作，自能体会忙的意义、忙的乐趣。

第二，对人好话“不怕多”。说话是一种技巧，也是一种艺术，更是沟通人际往来的工具。人都喜欢听好话，一句赞美别人的好话可以使人心生欢喜，终身为其效命；反之，一句伤透人心的语言可以使多年的知己反目成仇。社会上把不逆境，是磨炼意志的大洪炉；
困苦，是完成人格的增上缘；
信心，是到达目标的原动力；
理想，是建设人生的指南针。

·佛光菜根谭·

会说话、经常说错话的人喻为“乌鸦嘴”，意思是不会说好话，经常说话得罪人，或是经常说话给人难堪。其实，一个会说话的人，一句话说出口，不但是为了传达自己的意思，也总希望对方能欢喜接受。所以，人要学习说好话，而且好话不怕多；会说好话的人，才能带给别人欢喜，自己也才能成为受欢迎的人。

第三，遇事烦恼“不怨恨”。人生最大的烦恼是欲望，因为有欲望、有所求，当所求不得或所求与所愿相违时，烦恼自然由此产生。佛经里把烦恼比喻为“如病”“如箭”“如火”“如毒”等。意思是说，当一个人有了烦恼，就像生了病，又像中了箭、着了火、喝了毒一样，自然痛苦不堪。人不要与烦恼为伍，有了烦恼，要自我惭愧，要“转烦恼为菩提”，而不是一味地怨天尤人。所谓“思量烦恼苦，欢喜便是福”，人要懂得制造自己的欢喜和快乐，不要将忧愁烦恼传染给别人。有欢喜的人生，活着才有意义。

第四，逆境挫折“不退却”。人的一生不可能永远在顺境里长大，遭遇逆境、挫折是人生必然的际遇。一般人在遇到逆境挫折时，容易感慨世事沧桑、人情无常，因此消极退却。但是，有人说“人生如球”，球如果经不起拍打，它就不能弹跳，也就失去球的价值。所以，人要把逆境当为增上缘，在逆境挫折时，只要坚持自我，永不退却，则未来会肯定我们的定位。

人的一生，不一定要活出什么亮丽的成绩，但要活得有意义、有价值、有尊严，这就是成功。

怎样活下去（一）

我 20 岁那年从佛教学院毕业出来之后，就将自己奉献给社会大众，我一生没有放过年假，也没有暑假、寒假，甚至星期日我还比别人更加忙碌；我从早到晚没有休息，不但在讲堂教室里弘法利生，在走路的时候、在下课的空当，甚至在汽车、火车、飞机上，我都在精进地办公、阅稿。每天我都是在分秒必争、精打细算中度过。如果以一天能做五个人的工作来计算，我活到 80 岁的话，就有 60 年的寿命可以从事工作，60 乘以 5，不就是 300 岁了吗？所以，300 岁不是等待来的，也不是投机取巧来的，而是自己努力辛勤创造出来的。

佛经讲“人身难得”，生命无比尊贵，人好不容易来到世间走一遭，应该好好地活下去。但是有的人因为遇到人事、情爱、财务等困境，整天烦恼愁闷，觉得活不下去。因此，不由得让人想到，人要活下去，确实需要具备一些条件，例如：

一、要有钱财。俗语说“一文钱逼死英雄汉”，生活是很现实的，每日食衣住行，样样都需要有钱才能打点，没有钱真是“贫贱夫妻百事哀”。没有钱的悲哀不只是生活艰难，有时生了病，没有钱付医药费，甚至有的人需要紧急开刀，却因为无力交保证金，因此延误就医，生命就这样枉送了。所以活下去的第一要件，非钱财不能救命。

二、要有物质。有了钱财，也还不能解决人生全部的问题，钱财必须能变换成物质。例如，冬天到了要有御寒的衣物，夏天来临要有遮阳避雨的房舍，吃饭要有碗筷，睡觉要有床铺，所以生活上的资生物用也是活命的要件。

三、要有安全。人生存下去的基本条件有了，但是如果生命朝不保夕，每天都在担惊受怕中过日子，活着有什么意义呢？所以生命的最大需求就是“安全”。人不但要预防自然灾害，还要防备社会上的各种陷阱，才能安全地生活。

四、要有健康。生命获得外在的安全保障还不够，最重要的是有健康的身体。一个全身病痛不断的人，活着也非常辛苦，所以要保持身体的健康。平时不仅生活

·佛光菜根谭·

入世的生活以拥有为快乐；
出世的生活以空无为快乐。

要正常，观念尤其要正确，如此才有健全的身心，才能活出生命的意义来。

五、要有爱心。生命不是一己所有，生命乃宇宙众缘共同成就而存在，所以每个人对世间、社会、他人，乃至对自己都要有爱心。甚至要把爱人的心升华为对众生的慈悲，能够“无缘大慈，同体大悲”，才能活出“同体共生”的最高生命价值。

六、要有因缘。人生在世，不能独自存在，举凡食衣住行，无一不是仰赖社会大众的供应，有了众缘成就，人才能生存。因此，大众给我们因缘，我们也要给别人因缘，如果每个人都能为国家社会创造因缘，这个国家才能强大，社会才能进步。

七、要有智慧。每个人的生命，同样一天有二十四小时，但是有的人活得既充实又有意义，有的人活得糊里糊涂，甚至苦恼。此中最大的差别就是有无智慧。现在有很多人活不下去，想不开而自杀，就是缺乏智慧来解决困境所致，智慧的重要性由此可知。

八、要有信仰。信仰才是最真实的生命，信仰是道路，信仰是纪律，信仰是秩序，有信仰才有目标，心中才有主。信仰的层次，从邪信、不信、迷信，而到正信，尤其不能不知也。

人要活下去，应该具备的条件很多。以上所述，更是不能不具。

怎样活下去（二）

释迦牟尼佛未成道时，贵为一国的太子，享受无比的人间欢乐，得到万民的景仰。但是佛陀不以皇宫的生活为满足，不甘愿做个庸碌的凡夫，于是舍弃一切的荣华富贵、亲族情爱，独自走上追求真理的道路，创造了自己广大如虚空的生命，而一切的众生也随着佛陀的证悟，开创了未来正觉幸福的命运。

人到世间来，是享受吗？未必。是受苦吗？也不见得。这是一个苦乐参半的世间，我们来到世间，不管苦乐，都要承担。人生要承担一些什么呢？

一、生活的承担。人要生活，就不能不吃饭、不穿衣等。生活所需的费用从哪里来呢？这时就必须承担生活的担子，不但承担个人的生活所需，一家老小我们都要帮助承担。有时日常生活所需之外，偶尔有个病痛，还要负担额外的医疗费用，所以生活的担子、生活的压力，常压得人喘不过气来，如何调适就看个人的承担力了。

二、心理的承担。生活的负担以外，心理上有烦恼、欲望、贪嗔、嫉妒等，你心理上承担不起外面的人事、境界的压力，就会痛苦不堪。所以心理上的七情六欲，重重叠叠的因缘事端，都压在我们的心上，有能力的人当然懂得化解，用知识化解，用信仰化解；没有力量，不能化解的人，只有承担心理上的压力了。

三、声望的承担。有的人一直要名，希望有声望；等到名望有了，才发现名望也是一种承担。你会讲经，每到讲演时，你的声望告诉你，不能随便，你要有与声望相等的演说；你会音乐，一场音乐会，你要有和声望相当的音乐素养来表演，不能坏了自己的名声。这都必须要承担。

四、责任的承担。人到世间来，父母交给我们的责任、长官托付给我们的使命，乃至在职业上应该承担的责任，在感情上应该负起的责任，甚至对国家社会应负的责任，你说我能不承担这许多责任吗？要承担这些责任，必须要有时间、空间，尤其要有力量，才能承担这么多林林总总的责任。

五、身份的承担。在人生的舞台上，每个人都有自己应该扮演的角色，甚至是多重身份、多种角色。你是父母就有父母的承担，是教师就有教师的承担，乃至士农工商、老板、员工都有各自的承担。要做董事长没有领导人的承担，甚至当警察没有警察的承担，不能配合身份，不能承担身份所应负担的责任，就会被淘汰。

世道多艰辛，所以要勇敢；
世事多难测，所以要自知；
生活多困难，所以要坚强；
生命多无常，所以要珍惜；
处世贵公正，所以要无私；
做人贵诚信，所以要实在。

六、关系的承担。人与人之间，不管亲疏，父母儿女有伦理上的承担，亲戚朋友有社会上往来关系的道义承担。一个团体上下人等，都有彼此工作上的承担。甚至我拥有了一块土地，就必须缴税；我买了一栋房子，就必须承担它的保养；我种的花草树木，就要承担浇水施肥的责任；我领养的小猫小狗，也不能让它挨饿受冻，必须承担它生存的责任。这都是关系的承担。

七、道义的承担。除了上述的承担之外，有时候道义之交也要承担道义的责任。例如，你家有婚丧喜庆等各种事务，我跟你是朋友，在道义上我不能不帮你承担；我过去曾接受别人的关怀、协助，在人情道义上我不能不时时处处帮助他承担一些责任，这就是道义的承担。

八、负面的承担。在各种承担当中，负面的承担应该是最辛苦的了。例如，别人加诸给我的毁谤，说我的是非，对我的陷害，我必须承担这些有的没的之罪名。此外，自己身体上的疾病、心理上的烦恼、情感上的挫折、财富上的得失，乃至大自然的灾害、社会的刀兵盗贼、政治的迫害等，都叫人难以承担。

一个人在世间，到底能承担多少重量？仔细算一算，若没有坚强的大勇气，在世间活着，实在不容易承担！

整理生活

有一位信徒问赵州禅师：“十二小时中如何用心？”赵州禅师回答他：“你是被十二小时支使得团团转的人，我是使用十二小时恰恰当当的人，你问的是哪一种时间？”

家庭里，客厅乱了要整理一下，厨房脏了也要整理一下。甚至庭院里的花草树木，每隔一段时间如果不加以修剪整理，就会草秽丛生。生活里，每日的开支用度，账目久不整理，也难免透支。人生数十年的岁月，应该整理的事物很多，就说每天出门之前，总得把衣冠整理干净整洁，才能走向人前；颜面也要整理得容光焕发，才可以和人会面。其他尤其应该整理的事项，诸如：

一、整理生活，才有纪律。人每天都要生活，但有的人当睡觉的时候不睡觉，该起床的时候不起床；白天睡觉，晚间挑灯夜战，这种晨昏颠倒的混乱生活，造成起居不能正常，三餐不能按时，不但影响身体健康，甚至精神萎靡、情绪不稳，间接影响工作效率。因此，除非工作需要不得不如此，否则没事喜欢昼伏夜出、习惯过夜生活的人，必须加以调整，让生活恢复规律，让生理时钟恢复正常，生活才能步上轨道。如果作息无常，要想让人生正常，此实难矣哉！

二、整理思绪，才有条理。有人说，思想像一堆乱麻，千头万绪，剪不断，理还乱。尽管思绪如麻、如丝，人还是应该整理出头绪来，才能驾驭情绪，而不至于庸人自扰，所以思想的杂乱、情绪的起伏，都需要整理和驾驭。平时经常听人说“让我想一想”，他就是在整理思绪；“请给我一些时间考虑考虑”，他也是在整理思绪。只要思想集中，有了重点、纲目，思绪就不至于紊乱，情绪就不至于像海潮澎湃汹涌、起伏不定了。当你整理好思绪，当你无明的风浪停止，情绪自然也会获得平静。

三、整理心灵，才能安定。乱糟糟的人生，就是由于没有把心灵整理好，内心妄想纷飞，千头万绪，面对外面的境界，只要遇到不如意的人事，就会心烦意乱、扰攘不安。这是由于平时没有训练好自己的心灵，由于心灵统帅无方，驾驭不了眼耳鼻舌身，不但不会重用它们，反而会受其干扰。如果经过训练，心灵驾驭有术，让眼耳鼻舌身都受心的主人领导、指挥，当看则看，当听则听，当说则

· 佛光菜根谭 ·

做事的秘诀是举重若轻，说话的秘诀是条理分明；
修行的秘诀是平常用心，持戒的秘诀是真实不虚；
睡眠的秘诀是无所挂碍，弘法的秘诀是慈悲结缘；
健康的秘诀是少吃多走，人我的秘诀是你对我错。

说，当行则行，不当的一概按兵不动，偃旗息鼓，如此内外都经过整理，让眼耳鼻舌身都听心的指挥，心不随境转，自然就能安定自如了。

四、整理语言，才能优雅。在人生的各项整理当中，整理语言也是重要的大事。有的人开口就是长篇大论，但言不及义；有的人说话颠三倒四，没有条理；有的人说话空洞没有内容，有的人说话是非不明。所以语言不加以整理，简直无法与人相处。语言主要是为了沟通彼此的思想，说出来的语言要能让对方欢喜接受；别人不接受，或不欢喜，说得再多，又有什么用呢？所以老师上课，教材都要事先经过整理，名人讲演更要整理一下语言的组织、架构。即使是平时的闲话家常，说话也要有分寸，经过整理的语言才不至于出错。

化繁为简

拿写文章来说，别人一天写一两千字，我从小就训练自己每天能写一两万字；除了陪客人吃饭，我吃饭通常只要五分钟，最多十分钟。为什么？为了争取时间做事。比方看报纸，有人看一份报纸需要一两个小时，我可能三五分钟就看完了。又比方看书，有人一本书看了几个月，我可能一天看完几本书。

聪明的人做事，将事情单纯化，所以增加效能；愚笨的人做事，却把事情复杂化，只有事倍功半。繁也不是不好，有时为了表示慎重，有时是表示繁荣茂盛，但繁也有它的缺失，尤其在21世纪，最好“化繁为简”，以下有四点意见提供：

第一，礼繁难行。过去的时代，臣子对君主要三跪九叩，对权贵者俯首跪拜，结婚有“六礼”，往来有“五礼”，实在让人感觉繁文缛节太多，使人不自事烦莫惧，可以化繁就简；
是非莫辩，可以改非为真；
操守莫亏，可以清廉自持；
因果莫负，可以事理一如。

在，不但不容易做到，甚至反感，最后只有窒碍难行。所谓“欠礼为过，中礼为乐，多礼为奢”，礼节自然、大方、得体，受礼者受之无愧，行礼者行之无卑，适当的礼仪最好。

第二，法繁易犯。法律太复杂，多如牛毛，让人无所适从，甚至记不得，反而容易犯戒。好比国家制定太过庞杂的法令，束缚得大家不能动弹，干脆就不遵守。尤其太多法规相互牵制，造成行政效率降低，不但没有保护守法的百姓，还让有些人钻法律漏洞，所谓“你有政策，我有对策”，总想侥幸逃避。法是准则，不是枷锁，它要有宽容、自由的意涵，把握基本精神，因应时代，与时俱进，才能让人在日常生活中，自然守法，应用自如。

第三，言繁多失。一个真正能言之人，必定掌握慎言、寡言、时而后言的要则，懂得见机而说、言简意赅。所谓“多门之室生风，多言之人生祸”，不必说而多说，易传为是非，该说而未说，易产生误会。因此要言之有物，以免徒逞口舌，浪费自己和别人的时间，不仅招怨，也容易生出事端来。

第四，事繁人躁。现代人常常抱怨时间不够用，一旦事情多，人就容易心急气躁。说话，几个人一起讲，不晓得听谁的；事情，几件事一起来，不晓得先从哪里处理。因此，无论做什么，都要简单一下，不要繁复、不要重叠，一样一样来，才能有条不紊地将情绪管理好、将事情处理好，增加效率。

人生短暂，工作的时间有限，精神、体力、智慧更有限，如何在我们的事业、生活里面化繁为简，这是每一个人都必须要学习的。

大小难易

相对论是20世纪物理学中一个震撼世界的新发现，是科学发展史上一个重要的里程碑，说明物物之间的质能、动静、时空，乃至一切色相的大小、明暗、美丑等，都是相对的。在我们的生活中，口头所说的不是大就是小，不是好就是坏，不是有就是无，不是善就是恶，乃至一切见闻觉知的苦乐、轻重、静躁、冷暖、难易、东西、南北、人我、是非等，都离不开相对论。

日常小事能尽责，可以养深积厚；重要大事肯尽力，容易功成名就。不畏惧艰难困苦，勇于承担的人，成长进步快，良机也会自动找上门。事情有轻重缓急、大小难易，在此提供四点意见：

第一，事大，要有宏观的看法。事情大，影响也大，所以不能只贪图眼前的利益，要看未来的愿景。例如为了提升国家地位，必须有国际宏观，如何进行？首先要重视教育，培养各种人才，并发展经济，提升国民生活和文化的水平，国家才会有稳健长远的发展，也才能立足于世界。

第二，事小，要有谨慎的态度。生活小事常是家庭口角的主因，日久月深恐酿成家庭悲剧；公司小事通常是例行公事，积弊良久恐怕纲纪难振。俗语说“小错成大过”，也许漏接一通电话，使公司做不成一笔大生意，而损失惨重。事情不在大与小的分别，而在态度的严谨与否；即使是小事，也要谨慎行事。

第三，事难，要有勇敢的精神。俗语云“天下无难事，只怕有心人”，又说“有志者事竟成”，事情不怕艰难，就怕半途而废。过去孟母断机杼，乐羊妻子断丝线，都是为了激励孟子、乐羊学习要有恒心。再困难的事情，只要勇敢面对，不怕艰辛，有愚公移山之志，有囊萤照书之勤，还怕没有成功的一天吗？

读书容易明理难，做事容易做人难；
对外容易对内难，修身容易行道难。

第四，事易，要有珍惜的心情。事情容易完成，必定是有好因好缘，比如卖房子，必须先有良好的建地、优秀的工程师、诚实的营造商、卖力的工头、高雅的装潢等种种因缘的配合，才能有让顾客满意的房子，才能让交易顺利圆满。可见凡事不论难易，都是许多人的努力，所以要心存感恩，珍惜因缘。

只为自己着想者不会大，能替别人着想者不会小。无能的人，光在小事上计较，不在做事上认真，容易事也难成；能干的人，对事情全力以赴，不在情绪上计较，难题也会轻易化解。

人最大的恶习

桌子坏了，要修理一下；衣服破了，要补缀一番；房子漏了，要重新装修；马路坏了，要填补整修；人，要不断地修正、改革自己的陋习，才会慢慢健全。人生的毛病之多，例如语言上的恶口、绮语、两舌、妄言，乃至心理上的自私、执着、贪吝、嗔恚、嫉妒等，都像癌症一样，如果没有找到高明的医师疗治，则如覆舰难驶、恶疾难愈，人生不复救药矣！唯有自己做自己的医生，一个肯自我疗治、自我改革的人，才有希望。

平常我们讲“烦恼易断，习气难改”，也有人说“江山易改，本性难移”，指的就是人的习气不容易更改。

在佛法来讲，重的过失是烦恼，轻的过失叫习气。其实，人难免有烦恼、习气，甚至“罗汉断三界结尽，而习气未除”（《大般涅槃经集解》）。即使证悟的大阿罗汉，有的也喜欢照镜子，因为他过去做过几百世的女人，习惯了，因此即使出家了，还是习惯要照镜子，这就是过去的习气使然。

佛陀十大弟子之一的大迦叶“闻歌起舞”，这是习气；侨梵波提尊者经常习惯努嘴，像牛吃草一样，因为侨梵波提过去几世做牛，牛就是要反刍，时间久了就成为习惯，这也是习气。有的人讲演，习惯低头不看人，这是习气；有的人看人眼光凶狠，让人觉得好可怕，这是习气；有的人好吃什么东西，好买什么东西，这都是习气。

在禅门里的每个修道者，拥有的东西愈少愈好。所谓“衣单两斤半，随身十八物”，东西愈少，欲望就愈少，相反，东西愈多，带给我们的困扰、烦恼就越多。

现代人拥有的东西太多了，许多人养成了拥有、贪多的坏习惯。有人说“大过不犯，小过不断”，小过就是习气。乃至大菩萨，虽然已经到达等觉位，为何不成佛呢？因为他“留惑润生”，要留一分无明，留一点习气，好让众生亲近他。为了救度众生，菩萨愿意放弃个人的成就，而成佛必须把所有烦恼都断除。

至于如何才能对治恶习？《大乘要语》说：“习气不离心。”我们首先要觉察自己的心，看到自己的毛病。然而，一般人的眼睛都是用来看别人的，常常指责别人这个不对、那个不好。当然，有的人酗酒、吸毒，要靠医药的帮忙，但也要自己肯下决心断除才行。其他如赌博、恶口等，也要靠自己有心革除。所谓“友直、友谅、友多闻”，有人说我可以找好朋友来规劝、教诫，做我的管理员。可是靠别人来规劝我、帮助我，终究还是有限的，自省自觉才是革除恶习的根本办法。

人不知道自己，这是最大的恶习。有一个总经理喜欢骂人，虽然他知道发脾气会让员工离心离德，自己也有心想改，但就是改不了。终于他下定决心，写了一个“戒嗔恚”牌子当作座右铭，提醒自己不要发脾气。结果某一天他听到公司同事在议论：“我们总经理就是脾气不好！”他一听，火冒三丈，当下拿起“戒嗔恚”的牌子往那人身上丢去，说：“我早就改脾气了，你为何还要说我的脾气不好！”

· 佛光菜根谭 ·

不养成无益的恶习，无益之习，会丧心失志；
不发展无益的欲望，无益之欲，会身败名裂；
不生起无益的念头，无益之念，会损人害己；
不常说无益的语言，无益之语，会惹是生非。

人常常要求别人十分，要求自己零分，都是“严以律人，宽以待己”，日久自然成为习惯，这就是习气。改习气除了勇敢认错、决心改过外，我想还要有大智慧、大忍力。忍，有生忍、法忍、无生法忍。“消得一分习气，便得一分光明；除得十分烦恼，便得少分菩提”，我们有了无生法忍的智慧，自然能消除业障、去除恶习。就如明镜蒙尘，要经常拂拭；铜铁生锈，要勤加上油。又如衣服脏了，要用清洁剂洗涤；地毯脏了，就用吸尘器除污。

革除恶习如果只想依赖别人的帮忙，这是改不了的。一定要靠自己的恒心、毅力，要时时自我砥砺。俗话说“真金要靠洪炉炼，白玉还须妙手磨”，只要自己肯下决心，不断地自我鞭策，久而久之，习气就能慢慢消除。

人最大的毛病

惭愧就是对自他不好的行为、心念感觉羞耻，知道忏悔、改正。有了惭耻之心，可以激发一个人奋发向上。曾任六国首相的苏秦，因为耻于父母不以其为子、嫂嫂不以其为叔，感到功名无成，因此悬梁刺股，发愤苦读，终于成就不世伟业。

人与生俱来就有感情，如喜怒哀乐、忧悲苦恼的情绪，都在表达感情。青少年时期的感情最丰富也最脆弱，往往容易深陷其中，不能自拔。所以，建立对感情正确的看法非常重要。

说到感情，家人、父母、夫妻、子女、同学、朋友之间都可能存在感情问题，而处理不当，人生会很痛苦。现今为了感情而失却理智、毁掉前程的例子比比皆是。感情要用慈悲来升华，用智慧来驾驭，才不会为之所苦。青少年时期最怕把感情单一化，其实除了男女之间的感情，人的感情还有很多出路。比方对工作有兴趣，是对工作的感情；对社会有爱心，是对社会的感情；对国家能奉献，是对国家的感情；对名誉能重视，是对品德的感情；对生涯能规划，是对前途的感情。

现在有许多年轻人觉得自己功名未就，不急着结婚，积极地投入社会公益，为父母、大众服务。有时候“家”是一个枷锁，有了家就要负责任，年轻人若连自己都照顾不来，结婚又多一个人，你能担当起照顾家庭的责任？而且感情是世间最为无常的东西，你能经得起它的变化吗？“山盟海誓”“海枯石烂”如同一种迷幻药，只能麻醉一时。我们应该了知感情是盲目的，愚痴的情感若没有智慧来引导，就会错误百出；好比一个人走路，如果不用眼睛看，可能会有跌落深坑的危险。

佛教不是不重视感情，佛教也但愿有情人终成眷属，但不要为了私爱忘却了大爱，不要为了个人忘却了家人、父母。所谓“慧剑斩情丝”，能够把感情理清楚，不被情丝所束缚，才是最难得的。

除了金钱观、感情观，人文道德的观念对青少年来说也很重要。《天下》杂志曾做过一项调查：考试作弊的行为与自己的道德有没有关系？台湾超过半数的中学生认为作弊与道德没有关系。这项调查显示，青少年对于人文道德观念的认知并不健全。西方发达国家一般对于青少年道德教育非常重视，比方在公共场所严禁大声喧哗，对师长应当尊敬，不可以恶意说谎、欺骗；倘若违犯了就以劳动来代替处罚，到慈善机构、福利机构等处进行公益服务。佛光山在美国的西来寺就经常接受犯错的高中生到寺院里劳动服务，并为其证明服务的成绩。我觉得这是一个很不错的方式，不致严重到体罚，却能有效地让青少年知晓自己犯了错就要接受处分。

现在我们常听到大家口口声声谈道德，究竟什么是道德？道德有其范围，比如能合乎佛教的“五戒十善”、儒家的“四维八德”，都可以称为有道德。道德是宇宙之间的正气，充满在宇宙之中，不是你有钱就一定有道德，或者你有才能就有道德。有些人虽然贫穷、失业，生活遭遇挫折，但只要不失去做人的原则，就是一个有道德的人。

道德具有维系国家纲纪、保护社会人民生活安全的功用，好比汽车要有车道、火车要有轨道、飞机要有航道，交通才能顺利运行，一旦偏离各自的轨道，后果不堪设想。为人处世亦是如此，要以因果为轨则，正规正矩，才不会丧失人格道德。

能行仁就是道德。“仁”这个字由“人”和“二”组合而成，意思是心中要有别人，不能只有自己。我们要时常自己反省：我的心中真的有别人吗？有父母、师长吗？有苦难众生吗？我讲《金刚经》的时候说“无我相、无人相、无众生相、无寿者相”，我母亲对我说：“你可以无我相，怎么可以说无人相呢？”当然《金刚经》里这句话的诠释不是这样，但母亲说的有没有道理呢？有道德的人必然心中有他人，有大众。

再者，能向上也是道德。有道德的人不是弱者；有道德的人，做起事来努力不懈、精益求精，不会有始无终，这种奋发飞扬的态度就是道德。此外，能升华就是道德。一个人光追求知识是不够的，还要求得人格的升华、信仰的升华。比方过去做一小时义工，现在能做两小时；过去布施给人五块钱，现在能给人十块钱；过去和人见面只是点个头，现在不但点头还会微笑。待人好，人格提升就是道德。

不道德的行为小则影响自己处世的态度，大则侵犯别人的权益，但是人往往不容易察觉，例如说理而不认错、怪人而不自责、无耻而不反省、愚昧而不自知等，都可以说是不道德的行为。常人最大的毛病莫过于不肯认错，心里总认为别人错自己对，不肯认错就不能改正，不能改正又如何能够进步呢？

所谓“责人之心责己，恕己之心恕人”。《佛遗教经》里说：“惭耻之服，无上庄严。”一个人要有惭愧心、羞耻心，经常反省自己是不是做错了，是不是不够慈悲、

·佛光菜根谭·

不忌说出自己的毛病，才能发露忏悔；
懂得面对自己的缺失，才会勇于改过。

不够容忍，才能增进道德。青少年树立道德观很要紧，比获得奖状、拥有富贵更重要。青少年应该建立诚信、荣誉、和平、正派的道德观，树立为人处世的君子风范。

个人之怕

决定筹建佛光山时，也听到不少反对的声音，信徒们认为，既然已经有了宜兰雷音寺、高雄寿山寺可以听经礼佛，又何必要千辛万苦另拓道场？于是我特地包了一辆大巴士将大家带往现场，以便实地说明心中的理想，没想到他们见到刺竹满山，野草没胫，更加害怕起来。大家不但不肯下车，还说："这种鬼地方，有谁会来？要来，师父您一个人来吧！"我独自下车，信步绕山一匝，思忖良久后，笃定地对自己说："我非来此开山不可！"

心理学家弗洛伊德说，恐惧是与生俱来的特质。世间，不但人皆各有所怕，即使国家也害怕奸臣，团体也害怕不良分子，乃至士农工商各界人等都有各行各业之所怕。说到一般个人之怕，试举其例：

一、怕鬼。世间到底有没有鬼？虽然几千年来尚未有定论，不过鬼有鬼的世界，有的人却把鬼弄到自己的心中，弄到自己的生活里，例如"疑心生暗鬼"，甚至"疑心鬼"之外还有"贪心鬼""嗔心鬼"，乃至在行为上与鬼为伍，所谓"色鬼""赌鬼""酒鬼"等。其实，人与其说怕鬼，还不如说怕人；鬼可怕，人更可怕。

二、怕痛。世间有的人死都不怕，却是怕痛，例如牙痛不是病，痛起来要人命。其他如胃痛，饱也痛，饿也痛，乃至头痛、心痛、肉体痛、骨头痛等。总之，人有了身体就无有不痛，虽然现在有各种止痛药，或是吗啡等麻醉针、麻醉剂，但是尽管防治的方法再多，“痛”还是难免的。

三、怕穷。“一文钱逼死英雄汉”，人穷到贫无立锥之地时，虽然可以到处流浪，但是如果穷得三餐不继，日子就不容易过了。所谓“饱汉不知饿汉饥”“富人不知穷人苦”，贫穷之苦，但看历史上有的朝代闹革命，有的地方农民闹起义，乃至一般人为钱财打官司等，都是为了“贫富交战”。

四、怕险。危险也是人之所怕，有的人不敢乘船，有的人不敢搭飞机，有的人不敢登山冒险。其实，人生到处无不充满风险，投资的风险、疾病开刀的风险、职业的风险，甚至帮人得当与否都有危险。人在危险之前就有自私，自己顾念自己的安危，所以做与不做都情有可原。

五、怕苦。人生的苦很多，从出生后就有“生”苦，之后有“老”“病”“死”苦，以及“求不得”，甚至有“怨憎会”“爱别离”等人我相处之苦，乃至战争及大自然迫害之苦。人因为怕苦，因此要训练自己有抗苦、应付苦的力量，所以佛教有八万四千无量法门都是除苦之道。

六、怕骗。经常听人告诫说“要小心受骗”，包括感情、金钱等。其实人之所以会上当受骗，例如被“金光党”、诈骗集团所骗，大部分都是因为贪心，如果不贪，一切以正常的管道行之，就不容易受骗。

七、怕小。人太小，总是被人看不起，不但走路走在人后，讲话也不比别人大声，甚至因为没有钱财、背景，在社会上没有地位，总是受人轻视等。所谓小人物有小人物的悲歌，小人物有小人物的叹息，这也是人生一苦也。

八、怕大。俗语云“人怕出名猪怕肥”，有的人太有名，就有盛名之累，不但到处被人嫉妒、阻碍，受人围剿、攻击，尤其地位愈高的人，目标愈明显，处境也就愈危险。所以伟大的人也有很多的风险、灾难。

总之，人生有很多的困境，最好的解决方法就是行之于道德、人格，能够有慈

·佛光菜根谭·

秋天积谷存粮，自然不愁严冬来临；
白天设备照明，自然不怕夜幕低垂；
平时积德养望，自然不忧毁誉加身；
生前奉献社会，自然不惧遗憾后世。

悲、智慧，就能应付世间，不被世间打倒。如何有慈悲、智慧？那就只有靠修行了。

自我调适

数年前，我因为糖尿病导致眼底钙化，眼睛渐渐模糊看不清，手也颤抖，老病之躯，既不能看书，也不能看报纸，甚至电视也不能看，做什么好呢？忽然想到，我可以写字！因为看不见，毛笔一蘸墨，得要一笔完成，如果一笔写不完，第二笔要下在哪里就不知道了，因此取名叫作“一笔字”。起初，写得歪歪斜斜，感谢佛祖加被，也算祖上有德，没有练过字的我，慢慢也得心应手了起来。徒众在一旁看了都说：“师父，你写字进步了。”这让我对写字增强了信心。我自嘲说，自己七八十岁了，才像小学生一样在这里练字。所以，我经常告诉大家：不要看我的字，看我的心就好了。

人生的路上，当你走到前头无路，即将碰壁的时候，需要转弯；观念一转，可能就会“柳暗花明又一村”。吃东西的时候，太咸太淡、太酸太辣，如果懂得用一些配料加以调和，可能就会适合你的口味。

夫妻相处，偶尔也会有意见不同的时候，应该用尊重包容来调适；朋友往来，有时也会遇到思想不同，或者产生误会的时候，应该开诚布公地交流，互相调适。

有的人，所从事的职业赚钱容易，但也不能任意地花钱，要懂得节制，“有”时要想到“无”时；有的人失业了，经济困难，也要能放低身段，用劳力来赚钱。能自我调适，安贫乐道地生活，日子也能过得安心自在，自得其乐。

失恋了，想到因缘不成熟，没有关系，“天上的星星千万颗，地下的人儿比改心，是自我进步之道；换性，是自我成长之道；回头，是自我反省之道；转身，是自我调适之道。

星多，何必失恋痛苦只为他一个？”考试落榜了，想到一定是自己平时准备不够，没有关系，再多加一些努力，以待来年。

平时别人嫌我们傲慢，我要调适个性，转为谦虚；别人嫌我们嗔恨心重，我要调适自己，用慈悲心来与人和平相处；别人嫌我们悭吝不舍，我要调适自己，用乐善好施来和人广结善缘；别人嫌我们怪癖，孤芳自赏，我要调适自己，用随缘来跟人交往。

任何事情，只要懂得转弯，自我调适，没有不能改变的。天气冷了，多加一件衣裳，就是自我调适气候的温度；肚子饿了，口渴了，需要饭菜饮食来调适身体的需要。能够自我调适的人，无论生活、感情、经济、处世，都能有另外一番的境界。

人有时不会自我调适，遇到一点困难，就觉得到处行不通，被境界束缚得紧紧的，每天坐困愁城，在框框里不能解脱，这是人生最大的懦弱，也是最大的无知。

人，生活在复杂的社会里，需要有很大的功力，不管知识、道德、能力、人缘，什么都要具备，尤其“自我调适”的功夫最为重要。朋友们，你对于自己所处的环境、所做的事业、所接触的朋友，这一切的一切，你是如何自我调适的呢？

如何自我成熟

雪峰禅师在洞山座下任饭头，灵佑禅师在百丈座下任典座，庆诸禅师在沩山座下任米头，道匡禅师在招庆座下任桶头，灌溪禅师在末山座下任园头，绍远禅师在石门座下任田头，晓聪禅师在云居座下任灯头，稽山禅师在投子座下任柴头，义怀禅师在翠峰座下任水头，佛心禅师在海印座下任净头，懒融禅师典座，印光大师行堂，等等。他们都是开悟的高僧大德，不从这许多作务中去体证，怎么能悟道呢？所以服务就是修行，发心就是修行，苦行就是修行。

田里种了五谷，每天都会盼它早点成长成熟；毛毛虫结成蛹，每天也会盼它早日破茧而出；人处身这个世间，当然也希望自我成熟。如何自我成熟呢？可以从以下四个方向着眼：

第一，以积钱财之心，积聚学问。颜之推在《颜氏家训》中告诫子孙："积财千万，无过读书。"积聚钱财固然是人之所欲，过分地贪求，就会为金钱所奴役。若以积钱财之心积聚学问，你的学问会很好，你用心探究学问真理，生命的层次会提升，心灵视野会扩大，则不枉费为人一生。

第二，以求功名之心，求取道德。许多人计较功名，讲究利禄，整日追逐而不以为累，连孔子都要慨叹："吾未见有好德如好色者。"可见好功名、好爱情的人多，好德者少。所谓"趋利求名空自忙，利名二字陷人坑"，假如吾人能以好功名、求利禄之心，来求取道德，道德必定崇高。而有德之人，他"闹中静察，困时向上"，虽处境穷困，内心仍然宽广，即使身处富贵，也能恭敬从容，不致志得意满，忘失自己，这样的人，必定为人所尊崇。

第三，以爱妻子之心，爱敬父母。人间有爱，父母爱子女，丈夫爱妻子，尤其儿女结婚以后，爱念妻子更甚敬爱父母，这也是为人夫、为人子者经常所见。如果一个人能以爱护妻子的心，来敬爱父母，让父母获得情感的满足，获得信仰的寄托，远离老病的恐惧，远离不安的烦恼，必定是孝顺的儿女。

第四，以保爵位之心，保全大众。当一个人获得利益、钱财、地位，用心用力地保护，这原本也是人之常情。假如能以保护爵位、事业的心思，来保全大众，一如老子所言"既以为人，已愈有；既以与人，已愈多"。能以为己之心为众，必受大众的拥护。他能具有群我的观念，为人服务，舍己利群，自身也能充实饱足。

· 佛光菜根谭 ·

种树必须因缘成熟，才能开花结果；
做人必须条件具备，自然龙天推出。

成熟，是一种诚恳的谦卑，是一种不虚张声势的实在，是一种了然于心的自我认识，更是一种懂得付出的慈心有情。大凡成熟者，无不以积聚学问、道德，以舍己为众来自我成就。吾人欲成熟心志，不妨从上列四点出发实践。

改变命运的方法

我在焦山佛学院读书时，全身生满了脓疮，无钱医治，在等死的状况下，我强耐病痛，写了一封信给家师报告我的近况。没想到家师回信的第一句话竟然是："你那装腔乞怜的信，我已收到。"面对这些事情的当下，心里的确也感到有些委屈，但是事后仔细反省，我觉得家师是真正爱护我的。如果他对我和颜悦色，百般安慰，乃至给我钱用，让我生活过得舒适一点，我会很欢喜，他看了也会很高兴。然而，他却故意反其道而行，为的就是要我学习在遇到挫折困苦的时候，能够坚强忍耐、自我争气啊！

命运是因人而异的，有的人一生遭遇许多折磨辛劳，有的人却是平步青云；有的人乐天知命，有的人则哀叹命苦。你会埋怨老天爷捉弄命运吗？其实命运掌握在自己手里。只要懂得转弯，官场失意的才子也可以成为一代文豪，落魄的店小二也能成为企业家。这里提供四点改变命运的方法：

第一，改变观念。观念决定我们的行为，行为造就我们的命运。命运都是自己造作的，要有好的命运先要有好的观念，如果对世间充满了嗔恨，清凉的佛土也会变成火宅；怀抱爱心对待世上一切，生活快乐，污秽的娑婆就是美丽的净土。因此，除去邪恶、不正确的观念，建立正知正见，化自暴自弃为积极向上的改心换性是改变命运的药剂；
回头转身是开创命运的良方。
·佛光菜根谭·

力量，好运就会跟着来。

第二，改变态度。同样的际遇，各人处世态度不同，其结果也大不相同。悭贪的人只会中饱私囊，喜舍的人总想广济社会；嗔恨嫉妒心重的人整天心情郁怒，心胸开阔的人天天欢喜自在；厌世隐遁者只想独善其身，热爱家国者则积极服务乡梓。每个人面对世界的态度不同，交友的广狭不同，影响的层面也会不一样。

第三，改变习惯。恶习蚕食我们的生命，毁灭我们的幸福；坏习惯一旦养成，不但影响终身，后患无穷，并且累劫贻害不尽。所谓“江山易改，本性难移”，想改都很难，不过，也有肯坚定决心者，扭转了多年弊习，改变了自己的人生。譬如常常恶口骂人，没有人缘，若能改变，多说好话，常赞叹人，人缘就会跟着变好了。

第四，改变人格。现在医学发达，得了心脏病换个心脏，仍然如生龙活虎般充满活力。我们的肉团心坏了，固然要动手术换掉，智慧妙心坏了更应该改换，把坏心换成好心，把恶心换成善心，把邪心换成正心；将难改的性格修正，把暴躁的脾气改成柔和，把孤僻的性情改成随缘，命运一定随之改观。

上天没有能力把我们变成圣贤，上天也不能使我们成为贩夫走卒，成圣希贤都要靠自己去完成，所谓“没有天生的释迦”，只要我们努力向善向上，好的命运是可期的。

自助者天助

佛印了元禅师与苏东坡一起在郊外散步时，看到一座马头观音的石像，佛印立即合掌礼拜观音。苏东坡看到这种情形不解地问：“观音本来是我们要礼拜的对象，为何他的手上与我们同样挂着念珠而合掌念佛，观音到底在念谁呢？”佛印禅师：“这要问你自己。”苏东坡：“我怎知观音手持念珠念谁？”佛印：“求人不如求己。”学佛，其实就是学自己，完成自己。

人生时时刻刻都离不开金钱、财富的运用。有时候我们会遭遇公司财务周转不灵、居家过日子经济困窘，乃至农业遭受自然灾害、工商企业遇到世界性的经济不景气。这时候应该怎么办？佛经讲：“法不孤起，仗境方生。”世间凡事都离不开因果关系。居家经济发生困难，或是公司经营不善，这是结果，应该找出原因。为什么别人都有办法在社会上顺利发展，唯独我的财务发生困难？是我工作不够勤奋吗？是我没有储蓄应急吗？是我计划不够周详吗？是我评估有误吗？还是我没有开源节流、不懂感恩惜福、缺少行善结缘呢？或者是我交友不慎吗？是我贪心过度吗？总之，必有一个原因使我的经济发生困难，因此我要找出贫穷的原因。如《三世因果经》说：“有衣有食为何因，前世茶饭施贫人；无食无穿为何因，前世未施半分文。穿绸穿缎为何因，前世施衣济僧人；相貌端严为何因，前世采花供佛前。”能找出今生贫穷的原因，然后加以改进，为时不晚。

中国民间有一句谚语说“一枝草一点露”，意思是说“天无绝人之路”，一个人只要肯勤劳奋斗，公司经营不善，倒闭了，只要你勤劳，摆个地摊，做个小本生意，甚至从事资源回收，也能维持基本的生存所需。所谓“爆灰还有再发热的时候”，一个人还怕会完全没有办法吗？最怕的是自己的贪欲无限，跟人计较、比较，过去贫穷的果还没有解决，又再增加新的障碍，例如失业的人如果贪求高薪，往往更加没有机会，自然难以东山再起。

有个老年人在公路旁开了一家小吃店，当时正逢经济不景气，老人家眼力不十分好，耳朵又近乎全聋，但是他的运气很好——说他运气好，是因为眼力不行，所以不能看报读书；耳朵又重听，也难得和朋友们聊天，因此对外界的情况都不甚了解。他并不晓得经济不景气有多严重，照常干得很起劲。他把小店的门面漆得漂漂亮亮，在路边竖起宣传的招牌，让人老远可以闻香下马，他店里预备的货色物美价廉，味道很好，常常吸引许多人不由自主地停下来在他那儿吃点东西。老人家工作十分勤奋，赚了钱把儿子送进大学读书。儿子在学校选了经济学课程，尤其对美国经济的情形了如指掌。那年过圣诞节，儿子回家度假，看到店中业务仍然很兴旺，就对父亲说："爸爸，这地方有点不对劲，不应该有这么好的生意呀！瞧您的兴致这样好，仿佛外面并没有经济不景气这回事一样。"他把经济萧条的前因后果费力地解说了一遍，并且说全美国的人都在拼命地节省、紧缩。老人家受到消极思想的影响，便说："既然如此，我今年最好也不再油漆门面了。外面闹恐慌，我还是省下一点钱来最好。三明治里的肉饼应该缩小一点。再说，既然人人都没有钱，我又何必在路边立招牌呢？"他把各种积极的努力都停下来。后来生意果然一落千丈。当那位大学生儿子在复活节假期又回到家中，父亲对他说："孩子，我要谢谢你告诉我关于不景气的消息，那是千真万确的事，连我的小店也感受到了，儿啊，受大学教育实在太有用了。"故事的最后，作者戏谑地说，我们的国家也是被专家弄坏的，专家就是"专门害人家"。这个故事给我们很大一个启示，说明正确的观念、坚定的信心、诚信地待人、勤劳地做事都是成功立业不可少的重要条件。

世间有的人靠劳力赚钱，有的人靠智慧致富。曾经有一个牙膏厂，因为产品滞销，公司营业受挫，负责人昭告员工，如果有人献出妙计能使公司营业额增加，就可获得十万元奖赏。有位员工只提供了一条建议："牙膏出口放大一倍。"当下就获得十万元奖金，而公司的营业额也因此增加百倍、千倍以上。佛经里有一个卖偈语的长者，他只记取一首四句偈，即价值十两黄金。《金刚经》说，三千大千世界的七宝，其价值都比不过一句智慧的偈语。因为财宝有用罄的时候，智慧的偈语则是生生世世，受用无穷。智慧是人类最大的财富，惭愧也是财富，谦卑也是财富，知足也是财富。颜回居陋巷，“一箪食，一瓢饮，人不堪其忧，而回也不改其乐”，他有知足的财富。佛门的苦行僧，树下宴坐，洞中一宿，一样生活得非常惬意。

贫富只是比较性的说法，真正贫穷的人，内心安贫乐道，也不差于富者；富者天天妄想、贪欲，不知足，生活也不快乐。

没有绝对的贫富，再多的钱财，不知足就是富贵的穷人，一无所有的人能满足，就是穷人中的富者。财富，要靠自己去开创，不管用金钱、人力、智慧、结缘、储蓄、置产、投资，或是将本求利做生意去赚钱；总之，人生要有未雨绸缪的忧患意识，晴时要准备雨伞，以应雨天所需，白天要备妥手电筒，以便夜晚所需。解决家庭的经济，要有预算，所谓“吃不穷，穿不穷，算计不到一世穷”。如果一时的经济周转困难，还是要本着勤劳的态度，对工作的热诚以及刻苦耐劳的毅力，例如可以去莳花种菜、贩卖小吃、为人帮佣，等等，有淡泊物欲、节衣缩食的美德，自助而后自然有天助，慢慢渡过难关。

可贵的善缘

几十年来，我身边接触过的一些人事，如果我看到他们的性格不肯以助人为本、不肯以结缘为要，我大都是随他们自然发展。因为凡是说“不可、不能”的人，必定无能，必定破坏好事，必定不能与人合作。因此，我对这些说“No”说“不能”的人，大多不会重用。相反地，凡是肯讲“我能帮你什么忙吗”“有什么我可以为你服务吗”“什么事我来替你做做看”，能够主动、能够见义勇为的，所谓“助人为快乐之本”，有这种性格的人，我都非常欣赏。

佛经说：“未成佛道，先结人缘。”所谓结缘，是和他人建立融洽的关系和良好的沟通。

人生最可贵的事就是结缘，为了我们自己的生活愉悦，也为了大家的生命快乐，广结善缘实在重要。那么，怎么样才能广结善缘呢？

过去，有的人在路上点灯和行人结缘，有人做茶亭施茶与人结缘，有人造桥梁衔接两岸与人结缘，有人挖水井供养大众结缘，这些都是很可贵的善缘。只要有善心，自然善缘处处在，善门处处开。以下略举几种结缘的方法：

一、经济结缘。有时一块钱也可以跟别人结善缘，不但带给别人亲切感，甚至救人救己。有个年轻军官看到一位贫困的老婆婆哭着要自杀，原来她家仅有的一块铜板钱被骗，换成了假钱。军官心有不忍，于是拿了一块钱跟她换假钱，随手放在胸口，就上前线去了。有一天，一颗子弹正射过来，年轻军官来不及闪躲，只感到胸前震了一下，竟然没有受伤。他惊魂未定，摸摸全身，从上衣口袋里掏出一块正中央凹下去的铜钱，他才明白，原来是这枚假铜钱救了他一命。这一块钱的结缘，真是功德无量。

二、语言结缘。别人灰心的时候，你鼓励他一句话，对方就有绝处逢生的感觉；别人失望的时候，你赞美他一句话，他就觉得人生可爱多了。所谓“一字之褒，荣于华衮；一字之贬，严于斧钺”，一句好话可以使人我快乐、天地清平。

三、功德结缘。一件小小的善事，一个小小的善心，都可以蔚成大功德。荷兰曾经有一个小孩子，傍晚从海边堤防走回家，发现堤防上有一个小洞，海水正慢慢地从洞口流出来。他想：这不得了！要是不赶快把它堵塞起来，明天这堤防就会溃决，海水会淹没整个城市的。这个小孩子一发善心，找不到东西堵塞，就不怕坏人反对我，因为邪不胜正；
最怕好人反对我，因为善缘难求。

用手指头去堵，整晚他站在风雨中，到了天亮后，才被人发现他僵冷地晕倒在堤防边，手指头还紧紧塞在洞里；他的一根指头挽救了全城居民的生命财产。所以，“勿以恶小而为之，勿以善小而不为”，一个小小的善心能够拯救无量的生命，成就无量的功德。

四、教育结缘。我们也可以用知识或技术与人法布施。往往一句睿智的语言，可能影响对方一生，成为他生活的指南和处世的依据；教别人一点知识或技术，他日将成为他人立身处世的本领。

五、服务结缘。在某些事情上给别人一点方便，有时会成为大家钦佩敬爱的对象。譬如售货小姐亲切地引导客人买东西，让顾客享受到购买的乐趣；小朋友在公共汽车上很有礼貌地让位给老人，使我们对国家的未来有信心。这些都是日常生活上给人的服务结缘。

六、身体结缘。一个微笑，一个举手，有时候会带来意想不到的善缘。曾经有一个失业的青年徘徊在台北火车站前，望着车水马龙的繁华景色发愣，想找一个有钱人的座车撞上去自杀，以便让贫穷的老母亲得到一笔抚恤金过日子。正在他万念俱灰的时候，有一个高贵美丽的小姐经过他面前，对他微微一笑，点了个头，这个青年一高兴，竟忘了寻死。第二天他居然得到了一份工作养家，更不想死了。一个笑容的因缘多么大。

学佛法、做功德，有时候不一定要入山修行或施舍钱财，有时候一句好话、一件善事、一个微笑、一点知识，都能给我们的人生广结善缘，成就大好功德。

个人的生命要依靠六根的配合聚会，才能生活愉快；社会要靠群体的结合营运，才能发挥功能效用；我们日常生活的一切要仰仗士农工商的合作无间，搬有运无，才能衣食无缺，免于匮乏，因此我们要感谢因缘，感谢众多的人成就我们。

成功的理念

记得有一年患疟疾时，感念家师慈悲遣人送来半碗咸菜，当下发誓要把出家人做好以为报答，从此我精进修持，服务寺众，任劳任怨，却没有想过将来做些什么事，因为对于自己能做些什么，我不敢去想。有一天，好友智勇法师以关心的语气问我："你说说看嘛！你将来要做什么？"我答道："将来要做什么，将来才会知道，现在我怎么晓得呢？"他闻言，立刻责怪我："你没有发愿，将来怎么能成功？"

社会上每一个成功的人必定都有健全的理念。有的人对于经济的发展有一套健全的计划，他的事业当然就会成功；有的人虽然只是经营一家小面摊，他也要把面食煮得让人吃得欢喜，才能广以招徕，这就是他成功的理念。甚至有的人哪怕只是摆一个地摊，他也要算一算市场的地段、人潮，把这些条件都放在计划里加以考虑，他当然就能致富。

有的人一生只要跟随一个人，尽忠职守，这个人就能成功；有的人在一个企业里，只要肯苦干实干，奉献劳力，他就能成功。教育界里，有理念的校长、教授、老师，都会受学生的欢迎；家庭里，如果出了有理念的儿孙，这个家庭也会有发展。

"理想是现实之因；现实是理想之果"，理念就是成功的条件。如果一个人的理念是忠心耿耿，肯勤劳精进，对社会做出贡献，这就是成功的理念。像地藏王菩萨"地狱不空，誓不成佛"，有理念，就有愿力，就能成功。

做生意，有的人"童叟无欺"，有的人"货真价实"；有的人以物美价廉、薄利多销的理念成功，也有的人以服务的理念成功，有的人以尊重的理念成功。像日本有个小吃店的老板，他奉"顾客为神"，所以能和气生财。

·佛光菜根谭·

伟大是由血汗堆积，牺牲越多，越是伟大；
成功多因勤劳而获，用力越多，越会成功。

做生意的人，不管是经营小生意，或是创办大企业，都能把消费者的利益放在第一位，就能成功。华航所以生意兴隆，因为有“以客为尊”的理念，所以能赚钱；奇美的许文龙，他把公司盈余的利润分享大家，让员工把公司视为己有，以厂为家，所以他的企业一直在稳定中成长。高清愿的统一集团，二十四小时便利商店，给人的便利，服务的巧思，终于使连锁商店遍布全省。

“去一人之私，成众人之功。”其实，成功的理念很多，尤以佛教的八正道，如果你能照着实践，必然可以成功。

成功的力量

当初佛陀住世时，每次出外讲经说法，行脚托钵，随行的一千二百五十名弟子，也不是都住祇园讲堂，而是山丘、墓旁、树下、海边，一样可以安住。通过行脚，能够从清贫的生活中磨炼，从克难的物质中成长，借此增长内心的力量，培养坚定不移的道心。

有个成语叫“众志成城”，意指集合众人的意志力量，就可以无坚不摧、无事不成，这意志心念就是成功的共识。这世间无论成就什么，都要有力量，你做事，要有勤劳力；你说话，要有亲和力；你读书，要有慧解力；你发心，要有大愿力；想要追求事业成功，就要有成就事业的力量。成就事业的力量有四点：

第一，智慧的抉择力。要想成就一番事业，一定会面对很多的关卡，你要针对多项条件、现状给予评估，必须要有抉择力：哪一方面事业被现在社会所需要？哪一类事业对民生国计有帮助？未来哪一些事业有前途、有发展？哪一种事

·佛光菜根谭·

成功的里面，包含了多少辛酸；
名人的双肩，承受了多少压力；
荣耀的背后，付出了多少代价；
伟大的成就，奉献了多少牺牲。

业是合理的、厚道的？我们必须要有智慧的抉择力。

第二，禅定的克服力。世间的事其发展没有一帆风顺的，人间的事业必定都会面临一些困难，有待力量来克服。能够克服困难的人，才能成就事业；不能克服困难的人，就好比温室的花朵，经不起风霜雨雪，又怎么能生长延续呢？用什么样的力量来克服？禅定力。禅定以不变应万变，你能处变不惊，所谓“百花丛里过，片叶不沾身”，世间的纷扰困难，有了禅定力，就找到了克服的方法。

第三，慈悲的摄受力。我们创造事业，不是靠口号，也不是靠虚伪，更不是靠权力。要成就一番事业，需要大家来拥护，就必须要有群众。如何获得大家的拥护呢？那就是慈悲的摄受力！让大家知道我们很慈悲，我们爱人如己，能够推己及人，别人与我们来往互动，能感受到如沐春风，愿意来帮助护持，这就是慈悲的摄受力。

第四，勤劳的精进力。明末画僧石溪说：“大凡天地生人，宜清勤自持，不可懒惰，若当得个懒字，便是懒汉，终无用处。”同样地，世间人成就事业，是无法坐享其成的，必须要勤劳，必须要精进，以勤劳的精进力奋发努力，才能成就事业。

文章笔力万钧，所以有传世之文；书法力透纸背，所以有万世之作。科学家要有创造力，军事家要有战斗力，无论做什么事都要有力。

成功的要件

东晋的法显大师，曾经横越“上无飞鸟，下无走兽，极目遍望，欲求渡处，则莫知所以”的流沙，一路上唯有以“死人枯骨”为标志。他经西域到天竺，其过程之艰难，可以想见。唐朝的玄奘大师，也是行走八百里流沙，前往西天印度取经，同样是历经千难万苦，几度险些命丧异域。

做一件事想要成功，想要完美，成功的条件不可缺少。就像种花，除了阳光、空气与水的基本养分，不能缺少有机肥料的滋养。亦如做事成功的条件，要有身心的调和。品德与意志力的健全，是内在成功的要素，强身与广学多闻则是外在的努力。

以下提供四点“成功的条件”，作为吾人处世方针：

第一，要有高尚的道德。孔子说“为政以德”，又说“德不孤，必有邻”。一个想要成功的人，应努力提高自己思想道德的境界，使自己成为一个有仁德的人。一个具备高尚品德的管理者，他能打从内心时时刻刻为员工、部属着想，才能实行仁义管理，真正做到宽仁德厚。由于他的以身作则、上行下效，才能达到“正身治人”的成效。

第二，要有坚毅的魄力。面对瞬息万变的时代，各种环境因素变化不断，具备先见之明的直观智慧，就很重要了。一个人要成功，事前做好周全的准备，临事必须要有魄力，禅门所谓“拟思便乖，动念即错”，在实践之初必然面对许多困境，这时要有当机立断的勇气，所谓负责、担当、勇敢、决断的精神都是不可或缺的。

第三，要有强健的身体。很多人由于自己身体不好，而影响了企业的发展。体力不好，就不能工作、不能开会、不能辛苦等。身体不健康，不仅对事业会产生影响，在做人方面也容易产生缺失，因为无法联谊，也无力主动去关心，更不能具足擘画千里的冲力。所以一个人想要成功，强健的体能是很重要的。

第四，要有渊博的见闻。一个人想要成功，不能孤陋寡闻，要能高瞻远瞩、心胸广阔。识见可以靠自我充实、广学多闻来提升；心胸则要自我培养，以不断地历练来增加。好比一个企业家，对于经营哲学、管理技巧和组织运作方面的知识都要具足，并做市场调查，以掌握产品的销售情况。若从事教育，则要了解学生素质、师资来源等。不管是什么工作，都要预备足够的知识，所创造的事业才会成功。

在家庭中，你希望成为一个成功的家人；在社会上，你想要做一番成功的事

·佛光菜根谭·

成功的秘密，在于对目标的坚定有恒；
成功的要诀，在于对因缘的了然于胸。

业。这两者其实是一体两面，互相依存、互相成就的。其中，更不能缺乏“成功的条件”，这是成功人生的四把锁钥。

成功的定义

1957 年我以拙作《释迦牟尼佛传》申请进入日本大正大学深造，竟获该校审核通过，通知我去就读博士班。就在我一切就绪，准备负笈东瀛时，高雄市新兴街万隆酱园的朱殿元居士前来，一脸疑惑地对我说：“师父，在我们的心目中，您是师父，地位比博士还要崇高，为什么还要到日本去做别人的学生呢？”我当下汗颜，自忖所言甚是，我已弃俗出家，以弘扬真理、净化人心为己任，我的地位、我的使命的确非比寻常。一个人成功与否，不是一件事就能衡量的，重要的是将自己做好。

成功人人向往，虽然成功的定义因人而异，不过举世共通的是，无论各行各业，大家无不希望能在自己的专业领域中闯出一片天空，获得成功。世界上有哪些专业上的成功例子呢？试举如下：

一、科学上的成功。发明原子弹、潜水艇是成功；发明电脑、网络是成功；登陆月球、发射卫星是成功；改造基因、复制牛羊也是成功。科学家穷毕生之力做研究，使得科学发展到了登峰造极的境界，理所当然应授予他们成功的荣衔。

二、政治上的成功。从平民当上一国之君，是成功；使分裂的国家归于统一，是成功；使专制、不自由的社会进入民主开放，是成功；使贫穷落后的国家富有安乐，是成功；使混乱的国家有了秩序，是成功；使人民安居乐业，是成能勤，时间自然比他人多；
肯动，空间自然比他人广；
耐苦，成功自然比他人大。

功。这些都可说是政治上的成功。

三、企业上的成功。企业界也有许多不同凡响的成功人物，例如塑胶界的大亨、电脑界的牛耳、银行界的专家、化工界的顶尖，等等。总之，有许多企业人士站在“造福人群”的立场发展企业，都是企业界的成功典范。

四、治学上的成功。有的人靠着精勤努力，成为举世有名的教育家；有的人经过刻苦锻炼，成为世界著名的演说家；有的人善于发挥创意潜能，终成伟大的艺术家。这许多对人类有极大贡献，点亮世界之光的仁人志士，都是治学上成功的楷模。

五、医学上的成功。现代的医学一日千里，抗生素的发明、麻醉针的改进、激光开刀、X光照射、核磁共振的检查等，都是医学上伟大的成就。

六、农业上的成功。由于农民的努力奋斗，农业技术的进步创新，品种的研究改良，使得农产品品质大为提升，产量也因而增加，缔造了农业上许多的成功经验。

七、建筑上的成功。地铁、摩天大楼、跨海大桥、海底隧道的兴建，都是建筑工程中的大挑战，一旦完成，则可谓建筑专业的成功。尤其现代的建筑，不但讲究坚固，同时注重风格，所以要成为建筑业中的佼佼者就更加不容易了。

除了以上的专家，各行各业都有很多才人。虽然每年诺贝尔奖也会选出一些对人类社会有贡献的得奖者，其实那只是成功者当中少之又少的一些人，另外还有更多具有成就的人，他们或者功成不居，或者自谦不扬，或者归功他人，或者等待机会，或者成为遗珠之憾。总之，他们都在默默地为这个世界付出，他们的发心更是令人敬佩。

成功的敌人（一）

“不怕虎生三个口，只怕人怀两样心。”老虎可怕，长了三张嘴的老虎更是凶猛，但是真正可怕的是虚伪的人，怀有阴阳两样心。俗语说“画虎画皮难画骨，知人知面不知心”，有形的敌人或是明刀明枪，并不算太可怕，反而是看不见的贪、嗔、痴、邪见、偏激、傲慢等才是真正可怕的敌人！防人容易，防杜自己潜意识的欲念才难。

每个人都想创造成功的人生，但成功的定义却不尽相同。有的人觉得平安是最大的福气，如苏东坡有诗云：“人皆养儿望聪明，我被聪明误一生，但愿我儿愚且鲁，无灾无难到公卿。”但更多的人希望成就辉煌，成为英雄，做企业家、文学家、政治家等。人人企盼成功，但不是人人都能成功，为什么呢？以下四点是成功的敌人：

第一，没有目标。没有目标的人，三心二意，做这个也好，做那个也不错，结果什么都使不上力。好比没有根的浮萍，顺着水势到处漂流，没有依靠；又如同没有方向的舟船，随意航驶，靠不了岸。想要成功的人，要像篮球要投入球网，棒球要奔回本垒，足球要踢进球门一样，有个明确的方向，朝一定的目标前进，才能成功。

第二，没有组织。有些人创业，一时兴起，找了志同道合的朋友合伙，可是运作乱无章法，没多久就倒闭。《梁书·羊侃传》云：“景进不得前，退失巢窟，乌合之众，自然瓦解。”没有组织，没有纪律，只是暂时凑合在一起，就像一盘散沙，难以成事。凡事都要有计划、有组织、有流程、有权责区分，让参与的人都能分工合作，事情才会做得成功。

一个人的成就，在于日积月累；
一个人的成功，在于坚忍不拔。

第三，没有行动。赵括擅长谈论兵法，却不知变通，结果长平一役大败，被讥为“纸上谈兵”。道理懂得再多，光说不练，没有行动，也是“说食数宝”。好比学游泳，不肯下水，还是旱鸭子。佛教说“行解并重”，知道之外还要老实地行动实践，才有成功之时。

第四，没有毅力。古人曾说，滴水能穿石，愚公可移山，只要功夫深，铁杵磨成针。这也就是说，一个有毅力、有魄力的人，一切“不可能”的事会变成有“可能”；相反地，没有恒心、没有毅力的人，所有的“可能”也会变成“不可能”。所谓“没有勇气，克服不了困难；没有毅力，成就不了事功”，想要成就一切事，毅力是不可缺少的元素。

成功最大的敌人是无心，想要成功，就要发心。发心吃饭，饭中自有菜根香；发心读书，书中自有千钟粟；发心走路，就能走得远；发心学道，就能日有所悟。要成功，就要远离以上这四个敌人。

成功的敌人（二）

史籍上记载韩信领军打仗，手下的残兵弱卒都能战胜敌人，于此证实不虚。常有人问我：秘诀何在？其实道理非常简单，只要我们肯燃起胸中熊熊烈火，销熔自他无明，纵然是一堆破铜烂铁，也能糅合成不碎金刚。

成功不是偶然的，成功的人大部分具有远见，立定目标后就勤奋好学，朝着目标努力不懈，坚持到底。他们的眼光看得比别人远，比别人多一点心，多一分关注，因此能够成功。而不能成功的人通常是遇到了成功的敌人，有哪些呢？

不怕无知己，只恐道不成；
不怕无前途，只恐志不坚。
·佛光菜根谭·

第一，自暴自弃。人生最大的悲哀，就是对前途没有希望而自暴自弃。其实，当一个人遭遇逆境、挫折，只要肯改善因缘、发心利人，就能重燃希望。丑女投河，老和尚开导她："人有两个生命，第一个自私的生命已死，第二个利人的生命可以为人服务而再生。"因而转化心念，改变一生。癌症患者，一心投入公益活动，重燃生命光辉。所以，遇到任何不幸的打击，都要从困难中找到奋斗的途径，从哀伤中体会生命的喜悦，千万不可颓废消沉，自暴自弃。

第二，虚荣不实。所谓"金玉其外，败絮其中"，一个人爱慕虚荣，日常用品、穿着衣物，都要讲究名牌；凡事爱出风头、喜欢受人赞美、吹捧自己等，诸多的浮华不实，都是虚荣心的表现。英国哲学家培根说："虚荣的人被智者所轻视，愚者所倾服，阿谀所崇拜，为自己的虚荣所奴役。"真正的成功，不会因为一时的虚荣而沾沾自喜，脚踏实地才是务实之道。像玄奘大师的"言无名利，行绝虚浮"，正是最好的学习典范。

第三，掉以轻心。做起事来觉得很顺畅，反而容易疏忽大意，酿成大祸。因此越是平坦的地方越是有暗坑，越有危险。唐朝鸟窠禅师经常栖身树上，大诗人白居易见到便说："禅师，住在树上太危险了！"禅师笑说："宦途凶险，伴君如伴虎，浮沉无定，才是随时随地都有危险。"所谓"天有不测风云，人有旦夕祸福"，一个有智慧的人，随时随地都会谨小慎微，免得临事时惊慌失措。

第四，骄傲自矜。所谓"骄兵必败"，在世间做人处世，不必害怕困难挫折，有时太顺遂，容易养成骄傲自大，甚至引人嫉妒。于艰难困苦里完成目标，可以锻炼心志，才不会稍稍拥有一些名利，就志得意满，盛气凌人；也不会要求别人凡事听命于我，过于顺心如意，反而养成刚愎自用的个性。一个人能够"富而不骄矜，贫而有傲骨"，自能活得安然，活得有尊严。"处世不求无难，世无难则骄奢必起；于人不求顺适，人顺适则心必自矜。"

点亮自己的心灯（一）

我五音不全，连唱赞、诵经都不如人，我也没有其他特殊技能，也没有其他的神通法术，照理说，我只是一个很平凡的凡夫僧，只有寄佛偷生，了此残生了。我初到台湾，尘空法师在大陆从普陀山寄来一封信给我，里面说："我们现代的出家人，要有佛教靠我，不要有我靠佛教的心理。"这一句话，点亮了我眼前的明灯。对的，我要让"佛教靠我"！

许多大学毕业的人都要求坐办公室，要求高薪资，天底下哪有那么多好工作等着你呢？一个人只要肯从基层做起，不要求高的待遇，反而能增加自己的优势。就算自己条件不如人，外在资源不够，但是如果你能接受事实，并且逆向思考，发挥自己潜在的专长，例如我的才智不如你，但是我比你慈悲、比你发心、比你亲切、比你有人缘，我可以改变现状，创造新的机缘。甚至我人丑，你们都不跟我讲话，也没有关系，我可以有更多的时间读书，借此充实内涵。

俗话说："人比人，气死人。"我想，人有缺陷不要紧，只要心理健全，在智慧前面，大家是平等的；在发心功德前面，大家也是平等的；在修行的道路上，大家更是平等的。如果我们都能以平等心来奋斗，用智慧来赢得人缘，用信心来自我肯定，必能活出自我，活出希望，活出自己的未来。

还有人眼光短浅、心胸狭隘，在心理上看不见欢喜、彩色、光明。对于这种心理的愚暗，要以佛法点亮他心灵的灯光。《观心论》说："灯者，觉正心觉也；以智慧明了，喻之为灯。是故一切求解脱者，常以身为灯台，心为灯盏，信为灯炷，增诸戒行以为添油。"国际佛光会每年都会举办"禅净密万人点灯法会"，我们要点亮的不是哪盏有形的灯，而是每个人心灵中的灯。一个人、一本书、一所学校、一个道场，都可以成为照亮心灵的明灯。

一个人能点亮自己心灵的灯光，不但可以看到世间的万象，还可以和他们建立关系；心灵的灯光亮了，不但可以看清人我的关系，还可以建立自他之间更好的因缘。心灵的灯光是什么？智慧的灯、慈悲的灯、善美的灯、明理的灯、道德的灯、惭愧的灯。你要点亮哪一种灯呢？

一个人有学问，他就像一盏知识的明灯，学子就会向他集中而来；一个人有道德，他就是一盏圣贤的明灯，求道者自然会慕名而来；一个人有能力，又肯助人，他就像一盏公益的明灯，日久自然会近悦远来；一个有慈悲心的人，他就是一盏爱心的明灯，很多人都会心无挂碍地向他靠近。

我们应该时常自问：我可以做家庭中的明灯吗？我可以成为社区里的明灯吗？我可以点亮社会上的明灯吗？我可以是照亮全人类的明灯吗？灯，代表光明，给人安全之感。灯是黑暗的明星，愈是阴暗的地方愈需要灯光的照明。航海者，因为灯塔的指引，得以知道方向；飞机夜间飞航，也要靠灯光的指引，才能安全降落。高山丛林，为什么鸟兽聚集？因为高山丛林就像是鸟兽的明灯，可以作为它们的依靠；江河海洋就像是鱼虾的明灯，使它们获得安全的庇护。而佛前的一盏明灯，也会给迷茫的众生增加无比的力量。

灯，不要别人替我们点，要我们自己去点。我们自己的心灵就是手电筒。《观心论》说："智慧明达，喻灯火常然，如是真如正觉灯明，破一切无明痴暗。能以此法转相开悟，即是一灯燃百千灯。"

灯，给了我们光明，让我们看得到前途。人往往因为内心没有光明而无明烦恼，因为无明烦恼而障蔽了智慧之光，感到人生没有希望、没有未来、没有欢喜、没有色彩，这都是身心的毛病。

讲到身心的毛病，十分之一二是靠外缘，靠别人帮忙，十分之七八则要靠自要做一个出类拔萃的人，应有坚强的毅力；
要做一个事业有成的人，应有不息的精神。

己自立自强。《地藏经》说：我们诵经的功德，亡者只能得到七分之一，七分之六是诵经的人所得。所以，一切还是靠自己比较重要，要别人来帮忙已经是差一等了。唯有我们自己点亮心灵的灯光，才能照亮前途，活出希望。

点亮自己的心灯（二）

有人开玩笑地问贫僧："修行有开悟没有？"贫僧从这许多活动里，一次一次地感悟，或者礼佛，或者禅坐，或者共修中和佛菩萨相应七十余年，你说，贫僧有开悟没有开悟呢？开悟不开悟，不是自己说的，这当中都要佛菩萨印证。但是现在我们找谁来印证呢？不过，佛陀在我们的心中，佛陀应该知道贫僧，贫僧也应该知道佛陀。

每个人都有一颗心，每个人的心都是世界的主宰。佛经说："若人欲了知，三世一切佛，应观法界性，一切唯心造。"世界上最快、最能、最大的东西，就是心。例如，我现在想到南极、北极去，人不容易马上就到，不过心一想，心就能到。心之快，光速不能比；心之能，现在心想建造二百层大楼，想象中的二百层大楼即刻造成，这就是理上所说的"心想事成"。

心之大，包容虚空，世界是我心里的世界，众生是我心内的众生，所以"十法界"都在一心之中。我们有这么一个功用奇大无比的心性，但一般人都不知道它的价值、用途，实在可惜。今就"心"之用，略说如下：

一、心平气和则明理。世间，有的人明理，有的人不明理，为什么？这就要看你的心。你的心能平静，你的气能和畅，道理就会公平、公正；假如你的心不平，气不和，你的理路就会混乱，说话做事都没有理则，都没有常轨，就会失去理智，因而被人讥为不明理，所以心平气和则明理。

二、心开意解则慧生。心好像一扇门窗，你的心结没有解开，就像门窗没有打开，空气就不能流通，阳光就照射不进来。万物的成长，都要靠阳光朗照、和风吹拂；我们的心如果不开，智慧就会被蒙蔽，不容易生起智慧。平常说“心开意解”，心开了，所听的话，所闻的法，其中的道理、意义就容易分解、了解、理解。解，就是智慧，有了智慧，还怕不能明白宇宙万有的真理吗？还怕不能圆融应对人情世故吗？我们自己的心，需要自己去打开，就像一户人家，只有主人才能从里面打开窗户，外人帮不上忙。

三、心正行端则人敬。俗语说“诚于中，行于外”，人如果没有正心诚意，行为就不能端正。反之，心中常存正念，表现出来的行为必定正派。有的人见到某人，情不自禁对他油然生敬，为什么？因为此人心正行端而已。所以，一个内外端正的人，还怕没有人尊敬吗？

四、心发愿成则果圆。心如田地，需要开发，田地开发以后，才能种植五谷，才有收成。有的人没有开发田地，没有在田地里播种，光是祈求“田地呀，生长万物，让我五谷丰收吧”，那是不可能的事。同样地，我们想要发财致富，希望获得好人缘，就要勤劳工作，更要发心助人，你发了心，就能圆满所愿，自能功果圆满。

五、心安道隆则功成。我们虽然有一颗能够上天下地的心，可是心如猿猴，心猿意马，一刻不停。心不能安，就如湖水动荡，难以映月；心安，则“菩萨清凉月，常游毕竟空，众生心垢净，菩提月现前”。心安住了、清净了，自能见到自己的真心本性，这也是学佛最大的目标，所以慧可求达摩祖师为其安心，目的无他，就是为了心安才能办道，道隆自然功成。

六、心体法用则和谐。心生则法生，心是我们的本体，从本体上能生起相用，能够战胜别人，要靠自己的力量；
能够战胜自己，要靠自己的智慧。

所以我们以心为体，自然生起世间的种种相用。例如，有心就会生起智慧，就会有办法，就可让万事和谐。心体本来是平等的，但生起的万相显现了差别，所以人生就有苦乐善恶的不同。假如我们能让万法和谐，归于心源，则世界成为一大种相法门，哪里还会有战争，有阶级之分？如此和谐人生，不就是人间净土的实现吗？

生命的价值

人生的意义不在于寿命的久长，乃在于对人间能有所贡献、有所利益。太阳把光明普照人间，所以人人都欢喜太阳；流水滋润万物，所以万物也喜欢流水。一个人能够活出意义、活得有用，生命就有价值。

人生实相

贫僧看到历史上，有很多富有的寺院，或是富家子弟，有了钱财以后，都去享受，都去花费，不知道要上进，不知道要努力，最后惹了很多麻烦，就会失败。穷苦，才会让人努力奋斗进取，极力去寻找生存的前途。就等于佛陀说，修行人要带三分病，才肯发道心。所以修行也要带一点穷，才知道要向前走。

很多人都会要求完美，凡事要求完美固然很好，表示精益求精，更上层楼；但是，有的人因为小小的缺漏而全盘否定，有的人因为小小的遗憾而全部放弃，这样的要求完美，有时反而因噎废食，流于吹毛求疵，不管对自己或与自己共事的人来说，都会很辛苦。因为人生本来就有很多缺陷，因此在追求完美的同时，要能认清人生实相，例如：

一、有苦有乐的人生是充实的。大致说来，人都是“趋乐避苦”，这是很自然的事。但是佛说世间是苦，因为这是实相，所以人生不能只是一直希望获得快乐，而不肯面对苦难。没有经过苦难的快乐，给人感到虚假不实在；能够克服困苦而获得的快乐，才显得珍贵，也才有成就感，因此有苦有乐的人生才是充实的。

二、有成有败的人生是合理的。追求成功、追求卓越，是生命的希望和进步的驱动力。但人不可能一直都是成功，容许自己有失败的时候，反而会给自己一个退步省思的空间，一股再求突破、增上的力量。因此，当人生遭逢挫败的时候要勇敢地面对它，继而再接再厉，愈挫愈勇，因为有成有败的人生才是合理的。

三、有得有失的人生是公平的。“得”很欢喜，“失”很痛苦，因此人总是希望得而不要失。然而，有时“得”也不见得是“得”，“失”也未必是“失”。今天得到名位权势，明天失去尊严、道德、自在，这样的“得”是否值得追求？这

·佛光菜根谭·

功名富贵都是人世虚荣；
胸襟浩大才是人生受用。

里“失”去职务，可能另一处发挥的空间更广，世界更大，这样的“失”未尝不是再造人生的另一个契机。所以有得有失的人生是公平的。

四、有生有死的人生是自然的。凡人都是“好生恶死”，看到新生命欢喜不已，面对死亡就排拒恐惧。其实有生必然有死，这是人生再自然不过的事。事实上，生命是不死的，此处死了，彼处会再生，生生死死，死死生生，都是同一生命。好比太阳，东升西落，升未尝升，落亦未尝落，升升落落原是同一个。重要的是，如何用有生之年，为生命留下意义、价值。

喜欢月圆的明亮，就要接受它有黑暗不圆满的时候；喜欢水果的甜美，也要容许它通过苦涩成长的过程。人生“一半一半”，能够认识人生实相，放下对好、对全的执着，在人生的“乐、成、得、生”中包容不完美、不完善，那才是完人。

人生八求

过去我一直想在高速公路的天桥上，挂个“不急，不急，安全第一”的标语，或是在车站等公共场所，挂个“不急，不急，礼让第一”的标语。我对很多的交通标语，最欣赏那句“妻儿倚门望，安全驾驶归”。所以我希望世人在追求快速的人生里，偶尔也要懂得刹车，让快速的人生中，虽有速度的快感，也有悠闲的享受。能够把人生的速度调整好，不快不慢，是为中道。

人从出生之后，在成长的过程中便不断地展开各种追求，求财、求名、求福、求平安自在等。现代人追求的东西更多，求智慧、求官位、求安逸、求顺遂……人生追求的东西何其多，兹将人生普遍共同的追求略述如下：

一、求身体健康。人在诞生的那一刻，家人都会关心婴儿的身体状况如何，总不希望生个残障儿，而能四肢健全、五官端正、一切健康正常，父母家人才会放下心来。一个小生命的诞生，就如出土的禾苗，必须给予种种的呵护，他才会慢慢成长，成为家族的希望，这也是全家人共同之所求。

二、求家庭人和。生男生女，不是重要，但是成为家庭的一分子，要跟全家人融合在一起。家中的叔伯妯娌、兄弟姊妹，如果有一个人性情乖戾、个性偏执，对家庭没有正面的助成，反而造成负面的影响，例如有的人让父母不安心，有的人让兄弟姊妹不和谐，都会让家庭笼罩重重阴影。所以家中添丁重要，和谐更重要。

三、求学有所长。当年岁渐长，进入学校读书之后，当然希望表现杰出，学有所长。现在一般的学校都有分科制度，大学入学考试，总分在 400 分以上者可以进入医学院，分数在 380 分以上可以就读机械科，350 分以上可以读物理系、化学系等，端看个人的才智而定你的所学。有兴趣当然投其所好，没有兴趣也要为考试制度培养自己的兴趣，总是希望能跻身大学的窄门，将来学有所长，能在社会立足，则全家荣耀，举家欢喜。

四、求事业有成。学业完成，并不代表人生完成，人生的事业才正要开始。学医的急急忙忙要到大医院里当个实习医师，学教育的也忙不迭地运用种种关系拜托人求一份教职。普通行政、会计、法律等都要找一个需要人才的雇主，投身在人家手下学习，希望从中找到自己人生的未来。

五、求社会安和。人生数十年岁月，并不是一天就过去了，因此在漫长的工作岁月里，尤其希望社会安和，自己工作稳定，家人生活都能无忧无虑。如果社会动荡，经济萧条，每月薪水入不敷出，万一再逢到裁员、失业，真是情何以堪！所以我们不要以为社会是众人之事，与我个人有何重大关系？其实如大树之不存，鸟雀何处栖息？河水之不在，鱼虾何来天堂？社会之于人，可不重乎！

·佛光菜根谭·

懂得勤劳的人，不会说没有时间；
不知精进的人，才会抱怨没成就。

六、求生活无惧。前述的社会经济萧条，这是一可惧；社会治安不好，是二可惧；家中老人偶发事故，是三可惧；儿女在社会上惹出问题，是四可惧。社会安全，政治稳定，刀兵浇熄，生活才能安稳，否则处处挂心，生活不安心。

七、求大众富乐。人不能独乐乐、自乐乐，个人的生活必定要社会大众安全了，自己才会安全，社会大众富乐了，自己才会富乐，所以不只求一己之富乐，更要求大众之富乐。

八、求世界和平。人生所求最根本的是世界和平，世间的战争像瘟疫一样，会传染、蔓延。千百年来，举世之间多少的瘟疫，多少的战争，生灵涂炭，凄惨无比。

所以，脆弱的生命，坎坷的人生，只希望能平安度过一生，这是一般普罗大众最大的愿望。

生命的价值（一）

《阿含经》里有一则海龟喻，是说要想得到人身，就如一只盲龟，在大海中漂流，要找到一根可以倚靠攀救的浮木非常不容易，尤其浮木上还要有个孔，让盲龟的头伸出来以便漂浮，实在是难上加难，所以说“人身难得”。经典又喻示“得人身如爪上泥，失人身如大地土”。人身难得，生命易逝，我们能不好好珍惜、不好好修持这宝贵的人身吗？

生命是世界上最值得珍贵的东西，杀生是世界上最残忍的事情。人间虽有贫富贵贱，但生命都是同等宝贵，任何生命都应该获得吾人的爱护。所谓生命，依众生过去善恶业因所感得的果报正体，有天上飞的，有水中游的，有陆上爬的，有山中走的；也有两栖，或是多栖，乃至无足、两足、多足等类别。在各种生命当中，有的生命是独立的，有的生命是共生的，有的生命是寄生的。甚至有的生命是有形的，有的生命是无形的；有的生命会动，有的生命是不动的。

可以说，在大自然里到处都有生命。一滴水有生命，一片菜叶也有生命，都要爱惜。山川日月，苍松翠柏，几千年、几万年，时间就是生命。佛教讲“三界唯心，万法唯识”，时辰钟表，我用心、用智慧去制造它，时钟里就有我的生命。一栋房屋，因为我的设计、监工而成就，房屋就有我的生命存在。地球生态被破坏，海洋、空气被污染，环保人士用爱心来保护，环保也有生命，爱心就是生命。

天地所拥有的生命生生不已，因此现在的生命学家也不能只是研究人类的生命，例如地质学家研究地壳变化，天文学家研究宇宙星辰，气象学家研究大气变化，生物学家研究动植物，微生物学家研究细胞分裂，考古学家研究古今渊源，历史学家研究人文发展等，每个领域都有它的生命价值与意义。

生命的价值就是“爱”，生命的意义就是“惜”。有爱，就有生命；有爱，就有生机；有爱，就有存在；有爱，就有延续。生命不是出生以后才有，也不是死亡就算结束；生命是无始无终，生命是无内无外。生命是活力，是活用，是活动；生命要用活动、活力、活用来跟大家建立相互的关系。例如雨水灌溉树木丛林，树木丛林也能保护水分；人吃了万物后排泄肥料，肥料又再成为万物的养分。生命是相互的，是因缘的；想独存，那就没有生命了。

生命是一门艰深难懂的学问，但是尽管生命深奥难懂，分析起来不外乎“生”与“死”两个课题。佛教非常正视生死问题，佛教其实就是一门生死学，观世音菩萨“救苦救难”是解决生的问题，阿弥陀佛“接引往生”是解决死的问题。

佛教不仅解答生死问题，佛教更是尊重生命、爱护生命，佛教倡导惜缘、惜福、惜生、惜命，佛陀对一切众生的慈悲爱护，载之经典，处处可见。例如佛陀

·佛光菜根谭·

认识无常，生命有希望；
明了无我，生命没烦恼。

曾“割肉喂鹰”“舍身饲虎”“施食救鱼”，乃至为野干说法，他把生命融入真理，以真理供养大众。

佛陀重视大我的生命，他说“我是众中的一个”，他“以众为我”，他知道有形的躯体总会朽坏，因此把有形有限的生命融入大化之中，用无形的法身慧命来照顾众生。所以佛教的生命能普遍全体，不仅普及一切人、一切动物，所谓“情与无情，同圆种智”，甚至“一阐提也能成佛”，这在后来“生公说法，顽石点头”已获得了证明。

生命的价值（二）

日本禅师丹羽廉芳曾说：“人寿像马拉松赛跑，谁有耐力，谁就可以获胜！”其实，我觉得随缘自在最好，不要去挂碍活多久。因为真正的生命是生生不息、轮回不已的，学佛的人相信生命不死，只要做一天人，就尽一天人道，让有生之年活得“对人有用，于人有益”；尤其能够让自己不断增德进业，不致马齿徒增，这才是生命的意义，才是生命的价值。

生命是可以锻炼、创造的，在冰天雪地里生存的人和动物，自然磨炼出坚毅忍耐的生命力。一株墙头草、一朵路边的野花，它们在狂风中呈现雄姿，也可以看出生命的力量。

生命之所以有力量，在于能为生命留下历史，为社会留下慈悲，为自己留下信仰，为人间留下贡献。因此，生命教育最重要的，是指导人如何尊重生命，如何活出生命的尊严，如何创造生命的价值与意义。尊严是人生最大的本钱，做人最怕尊为大事也，何惜生命；为信仰也，何吝舍俗；
为学法也，何惧委屈；为承诺也，何必反悔。

严扫地，现代人不但要活得有尊严，甚至提倡“安宁死”，即使死也要死得有尊严。

尊严不是傲慢，不是自高自大，尊严不是匹夫之勇，不是自以为是；尊严是在强权之前，不屈服、不妥协，坚持自己的立场与原则，保持自己的人格与操守。

人除了要活得有尊严以外，更要活得有意义、有价值。佛教认为，生命的意义在于增进人生的真善美，在于懂得永恒的生命。人的色身虽然有老死，真实的生命是不死的，就如薪火一样赓续不已。因此，人生的意义不在于寿命的久长，乃在于对人间能有所贡献、有所利益。太阳把光明普照人间，所以人人都欢喜太阳；流水滋润万物，所以万物也喜欢流水。一个人能够活出意义、活得有用，生命就有价值。

“蜉蝣朝生夕死，人生百年难再”，但身体即使朽坏、死亡了，也不是生命的结束。所谓念天地之悠悠，感生命之无限。生命不在于长短，而在于活出什么、拥有什么，尤其如何开拓宏观的生命视野，深化优质的生命内涵，建立正确的人生观、道德观、价值观，这才是提倡生命教育者应有的省思。

因缘（一）

所谓因缘，看起来好像很容易懂，比方，人和人之间彼此要好，就会说：“我们好有缘啊！”如果不好，就说“他们没有缘”；我们有缘千里来相会……其实，因缘不是这么简单。因缘就是条件，世界的成立、人生的生存，哪里能少了很多条件（因缘）呢？

我们怎么确定因缘的存在，如实地去发现它、把握它？这好比工厂的机器正在运转时，忽然停止不动了，技师拆开来一检查，原来是一颗小小的螺丝钉断了。这根小螺丝钉就是因，因缘不具备，机器自然动不起来。盖房子要灌水泥，如果少了一根承梁，支撑的力量不够，整个混凝土屋顶都会塌下来。

因缘少一点，境遇的顺遂会有很大的差异。花为什么开不出美丽芬芳的花朵？果树为什么长不出硕大甜美的水果？可能是因为少了水分、少了肥料的助缘。美国发射航天飞机到太空探测，有时会因为某个零件故障而延迟升空，或因电脑出了毛病而停摆，凡事只要因缘差一点，事物的境相都会层层衍变。

无论做什么事情，如果不顺利，必须好好反省检讨，看是什么地方缺少了因缘，千万不要怨天尤人，自取其咎。例如现在很多青年男女相亲相爱，明明门当户对，可是父母反对他们结婚，缺了因缘的辅助，婚姻就不顺遂，这是无缘。有的青年男女一见钟情，闪电式地结婚了，连他们自己都不知所以然，男的说是“情人眼里出西施”，女的说是“有缘千里来相会”，这就是缘分。

《那先比丘经》记载了一个故事。有一次，弥兰陀王问那先比丘：“眼睛是你吗？”那先比丘回答：“不是。”

弥兰陀王又问：“耳朵、鼻子、舌头是你吗？”那先比丘答：“不是。”

“那么，真正的你就是身体了？”“不，色身只是假合的存在。”

“意，是你真正的体？”“也不是。”

弥兰陀王扬起了脸：“既然眼、耳、鼻、舌、身、意都不是你，不能代表你真实自在的本体，那么，你在哪里？”

那先比丘反问：“窗子是房子吗？”弥兰陀王一愣，回答：“不是。”

“门、砖、瓦是房子吗？”“不是。”

“那么床椅、梁柱才是房子了？”“也不是。”

那先比丘反问：“既然窗、门、砖、瓦、梁、柱、床、椅都不是房子，那么，在委屈中学习经验，在困难中接受挑战；
在失败中累积智慧，在挫折中锻炼意志。

房子在哪里？”弥兰陀王恍然大悟，要靠各种因缘具备才能完成一栋房子，人也是诸般因缘和合而成为人。只要懂得因缘法，认识因缘的存在，处处种好因，时时结好缘，人生必能无往不利、所到亨通，如诗所云“若人识得因缘法，秋霜冬雪皆是春”。

因缘（二）

> 检视过往，年少时没有受过正规的教育，养成我善观事物的性格；没有贵亲厚戚的照顾，养成我平等爱人的性格；没有周全衣食的供应，养成我随遇而安的性格；没有冶游玩耍的环境，养成我慎思自省的性格。这一切不顺利的境遇，不也都成为我成长的因缘吗？其他诸如战争伤亡、家庭贫困、饥寒交迫、横逆临身，如今想来，也全是增上的因缘。

释迦牟尼佛当初在菩提树下金刚座上，夜睹明星而成正等正觉。当流星灿然划空而过的时候，佛陀到底觉悟了什么？他觉悟了宇宙人生的真理。佛陀觉悟的真理又是什么？是因缘，是缘起。如果我们能懂得因缘缘起的真理而受用，必定也能像佛陀一般，舍弃这个有漏世间的一切烦恼困苦。经上说：“诸法因缘生，诸法因缘灭。”因缘，就是人与人之间的相互关系，人与人之间相敬相爱、相争相逐、相善相恶等种种关系，就是因缘。懂得因缘，可以了悟世间众生的运命浮沉，懂得世间生命的缘起缘灭，对于宇宙人生的真理就会洞然明白了。

世上生灭不已的因缘有四种：

一、无因无缘。很多人认为世间的一切都是冥冥中完全注定的、宿命的，或是偶然的、神意的，而不是因缘的关系。好像石头本来榨不出油，如果石头竟然能榨出油来，他们不去探索石油层的结构与形成原因，只会认为是偶然如此。小孩子吃得太多太饱而噎死胀死了，他们不去追究饱食的祸因，只会一味哭喊："命呀！命呀！"强盗因抢夺不遂而起意杀人，被害人家属也只会归之于宿命如此。那种把一切归之于上帝旨意的人，认为一切都是神吩咐的人，否定了现世人生的自主价值，也否定了一切努力的自我意义，如此彻底抹杀了人生的努力而专讲命运的，都是邪门外道，不是正确的因缘论。

二、无因有缘。这种人认为世界上没有什么过去的因缘果报，都是现实上的机缘凑合而成，是一种"万事俱备，只欠东风"的论调。例如同一父母所生的子女，有的肯争气而成功，有的不争气没出息，就怪罪运气不好，机会太少，而忽略了他们教育过程和心理境界的歧异。同一个老师教导出来的学生，成绩好坏不同，则归咎于他们的努力程度不够，而忽略了先天聪明才智的不同，这就是"只知其一，不知其二"的偏见。

三、有因无缘。有些人认为因和缘是两回事，认为事出或者有因，却不见得有缘，忽略了因缘生灭的奥义。许多怀才不遇的例子就是这样：年轻时去求职，公司要老成的，好不容易老成了，他们却又要年轻的；到一家公司求职，他们要结过婚的，赶快订婚结婚再去求职，他们却要不结婚的。类似的情形常常发生，有些人会以为因和缘是两回事，有因未必有缘，有缘未必有因，而忽略了因缘并非一成不变的东西，它随时在时间和空间中生生灭灭，是不会停下来等你的。俗话说"善有善报，恶有恶报，不是不报，时候未到"，就是这个意思。

上面所说的三种因缘都是一偏主见，不是佛教正确的因缘论。在佛法里面，我们相信因缘果报是环环相衔的，是相生相成的，一切事情都是"有因有缘"。

四、有因有缘。佛教认为一切法都由因缘贯穿联结，无论大乘小乘、性理事欲知前世的因缘，端看现前的果报；
欲知未来的前途，须明当下的源头。

相、世出世间，一切有为法必依因缘和合而生。《楞严经疏》云：“圣教自浅至深，说一切法，不出因缘二字。”譬如建造一栋房子，一定要砖瓦、木料、水泥等很多条件结合起来，才能完成；又如同我们请客，也必须具备一些基本条件：彼此的交情够不够？对方参加有没有困难？此时此地是否适合？必须各种因缘具足了，这场宴会才能圆满举行，因缘不具备，事情就无法成就。

有因有缘，一切事情才能成就；看是如果自己破坏了因缘，自己不能把握因缘，事情也很难圆满了。

活力

> 自从加入弘法利生的行列之后，近几十年来到处行脚，不曾停止，尤以近几年来，周游五大洲，更是席不暇暖，有人关心，问我：“你为什么不休息呢？”我都如是回答：“将来有永远休息的时候。”唯有将自己“动”起来，才能创造无限的活力；唯有精进不懈，才是顺应天心，安身立命之道。因此，我对那些劝我不要忙碌，好好保重身体的人说：“忙，才是保重。”

活力，就是旺盛的生命力。有的人精力充沛，因为生命充满活力，因此生活过得多姿多彩，活得有声有色。

人的生命要有活力。读书要有活力，办事要有活力。为自己、为家人，要有活力；为社会、为国家，当然更要有活力。活力也要靠各种因缘培养，我们要如何培养活力呢？

一、活力来自生活正常。人的活力，首先要讲究生活起居正常，生活作息不正常，精神懒洋洋的，怎么能有活力呢？所谓作息正常，除了早睡早起以外，每天必定要吃早餐，因为早餐之后，一天才正式开始，吃了早餐，才有活力按照预定计划，从容不迫地展开一天的工作。规律的生活作息是活力的来源。

二、活力来自心情愉快。心情愉快、心胸开阔、心境明朗，都是活力的来源。人如同一部机器，每日三餐就像汽车加油，也为人生增加活力、增加动力。乐观进取、欢喜助人、喜爱工作、培养多方面的兴趣，例如听一次音乐会，心情愉快就增加许多活力；和家人逛一次公园，精神放松也在培养活力；处理公务，召开会议，圆满所做，都能产生活力。随时保持心情愉快，则人生更是活力无穷。

三、活力来自思想积极。思想积极，凡事看得开，提得起、放得下的人，能增加活力；时时抱持明天会更好，明年会更好的想法，永远对自己的人生感到希望无穷，内心自然活力充沛。平时生活里，经常感觉这个朋友很好、那个朋友也不错，都会增加活力。家庭中，夫妻之间的爱语，儿女的天真、贴心，都可以增加活力。人的思想要宏观，心胸要开阔，凡所思所想都是世界人类的未来，不要只想到自我；能够以大众第一，以人类的幸福安乐为念，就是自己思想上的活力。

四、活力来自友谊鼓舞。襁褓中的婴儿，母亲的儿歌就是他的活力；读书时，成绩优秀、老师赞美就是他的活力。朋友间的鼓舞更是活力的泉源。交朋友，不是为了吃喝玩乐，朋友要能相互切磋、砥砺，所以我们要结交正直无私、乐观进取、奋发有为的朋友。这样的朋友，当我们遇到挫折、苦难时，能适时给我们安慰、鼓舞，就有活力重新再起。

五、活力来自善缘助长。人生的活力，有时也会消减，就像马达的动力不够、引擎的发条松软，又像汽车没有油、树木没有水、皮球没有气，这时候善缘的助长，就显得非常重要。例如，善友的一句好话、师长的一番开导、上司的一次提携、父母的一份关怀，都能带来活力的增加。但是，善缘要靠自己平时广结

· 佛光菜根谭 ·

动，是人生的意义；动，是生命的活力；
动，才能向前；动，才能活跃；
动，才能学习；动，才能提升；
动，才能入他人行列；动，才能与大众同行。

人缘，有结缘才有善缘。

六、活力来自正确信仰。人生要能不被外境击败，必须强化活力。活力的源头，来自信仰。信仰因果不会错乱，信仰正义不会失败；信仰告诉我们，不要有太多的人我计较，不要有太多的是非执着。信仰能化解烦忧，信仰能增添光明，信仰能带来正确的目标；有了光明、正确的目标，人生怎么会没有活力呢！

人生的路

我在数十年的弘法行程中，几乎坐遍各种交通工具，包括牛车、轻便车、竹筏、汽艇、小船，甚至在甘肃还骑过骆驼，在泰国更以大象代步。虽然海、陆、空各种交通工具，我都一一体验过，但感觉最安全、最平常的，还是靠我的两条腿走路。走路不但安全，而且还能训练威仪。在佛教中有所谓“四威仪”——“行如风，坐如钟，立如松，卧如弓”，其中“行如风”就是走路时要如风一样直行，而且眼睛要目视前方七尺，不可左顾右盼，不可低头、仰视，也不能跑步、急行。

一个人的世故经验从哪里来？就看他走过多少的人生路。有人说“我走过的桥，比你走过的路还要多”，可见走路也是累积人生经验，甚至是创造人类历史不可少的功夫。走路，能让人登峰造极。有的人以单翼螺旋桨飞过太平洋，有的人要以帆船独航大西洋，有的人以脚踏车环游世界，总希望能在“走路”的上面创造人生。

路，也有很多类别，宽广大道、羊肠小径、崎岖山路，乃至沙漠里用尸骨写下的道路。道路也代表一种风险，我们要慎选人生的道路，才不至于迷失自己。从人生的意义上看，路有六种：

一、往上爬升的路。一个人不甘愿自己渺小、低下，总希望做人上人，学问力求进步，道德不断增长。所谓圣贤的道路在招引着他，他一直往上爬行，路途虽然辛苦，但是一旦站上峰顶，放眼四周，风光旖旎，人生自有另一番天地。

二、不断下坡的路。有人看到上坡的路艰辛难行，因此意志消沉、精神不济，干脆往下坡的路滑行。上坡的路，日行二十里；下坡的路，日行百里以上，容易到达。所以，有的人在人生的路上，只想投机，不肯靠实力奋斗创造，甚至为了求财、求名、求富贵，不择手段，如此纵有所得，也不长久。

三、平凡安稳的路。有的人胸无大志，不想走往上爬升的路，但也不肯自甘堕落，走下坡的路，于是选择平凡安稳的路，循规蹈矩，忠厚老实，不与人争，只要谨慎平凡地过日子，一家老小三餐能得温饱，平平安安，没有风险，这就是他最大的祈求了。

四、没有前途的路。有的人喜欢冒险，喜欢意外所得，凡事抱持姑且一试的心理。明知革命失败居多，他希望侥幸一试；明知大企业的经营需要很多条件因缘，自己因缘不具，他也要孤注一掷。甚至诈欺、赌博、走私、贩毒，都是没有明天的路，他一样财迷心窍，铤而走险，于是走上了没有前途的路。

五、崎岖不平的路。除了上述的四种路以外，有的人命运坎坷，一生为理想奋斗，创业几经失败，投资屡遭倒闭，甚至被朋友欺骗、出卖。几番奋斗，才从高低不平、崎岖难行的路上走出，但人生岁月已不知耗去多少。不过这种人精神可嘉，他总算没有被困境打倒，所以人生唯有不屈不挠，才能把崎岖的路走完。

六、峭壁悬崖的路。崎岖不平的路难走，但并没有多大的风险，只是困难而已；峭壁悬崖的路，不但困难，还有风险。很多成功的人，大都是走过人生的万

·佛光菜根谭·

人生只管现在享福，则如点灯，愈点愈枯竭；
人生能为将来积福，则如添油，越添灯越明。

重山，冒险越过人生的悬崖峭壁，才能走上成功之路。

总之，只要有路，条条大路通长安。

人生的死角

有一位囚犯被关在牢里，埋怨房子小。有一天，有一只苍蝇飞进房里，他就去扑捕，飞东抓东，飞西捕西，还是没有抓到，方醒悟到原来他的房间竟然这么大，连一只苍蝇也抓不着。所以，他觉悟到："心中有事世间小，心中无事一床宽。"

马路上，许多车祸的发生，只因为驾驶人变换车道时，没有从后视镜里确实看清左右后方来车就强行切入，以致造成严重伤亡，甚至倒车时，因为看不到后面的情况而酿祸。

人的眼睛，有时虽在视力范围内，都有观察不到的死角；军事上，在军火射程内，有时候也因地形的因素而有死角。其实，社会人生到处都有死角，例如：

一、法律的死角。法律本来应该是最公平、最公正的，但是法律也有死角。例如，有人造假，有人伪证，有人误判，乃至不公不义的法律，都成为侵害人权的法律死角。

二、经济的死角。银行里的坏账，官场上官员贪污舞弊、浪费公帑、图利他人、政商挂钩、掏空国产、恶性倒闭、内线交易等，都是经济的死角。死角不清，经济难以活络。

三、治安的死角。现在社会上有许多治安的死角，例如监守自盗就是治安的死角，瓜分公产就是治安的死角，窃听窃录、跟踪调查都是治安的死角。尤其现在的社会，好利不好义、笑贫不笑娼、造假诈欺、黑函密告，这都是治安的死角。

四、知识的死角。知识本来应该是有益于吾人的言行，但知识成为“所知障”，这种知识就会成为障碍人生的死角。甚至知识也会生病，生了病的知识就是“愚痴”。见闻觉知，是我们的知识，但我们的知识不能被无明蒙蔽；般若智慧是我们的知识，但般若智慧不能被成见挤爆。知识讲究应用，我们的知识有适当应用吗？

五、进步的死角。人生本来应该是向上、向善，向美好的前途迈进，但是人生也会遇到阻碍，不能向前，那就是执着。人一旦产生执着，不放弃后面的一步，怎么能向前迈进呢？我们要想向前进步，就要把成见的阻碍、我执的坚持放弃，不然怎么能向前进步呢？

六、发展的死角。各行各业都希望发展，国家要发展，经济要发展，教育要发展，就是一个小店吧，也希望能发展。可是发展也要有发展的条件，发展最大的阻碍，就是守旧。旧的思想、旧的观念、旧的行为、旧的言论，守旧落伍的一切不放弃、不改进，就成为发展的死角。守旧落伍的人要想创造新发展，事实难矣！

七、人我的死角。人我相处也有一些死角，例如互相猜疑嫉妒、暗中较劲、见利忘义等。人我之间不能开诚布公，不能同舟共济，不能同甘共苦，不能相互包容，都会出现人我的死角。朋友之间有了死角，你说不会发酵、发臭吗？

八、思想的死角。思想的空间要有新鲜空气流通，假如思想混浊、思想污染，这就是思想的死角，就是发展的障碍。思想偏激、思想不合时宜、不合大众的利益，如此期待思想能开朗、开阔，能够为人所接受，事实上也不容易。思想要开明、开通、开朗、开阔，思想要让大家接受，没有思想的死角，思想才容易升华。

· 佛光菜根谭 ·

善言慎行，是人生美满的催化剂；
明心见性，是自我成功的不二门。

人生的死角，不能把它找出来，让它明朗化，只是任它藏污纳垢，总有一天必将成为人生的致命伤，所以死角要整顿。

心药方

身体上的疾病避免不了，而每个人的病情轻重不一，但是千万不要让你的心灵生病。心中有病，生理上的病就会更加严重，甚至难以挽回可贵的健康。也不要对生命、前途气馁，再苦的事情，时间都会公平地推动它、冲淡它！

现在经常听到有人感慨说："我们的社会病了！"其实，有很多人的"心"也病了！心中有疑忌、执着、自私、偏激、妄想、贪欲、嗔恨，心真的病了。身体有病，不能劳动服务，心理有病，怎么能正派做人呢？兹针对人心之病，开列一些心药方如下：

一、要有宽容的心。做人讲究的，先要有度量；有容人之量，这是做人之本。器量狭小，不能容人，自然不能成就大事。你的心只容纳自己，只能做自己的主人；你能容纳五个不同的人，能做五个不同人的领导；你能容纳一百个部下，能做一百个人的主管。你的心能容纳百千万人，你就能领导百千万人。因为你心胸宽阔，当然就能做众人的领导。

二、要有放下的心。心中不要负担过重，不要把别人的得失纳入己心。你的心中对别人的拥有放不下，过失也放不下，把别人的功过都放在心上，增加自己的压力，负担过重，就非常辛苦。所以，能把外境的是非、别人的好坏放下，不要成为自己内心的负担。放下，就能自在；放下，日子就会好过。

以苦口为良药，救自救他；
以良言为针砭，利己利人。
·佛光菜根谭·

三、要有谦卑的心。吾人内心贡高我慢，是为大病。一个人若是待人处事，都能抱持谦卑的态度，就能容纳十方，获得别人的尊重。一般没有修养的人，心高气傲，自己不能接纳贤才，必然也会遭到别人的排斥。假如待人处事有谦卑的雅量，好像成熟的水果，都会低头向下；飞机的航行，向上爬升艰难辛苦，向下着陆比较容易。所以人生处事，谦卑向下，必然容易获得成功的机会。

四、要有惭愧的心。惭愧羞耻，是我们治心最好的良药。人在家庭，对家中眷属必多照顾不周；人在学校读书，必定所知不足；人在社会，社会各方必难圆满对待。所以，人要自我惭愧有所不能，有所不知，有所不净，有所不足。所谓"知耻近乎勇"，有了惭愧的心，就能调整自己，发挥自己的能量，如此行事做人，必有所得。

五、要有正派的心。做人"宁可正而不足，不能邪而有余"。王惕吾先生办《联合报》，一句"正派办报"，多么铿锵有力。吾人只要能居心正派，其他的治学会正派，办事会正派，交友会正派，经商会正派。凡事正派，就如过去被人称为"正人君子"，则必得要居心正派，才有力量对治内心的邪知邪见，让许多的邪恶念头不致产生，那都是需要很大的正派力量才能达到目标。

六、要有清净的心。我们的心灵被关闭、被污染、被烦恼所囚，则如水沟没有清洗容易滋生蚊蝇，厨房没有整理干净必生蟑螂、老鼠。我们的内心世界，不治理干净，贪嗔、慢疑、自私、执着，各种烦恼就容易产生；假如适时给心灵一剂良药，令心净化，心地清净，自然污秽杂染就无从生起。

所谓"心病还需心药医"，心理有病，要靠自我治疗，只要心能健全，何惧人生没有成就呢？

存好心

我一向拙于书法，也不喜欢被人拍照，但是每当见到信徒欢喜的容颜，我也打心里高兴起来，因此遇到有人索取题字或要求合照，我总是随喜随缘的性格，有求必应，给予种种方便。不过我也很感谢大家，正因为这样一而再、再而三的训练，让我忍耐的修养功夫进步很多，现在我确实很能忍耐。

经云“心为工画师，能画种种物”，又说“三界唯心，万法唯识”。我们的心在一天当中，时而上天堂，时而入地狱；时而希圣希贤，时而愚痴颠倒。古人说：“一室之不治，何以天下国家为？”其实，一心之不治，一生亦难有可为之事。自古以来，做人之道首重治心，怎样治心呢？以下列出国际佛光会提倡的“三好运动”中关于“存好心”的原则：

一、要有惭愧心，惭愧、知耻才能庄严身心。

二、要有慈悲心，慈悲就没有敌人。

三、要有欢喜心，有了欢喜，人间才没有缺陷。

四、要有孝顺心，有了孝顺，世间才有纲常纪律。

五、要有信仰心，有了信仰，为人才有目标、才有力量。

六、要有般若心，有了智慧，才能解决一切问题。

七、要有柔软心，柔软才会包容，才能克刚。

八、要有精进心，精进才能立志向前、向上。

九、要有平等心，有平等心，才能与真理相应。

十、要有谦虚心，傲慢的人，永远敌不过谦虚的人。

十一、要有自尊心，尊严是心中的财富，是心中的宝典。

为人要有品德，做事要有品质；
立业要有品格，生活要有品位。

十二、要有和谐心，和谐才能团结人心。

十三、要有忍辱心，忍辱不自卑，才是至刚至大的力量。

十四、要有道德心，道德是做人的品牌。

十五、要有感恩心，有感恩心的人，是一个富贵的人。

十六、要有恭敬心，恭敬是学佛、做人所不可或缺的要素。

十七、要有包容心，能包容，才能大、才能多、才能有。

十八、要有诚信心，有诚信才能得到别人的信赖。

十九、要有勇猛心，勇猛向前，才能开拓另外的世界。

二十、要有恒常心，有恒常心，才不会懊悔、犹豫。

二十一、要有惜福心，惜福才会有福。

二十二、要有大愿心，有愿就有力量，有愿就能突破难关。

二十三、要有仁爱心，仁爱所至，无力抵挡。

二十四、要有忠义心，忠肝义胆是天地间的正气。

二十五、要有正直心，做人处世，正直为本。

二十六、要有利人心，处处为人设想的人，必然受人尊重。

二十七、要有专注心，专心注意，凡事能成。

二十八、要有结缘心，广结善缘，更有人缘。

二十九、要有喜舍心，喜舍是福慧增长之道。

三十、要有无我心，无我则凡事不计较、不比较。

三十一、要有诚挚心，诚挚待人，即使吃亏也必得好报。

三十二、要有随喜心，随喜顺人乃广结善缘之道。

以上所列三十二种好心，若能训练成“平常心”，则虽行好心并不着力，那么一生所为何患不成！

健全的人生观

当世人以前进显达为荣耀，以拥有更多的名利为幸福，以追求感官刺激为快乐，以自我为中心来待人接物时，我却想在谦逊忍让中养深积厚，在无求无得中享有浩瀚的三千大千世界，在泯除对待中得到无边的法喜禅悦，在牺牲奉献中融合人我，自觉获益更多。

每个人面对人生的态度不一样，对人生的看法、诠释，也各有所见，甚至各人追求的理想、目标，也不尽相同，这就是各自的人生观不同。尽管每个人对人生的态度、看法所求不一，但重要的是要有健全的人生观，如此才会有健全的人生。什么是“健全的人生观”，有四点看法：

第一，以欢愉的心情取代忧愁。人的情绪如潮水起伏，难免有低潮的时候，尤其当遇到挫折、委屈、失意的事情，更是忧愁、烦恼不堪。忧愁烦恼袭上心头，怎么办？自己要有自觉、要有力量去转换，要营造欢愉的心情来取代忧愁，至少不要把忧愁带到床上，不要让今日的忧愁延续到明天，尤其不可以把自己的忧愁感染给别人。能够时时保持欢愉的心情，才是一种健康的人生态度。

第二，以奋斗的意志取代颓丧。人生像一场马拉松赛跑，有耐力与斗志的人，才能抵达终点。因为人生长跑的过程中，意志薄弱的人，难免因路途崎岖、风雨侵袭、世情浇薄，甚至自己体能欠佳而灰心泄气，乃至倒地不起。所以，人不能颓废丧气，尽管漫漫的人生路途坎坷，我们要始终坚定信念，要鼓舞斗志，积极进取，奋发向上，纵有路障挡路，也要勇敢跨越，千万不可停歇、懈怠，否则输掉的不只是荣誉，而是自己的一生。

第三，以勤劳的习惯取代懒惰。人生的前途，要靠自己创造，每个人天生的

·佛光菜根谭·

健康是事业成功的资本，诚信是事业成功的基础；
决心是事业成功的条件，勤奋是事业成功的动力。

才智虽然有优劣不等，但是上天却平等地赋予每个人一项有利的创业资本，那就是勤劳。勤劳是天然的财富，一个人只要肯勤奋努力，就有致富的机会，至少三餐温饱不成问题。反之，一个人如果好吃懒做，即使家有金矿银矿，终有坐吃山空的时候。所以，做人要养成勤劳的习惯，这是生存的基本条件。

第四，以正确的信仰取代迷思。人有生必然有死，生死是最自然不过的事，但是一般人总对生死感到迷惑不解，甚至对人生感到惶惑不安。然而，也正因为人有生死问题，所以多数人都很自然会去信仰宗教，希望从宗教的教义，寻求解答、寄托，这是人之常情。不过，信仰宗教最重要的必须是正信的宗教，其所宣扬的教义必须合乎真理，在此前提之下，能以信仰取代迷思，这是最有智慧的人生。

健全人生观的建立，不但关乎自己的一生，同时对家庭、社会、国家也会造成极大的影响。毕竟，有健全的个人才有健全的家庭，有健全的家庭才有健全的国家社会。所以，如何建立健全的人生观，不可等闲视之。

决定自己的命运

1991 年 10 月我应邀在日本市中心的朝日新闻纪念馆举行佛学讲座，讲题为“人心、命运、金钱”。日本是一个经济大国，物质生活极为丰富，人们普遍关心前途、命运、金钱，较少重视心灵净化。其实这三者是互为因果关系的，心好命就好，命好钱就多，真正的财富在身体的健康、内心的满足、正确的信仰、包容的心胸、前途的美好、生活的幸福、眷属的和谐、灵巧的智慧及发掘自我本性的能源，只要心灵能够净化，这些内财自然具备。

这些观念通过慈惠法师的日文翻译，使许多日本大众同表大梦初醒，内心的法喜实非笔墨可以形容。日中问题研究会矢野会长更表示："过去时常自问人生所为何来，不觉对自己的前途感到茫然。今听了大师的开示后，知道命运操之在我，命运由自己创造，知道人生有轮回、有来生，无形中对未来充满了希望。"今生虽苦，但可以创造未来的人生。

有人问，佛教讲"欲知前世因，今生受者是"，今生的命运如果是前世命定的，那么佛教是不是宿命论呢？

宿命论认为：人生的成败得失、祸福穷通、悲欢离合，都是前世已注定，是由命运之神所掌握，今生即使做再多的努力也于事无补，因此当他遭遇困境的时候，往往认为冥冥中上天早已如此安排，任何的努力都是枉然，于是消沉、沮丧，不知奋发振作，而把自己宝贵的前程委诸子虚乌有的唯一神祇去主宰，甘心做宿命的奴隶，实在可悲。

其实，从佛教的因果观来看，吾人所受的果报，不管善恶，都是自己造作出来的，所谓"自作自受"，并非有一个神明可以主宰。譬如有人一出生就住在繁华的都市里，享受文明的生活；有人终其一生，都在荒山野地、穷乡僻壤营生，日月穷劳，这不是命运不公平，而是因缘果报不同。如经上说："有衣有食为何因？前世茶饭施贫人；无食无穿为何因？前世未施半分文。穿绸穿缎为何因？前世施衣济僧人；相貌端严为何因？前世采花供佛前。"《因果十来偈》也说："端正者忍辱中来，贫穷者悭贪中来；高位者礼拜中来，下贱者骄慢中来；瘖哑者诽谤中来，盲聋者不信中来；长寿者慈悲中来，短命者杀生中来；诸根不具者破戒中来，六根具足者持戒中来。"

从这些偈语可以知道，人间的贫富贵贱、生命的长寿夭亡、容貌的端正丑陋，都是有因有果，并非凭空碰运气而来，也不是第三者所能操纵，而是取决于自己行为的结果，而其结果所造成的影响力是通于三世的。也就是说，佛教讲过去、现在、未来三世因果，并不否定前世的善恶罪福可以影响今生的命运，今生的所作所为，也可能影响来世；但不管前世、今生、后世，都非定型，而是可以改变。例如，有人说错一句话，招来麻烦，但即刻道歉，取得别人的原谅，事情就能化解；做坏事，必须接受法律的制裁，诚心忏悔、认错，法律也能从轻发落。

因此，佛教的因果观及业力论，说明了自己的行为可以决定自己的幸与不幸。尤其佛教主张诸法因缘生，空无自性，命运也是因缘所生法，没有自性。坏的命运可以借着种植善缘而加以改变，例如慈悲可以改变命运，修福也能转坏命为好命。甚至有的人认为自己罪障滔天、恶贯满盈，永远无法扭转命运，其实不然。佛教认为再深重的恶业也可以减轻。好比一把盐，如果将它放入杯子之中，当然咸得无法入口；但是如果把它撒在盆子里或者大水缸中，咸味自然变淡。罪业如盐，无论如何咸涩，只要福德因缘的清水放多了，仍然可以化咸为淡，甚至甘美可口。又如一块田地，虽然杂草与禾苗并生在一起，但是只要我们持以精进，慢慢除去芜杂的蔓草，等到功德的佳禾长大了，即使有一些蔓草，也不会影响收成。

佛教强调三世因果，虽然重视过去的命运，但是更注重现在和未来的命运。因为过去的宿业已然如此，纵然再懊恼，也无法追悔；但是现在和未来的命运却掌握在我们的手里，只要我们妥善地利用当下的每一刻，前程仍然是灿烂的。

因此，佛教主张不应沉溺于过去命运的伤感之中，而要积极追求未来充满无限希望的命运。因为佛教并非“宿命论”，而是“缘起论”，一切都取决于因缘条件而定。因缘本身空无自性，若从“诸行无常”“缘起性空”的真理来看，我们的命运随时都有很大的转圜空间，所以我们不能听天由命，沮丧消沉，空过岁月，应该要有洗心革面的魄力，无论在富贵顺达里，或是贫贱苦厄中，都应该正观缘起，了解命运，改变命运，如此才能创造圆满自在的人生。

圆满从圆融做起

如今我已是年近九十的残障老人，常常有人问贫僧："大师，您还有什么愿望没有了呢？"我本来就没有什么愿望，所谓愿望者，都是因为感到需要而有。我出家了，我要怎么做，需要什么，我就发心立愿；别人需要什么，要我怎么做，我也发心立愿。你问我还有什么愿望未了，在我来说，我还没有断尽烦恼、证悟菩提，当然还没有圆满我的愿望。对你而言，就是你还没有随我得度，稍有一些挂念。如此而已。

每个人的一生都有很多的缺陷和不圆满。其实，人生不一定要圆满，残缺也是一种美，所谓"缺陷美"，缺陷也蛮好的。例如月亮不一定要圆满，残月也是美。人生要能不忌残缺，懂得欣赏残缺之美，就是圆满。

平时我们追求人生的圆满，什么叫圆满呢？红颜薄命圆满吗？英雄战死沙场圆满吗？打死会拳的，淹死会水的，圆满吗？有钱的人公司倒闭，能干的人遭遇不幸，圆满吗？

世间没有十全十美的事情，人生往往只能拥有一半，不能拥有全部。比如有的人很有钱，但是他没有健康；有的人拥有爱情，却没有金钱；有的人房屋田产很多，但没有儿女；有的人有智慧、学问，可是找不到职业，所以说"人生由来

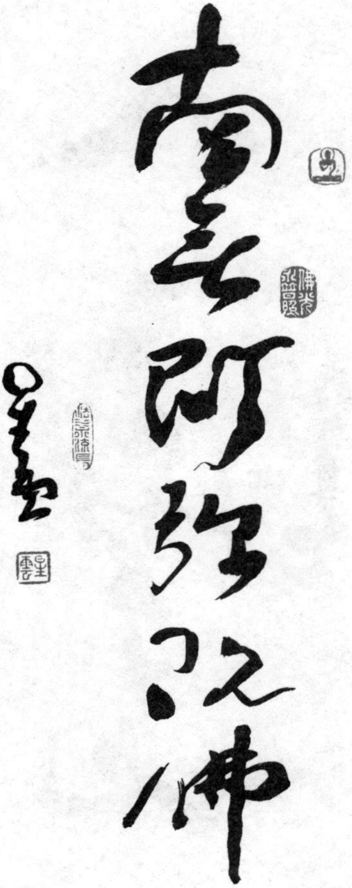
南無阿彌陀佛

合掌人生

清音自在命

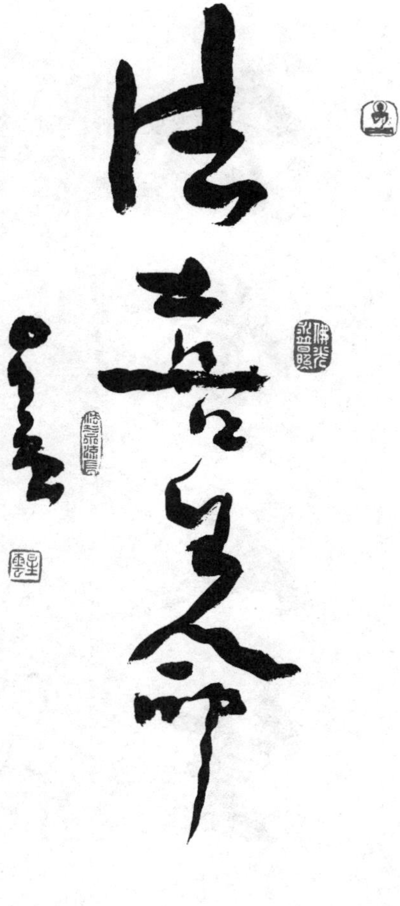

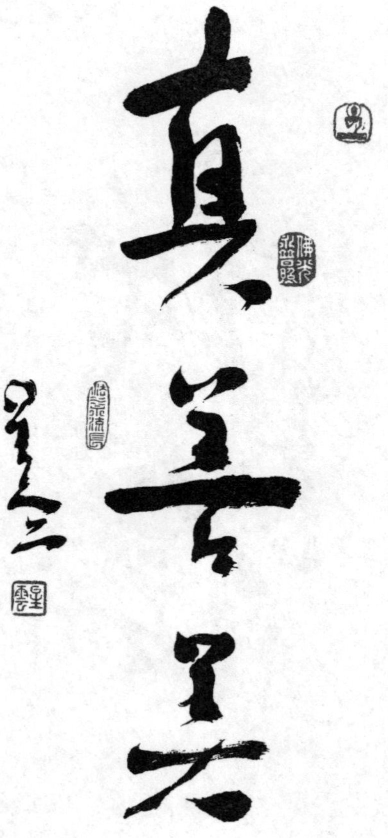
真善美
星云

誠信

花開見佛

福德具足
星雲

明世不染白

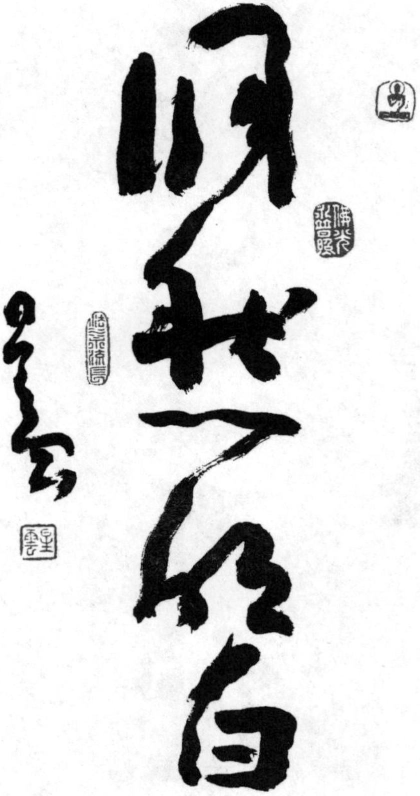

微笑是智能的泉源
微笑是愉快的流露
微笑是诚恳的语言
微笑是生命的花朵

参学

参了还要学

学问

学了还要问

能够克服困难　便能获得良机
能够解决困难　便能化解危机
能够面对困难　便能寻求转机
能够不怕困难　便能把握时机

无边风月眼中眼
不尽乾坤灯外灯
柳暗花明千万户
敲门处处有人应

五

繁华热闹的生活
过后则感凄凉
清淡朴素地做人
历久犹有余味

人生七十才开始
慈心悲愿无了时
人生七十古来稀
立功立德无量寿

七

随处给人欢喜
随时给人信心
随手给人服务
随缘给人方便

失去与拥有
包容与喜舍
其实是一体两面
唯有将两面结合起来
才是真正的
提起了全部

九

灵山会上
迦叶尊者当下灵犀相应
破颜而笑
禅
因此在『捻花微笑』
师徒心意相契的那之间
流传下来
这就是『自觉』

幸福平安是从喜舍中获得
所以具有喜舍的行为
才是真正的富有者

一般人
靠华丽的衣服和化妆
来美化自己
修道者
则以道德和慈悲
来庄严自己

美
是一种艺术
是一种感受
美的心灵
是我们最珍贵的资产
心中有了美的感动
生活中
自然无处不真
无处不美

忍耐
才能和气致祥

悔过
才能提起勇气

生命的薪尽火传
是生生世世赓续不断的
尽管天上人间
去来不定
我们的真心佛性
永远不变
重要的是
要珍惜
每一期的生命

以语言三昧
给人欢喜
以文字般若
给人智能
以利行无畏
给人依靠
以同事摄受
给人信心

花是真善美的化身
做人何妨一朵花
多给人一些欣赏
一些气质 一些美感
好的心就像花一样
可以把欢喜给别人

人生有此处　彼处
岁月有今年　明年
人如果能欢喜地生活在
希望里
则生机无限
天天都是过年

修学有成

弘扬佛法

不断地上求佛道

与同参道侣互相切磋

养深积厚

自我沉潜地修行

才能住持一方

一九

对父母的慈悲是孝
对亲人的慈悲是爱
对师友的慈悲是义
对众生的慈悲是仁

人
对自己的决定
要负责任
要有『一诺即一生』
的信念
如此
诸事皆得成就

文字的力量和影响
超越时空的变迁
透过文字的传播
源远流长了数千年的佛法
解救了无数悲苦的生命
成就了无数开悟的人生

真正的美丽
要从内心出发
只要
心善
心真
心慈
心净
一切自然就会
美丽

人只要知足
虽贫无立锥之地
犹以为富
若不知足
虽处天堂
亦不能称意

热爱生命的人
必懂得找寻快乐的人生

自在的人生
自性的人生
包容的人生
把自己扩大
慈悲待人
心中自然富有

一个善小的因缘
点点滴滴
化育菩提幼苗

以智慧净水
洗清妄想分别
以般若火炬
照亮内心世界

生命之所以有意义
在于能为生命留下历史
为社会留下慈悲
为自己留下信仰
为人间留下贡献

我们什么都可以失去
但不能失去慈悲

二九

金银财宝为世人所爱
但是
世间的财宝有限
有量
有尽
心中拥有佛法的财富
是无限
无量
无尽
那才是真富有

讲一句好话
可以让人感动
一个笑容
也能让人感动
成就一件好事
都能让人感动
感动的世界很美丽
感动的人生最富有

三一

未成佛道
先结人缘
心存欢喜
恭敬
祝福
就是结缘
给人好因好缘
则是最好的供养

一个居心宽厚的人
眼睛所见
条条都是大道
足迹所到
处处都能无所障碍

三三

世间乃众缘和合之世间
如水与土 平常物也
但将两者合制为佛陀圣像
则尊贵无比
此即因缘和合为贵之明灯

开悟的扫把
人人手中不缺
只要不忘
『拂尘除垢』
自己内心的这座庙堂
也将袅袅散发着清香

接引大佛开光法语

采高屏之沙石
取西来之泉水
集全台之人力
建最高之大佛

皆大欢喜
才能让人类达到
真正的和平幸福
佛教教义中的
慈悲喜舍　爱语利行
正是要众生
皆大欢喜

人一生都是在因缘中轮转
如我们靠因缘结识朋友
靠因缘建立家庭
也靠因缘成就事业

三八

别人的一句好话
一个笑容
都可以成为
丰富自己生命的色彩
同样的
我们也应以一句好话
一个笑容
来丰富别人的生命

我慢山高，法水不入
做人须自我要求
不能只会要求别人
在谦恭礼让中
可以结一份好缘

真正的修行
是心中有众生的存在
而且肯为众生做马牛
为众生服务

心如田地
好的田地
能生产好的农产品
坏的工厂
只会污染环境
因此我们要保有一颗
清净　慈悲
善良　欢喜的心
才能创造快乐给人

敬佛拜佛
在心不在物
只要心诚意切
纵然是一毫一滴的布施
也必定功不唐捐

能干的人
用慈悲待人
用智能做事
慈悲需要伴随智能
才能助人
向上 向善

做事一定要抱有理想
而且不忘初心
才能持久
一个人只要发心
就会有不可思议的因缘
而成就难遭难遇的胜事

人能弘道　非道弘人
佛教复兴之道在于人才
人才之训练在于教育
以教育培养人才
才能成就佛教事业
达到普济群生的目的

一个人必须有自觉的
使命感
有了使命感
才会有责任感
才能克尽职责
才能勇敢担当
才能自我健全

时间有春夏秋冬
世界有成住坏空
心念有生住异灭
人生有生老病死
人生是环状的
不是直线的
人有来生才有希望
『有希望』
就是悟者的世界

心外的世界如何改变
是无法控制的
但肯定自我的心
就可以做自己的主人

以慈眼　慧眼　法眼　佛眼
洞察世间实相
用善听　谛听　兼听　全听
关怀人间疾苦

真正的慈悲不一定是
和颜悦色的赞美鼓励
有的时候用金刚之力
来降魔伏恶
更是难行能行的大慈悲

佛光人要懂得自我要求
改革思想 增强信念
把不当的习气扬弃
把不正的言行摒除
才能绍继如来
弘范三界

以慈悲的双手
抚平自己的清净本心
以般若的智能
圆满他人的自在人生

信仰是一种取之不尽
用之不竭的宝藏
相信世间一切皆美好
在一念之间
信仰就是力量

向外追求的是知识
向内发掘的是般若
唯有般若智能才能
分别善恶
判断正邪
转迷为悟
去染为净

高深的学问
恢宏的志气
广阔的心胸
忍耐的修养
是艰难人生旅程中的
最大助力

不重视历史的人
不会有历史观
一个人若没有历史
就等于没有生命

五七

污泥里可以生长出莲花
外境的好坏并不重要
重要的是
我们是否能成为一粒有用的种子

佛教的信仰
不是迷信的膜拜
不是盲目的奉献
而是从浩瀚的三藏十二部
不朽经典中
觉悟出缘起缘灭等
生命的真理

佛光人工作信条

给人信心

给人希望

给人欢喜

给人方便

无论做什么事情
只要全心全力投入
一股坚韧的毅力
将会带我们迈向成功之路

六一

有智能的人
懂得寻找生命的根源
懂得提起
『生从何处来
死往何处去』的疑情
有智能的人
凡事往大处着眼
并能识大体 不计较
自然能受人尊重

『缘』是一种力量
能够生长
能够增上
有『缘』就能生起
有『缘』就能相聚
有『缘』
就会成就一切

凡事
抱持理想去开创
再多的辛劳
都能心甘情愿
必定能有所成就

一寸光阴一寸金　劝君念佛早回心

浮生有限　时间宝贵

人生有多少光阴可以虚掷

想想无常的苦空

莫如早早回心转意念佛

六五

心的黑与白
不因为肤色的深浅
智能无分高下
佛性岂有南北之分

好时辰　好地理
不是在心外
只要心好
日日都好　处处都好

一个人
即使物质生活欠缺
只要他有慈悲 智能
生命就会变得充实 富裕
『心诚则灵 有求必应』
信仰会产生
不可思议的力量

宁静才能致远
从宁静中可以找回自己
无私才能容众
从无私中可以扩大自我

眼睛很小　可以看遍世界
鼻孔很小　却嗅着虚空的气息
每一个小小细胞
都助长了生命的生存
莫以善小而不为
莫以恶小而为之
『小』
蕴藏着不可忽视的力量

路
是人走出来的
所谓「放大脚步」
就是要「走出去」

生命不可有丝毫的浪费
每一天
都是生命的一部分
也是旅程的一段
当生命之轮
不停向前转动时
我们又怎能放慢脚步呢

不必祈求疾病不临己身
应该效法古圣先贤
以疾病为良药
自救救他
以疾病为针砭
利己利人

戒

如城墙 舟航 光明

指南 水囊

能清净受持

自有大力量 大功德

成功在里面

你大我小

你有我无

你乐我苦

你对我错

所谓学佛
就是向佛学习
佛
是慈悲的体现者
学佛如果没有慈悲心
如何与佛法相应

烧香是表示恭敬与牺牲
就如蜡烛燃烧自己　照亮别人
烧去自己的贪欲
才能得到无求的财富
烧去自己的恨
才能得到无恚的慈悲
烧去自己的愚痴
才能得到智能的光明

『诸上善人聚会一处』

心里清净

同修戒 定 慧三学

极乐世界就在人间

世界最大的
是海洋
比海洋还大的
是天空
比天空更大的
是人的心胸
所以愈是包容的人
愈是富有

人类最高的思想准则
就是华严思想
如因陀罗网般光光相照
灯灯相续
重重无碍
三千大千世界
尽摄于一微尘里

智能就是财富
能够开发内心的能源
人生才会活得充实快乐

每一件事都是要依靠众多的因缘
才能成就
每一个人都是要仰赖无限的生命
才能成长

读做一个人
读明一点理
读悟一点缘
读懂一颗心

世间的一切
并非一成不变
任何事物
都是变化无常的
重要的是
如何在变化的世界
变化的人生
变化的感情中
持有一颗永恒的真心

OK的人生
是一个付出
肯吃亏
愿意奉献的人生
OK的人生
是不分亲疏
不需回报的人生
OK的人生
是以助人为美德的人生
是凡事都说OK的人生

有能力者
才有足够的力量去帮助别人
所以OK的人生
就是有能力的人生

学道的过程
如果只靠自己没有指引
则无法因指见月
但一味地依赖别人
则有如附木之藤将无所成就

天生我才必有用

一个人
只要有实力
就有机会发挥所长
只要是千里马
总会遇到个伯乐

生命的尊严
不在于它的绚丽
而在于它为后人
所带来的怀念
生命的意义
不在于它的长久
而在于它为后人
所带来的典范

所谓宁静致远
唯有在宁静中
不乱看　不乱听　不乱说
我们才能找回自己
增长智能
见人所未见
听人所未听
说人所未说

八九

菩萨的大智是为了实践大悲
大悲是为了完成大智
两者运用自如
相辅相成
悲智双运
才可以成就无上菩提

一个人心中有佛
除了可以倾诉
祈愿
更能产生
莫大的力量
心中有力
就不怕外界的伤害

九一

世界不是一个人的
唯有放下成见
去除我执
想想别人
才能拥有
全部的世界

敢是勇气
则表示有智能
敢是发心
则表示能担当

人活在世上
就是要追求快乐
快乐源自
放下 自在
不为旁人一句话而恼
不为他人一件事而怒

每个人都有
无限的潜能
如同能源
藏在海底
藏在深山里
只待自己
去开采和发挥

慈心悲愿永不关

等待 等待
春天播种的时候过去了
等待 等待
黄金随着潮水流走了
等待 等待
夕阳眼看着就要下山了
等待 等待
无常的弓箭就要射向你了

少年要有
礼赞生命的感恩
青年要有
自觉信念的价值
壮年要有
活水源头的精进
老年要有
欢喜生活的平静

没有机会的时候
广结善缘
机会来临的时候
及时掌握

让佛教打开山门
让佛教与社会
有更多接触
效法观世音菩萨的
普门大开
让有缘的人走进佛门来
是为普门

欢喜做事
事劳而不觉其累
良友伴行
路遥而不觉其远

人生是由很多经验
累积的
所以在跨出第一步时
要『敢』
只要敢承担　敢接受
敢尝试　敢卖力
没有什么事是不能做的

拜拜是一时的
皈依是一生的
信仰是永久的

愿
就是一种理想
有理想
才有实践
两者相辅相成
才有丰硕的收成

人若能肯定自己
不被五欲五尘的境界
牵着鼻子走
就能心安
心若安住
则天崩地裂又奈我何

一〇五

善为至宝
一生用之不尽
心作良田
百世耕之有余

人生的鞭炮　掌声　鼓声
都是上台下台的配乐
都在诉说上台下台的无常
假如这些声音
顷刻间都消失了
人生就像一个舞台
出生了　就是上台
世缘已了　也终要下台

人生如茶味
茶有浓浓的 淡淡的
清香的 苦涩的
就像人生
如果你会喝茶
应该更懂得
如何体会欢喜的人生

一〇八

『天上天下　唯我独尊』
十法界中的一切众生
都是至尊至贵　平等无差的
般若性海里
众生的佛性都是清净不染的